化学計算の考え方解き方

化学基礎収録版

卜部 吉庸 著

文英堂

本書のねらい

「化学は，暗記することが多く，そのうえ面倒な計算があり，なかなか得点できない」と思っている読者が多いのではないだろうか。

高校の化学で学ぶ基本的な原理や法則は，そんなに多いものではない。しかし，計算問題を解くために絶対に必要な知識があることも事実で，まず，それだけは完全に理解することが望まれる。

大学入試で出題される計算問題は，そのほとんどが一定の解法パターンのある標準問題であり，この問題が完全に解けるかどうかが，合否を分ける重要なカギである。たとえ，新傾向の難問が解けなくても，十分に合格圏に入ってしまうことを覚えておいてほしい。

本書は，高校の「化学基礎」，「化学」の教科書に取りあげられている原理や法則を深く理解し，それを実際の計算問題にどのように適用すればよいかをわかりやすく解説し，計算を苦手とする諸君の手助けになることを願ってつくられたものである。

本書のねらいは，次の3点にまとめることができる。

1 計算問題をTYPE別に分類し，その解法を明確に示す。
－TYPEごとの解法マスターで，解けない問題をなくす。

2 基礎・基本となる良問を繰り返し練習することで，定期テスト程度の問題は，確実に解けるようにする。

3 比較的骨のある問題にもチャレンジすることで，大学入試にも対応できる応用力を養う。

最後に，本書を十分に活用し，目指す大学の合格の栄冠を勝ち取られることを心より念願しています。

著者しるす

本書の構成と使用法

◆ 問題を解くことに徹した解説で，すぐに役立つ。

　本書は，「化学基礎」と「化学」の学習内容を能率よく理解するために内容を分け，さらに全体を8つの章に大別した。各章はさらにいくつかの項目に細分し，各項目のはじめには，計算問題を解くのに必要な重要事項の解説をつけた。ここでは，一般的な解法や公式の使い方などをできるだけくわしく述べてあるので，計算問題に入る前に必ず読んでおいてほしい。

◆ 問題解決の急所がわかり，思考力が確実に身につく。

TYPE 🔍着眼	化学の計算問題を，その解法パターンによって分類し，112のTYPEにまとめ，出題頻度の高いほうから重要度 **A**，**B**，**C** にランク分けした。短時間で勉強したいときは，**A** から取り組むとよい。「着眼」は考え方や解き方のキーポイントとなるもので，これをマスターすると問題解決の糸口をつかむことができる。
〈例題〉	TYPEにあげた内容を理解し，応用するのに最も適した問題を選んだ。そして，〈解き方〉では，例題の最もオーソドックスな解法を示した。それが応用力を養ううえで大切な事柄であるからである。
〈類題〉 練習問題	「類題」には，例題と同じ解き方で解ける問題を選んだ。例題の解法の理解度を確認するために必ず解いてもらいたい。「練習問題」のほとんどは定期テスト程度の問題だが，実際の大学入試問題もいくつか含まれている。解けない場合はその問題の属するTYPEの例題をもう一度見て，その解法を応用してみるとよい。

◆ くわしい別冊解答で，正しい解き方がマスターできる。

　「類題」と「練習問題」は，それぞれ通し番号にし，解答は別冊とした。最初から解答に頼るのは絶対にさけてほしい。また，答えが合っていても安心せず，正しい解き方ができたかどうかを必ず確認しておくこと。

もくじ

① 物質の構成・物質量 [化学基礎]

1 原子の構造
| TYPE 1 | 同位体と原子量 | A | 12 |

2 物質量(モル)の概念
TYPE 2	物質量と質量	A	16
TYPE 3	物質量と気体の体積	A	17
TYPE 4	原子数・分子数・イオン数と物質量	A	18
TYPE 5	粒子の数・質量・気体の体積の関係	A	19
TYPE 6	水和水に関する計算	B	20
TYPE 7	元素組成と組成式の決定	B	21
TYPE 8	原子量・物質量の基準の変更	C	22
TYPE 9	アボガドロ定数の算出	C	23

3 気体の分子量
TYPE 10	気体の密度と分子量	A	25
TYPE 11	混合気体の平均分子量	B	26
練習問題			27

4 溶液の濃度
TYPE 12	濃度の定義	A	31
TYPE 13	質量パーセント濃度とモル濃度の変換	A	32
TYPE 14	モル濃度と質量モル濃度の変換	B	33
TYPE 15	溶液のうすめ方	B	34
TYPE 16	混合溶液の濃度	B	35
TYPE 17	水和水をもつ物質の濃度	C	36
練習問題			37

② 物質の変化(その1) [化学基礎]

1 化学反応式
| TYPE 18 | 化学反応式の係数の求め方 | A | 39 |

2 化学反応式による計算
TYPE 19	化学反応式を用いた量的計算	A	42
TYPE 20	過不足のある場合の量的計算	B	44
TYPE 21	過不足のある反応のグラフ	B	46
TYPE 22	気体反応における体積計算	A	47
TYPE 23	混合気体の組成	C	48
練習問題			49

3 酸・塩基とpH
| TYPE 24 | 強酸・強塩基水溶液のpH(その1) | A | 53 |
| TYPE 25 | 強酸・強塩基水溶液のpH(その2) | A | 54 |

	TYPE 26	2価のうすい強酸・強塩基水溶液のpH	B	55
	TYPE 27	弱酸・弱塩基水溶液のpH	A	56
	TYPE 28	うすめた酸・塩基水溶液のpH	B	57
4 酸・塩基の 中和反応	TYPE 29	中和の量的関係(中和の公式)	A	60
	TYPE 30	過不足のある中和反応	B	61
	TYPE 31	中和反応の逆滴定	B	62
	TYPE 32	中和滴定による塩の純度の算出	C	63
	TYPE 33	2段階中和に関する計算	A	64
	練習問題			66
5 酸化数と 酸化還元滴定	TYPE 34	酸化数の求め方	A	70
	TYPE 35	酸化・還元の判別	A	71
	TYPE 36	酸化還元反応のイオン反応式	B	72
	TYPE 37	酸化還元反応式の係数の決定	B	73
	TYPE 38	酸化還元滴定	A	74
	練習問題			76

③ 物質の構造 化学

	TYPE 39	結晶中の原子間距離	A	82
1 結晶の構造	TYPE 40	結晶格子の充塡率	B	83
	TYPE 41	結晶の密度の求め方	A	84
	TYPE 42	結晶の密度と原子量の関係	B	85
	TYPE 43	ダイヤモンド型結晶格子の計算	C	86
	練習問題			87

④ 物質の状態 化学

	TYPE 44	ボイル・シャルルの法則	A	90
1 気体の 状態方程式	TYPE 45	気体の状態方程式	A	91
	TYPE 46	気体定数の算出	C	92
	TYPE 47	気体の状態方程式と分子量	B	93
	TYPE 48	気化しやすい液体物質の分子量測定	B	94
2 混合気体の 圧力と蒸気圧	TYPE 49	混合気体の全圧と分圧	A	98
	TYPE 50	混合気体の燃焼後の圧力	B	100
	TYPE 51	密閉容器中の蒸気圧のふるまい	B	101
	TYPE 52	水上捕集した気体の圧力	B	103
	練習問題			104
3 固体の溶解度	TYPE 53	固体の溶解度	A	107
	TYPE 54	再結晶による溶質の析出量	A	108
	TYPE 55	溶解度曲線と再結晶量	A	110

4 気体の溶解度	TYPE 56	水和水をもった結晶の溶解	B	111
	TYPE 57	水和水をもった結晶の析出量	B	112
	TYPE 58	気体の溶解度(ヘンリーの法則)	A	115
	TYPE 59	密閉容器での気体の溶解度	B	116
	TYPE 60	混合気体の溶解度	B	118
	練習問題			119
5 希薄溶液の性質	TYPE 61	沸点上昇と凝固点降下	A	124
	TYPE 62	沸点上昇・凝固点降下と溶質の分子量	B	125
	TYPE 63	冷却曲線による凝固点の測定	B	126
	TYPE 64	電解質水溶液の沸点上昇・凝固点降下	A	128
	TYPE 65	溶液の浸透圧と溶質の分子量	B	130
	TYPE 66	液柱の高さと浸透圧	C	131
	練習問題			132

⑤ 物質の変化(その2) 化学

1 反応熱と熱化学方程式	TYPE 67	比熱と発熱量	B	137
	TYPE 68	熱化学方程式の書き方	A	138
	TYPE 69	ヘスの法則(総熱量保存の法則)	A	140
	TYPE 70	中和反応の発熱量の計算	B	142
	TYPE 71	混合気体の発熱量	C	143
	TYPE 72	結合エネルギーと反応熱	A	144
	練習問題			147
2 電池と電気分解	TYPE 73	ダニエル電池	A	153
	TYPE 74	鉛蓄電池	A	154
	TYPE 75	燃料電池	B	156
	TYPE 76	電気分解の電気量と物質の生成量	A	158
	TYPE 77	直列接続の電気分解	B	159
	TYPE 78	並列接続の電気分解	B	160
	TYPE 79	イオン交換膜法	B	162
	TYPE 80	電極反応の途中変更	C	163
	TYPE 81	アルミニウムの融解塩電解	B	164
	TYPE 82	銅の電解精錬	B	165
	練習問題			166

⑥ 反応速度と化学平衡 化学

1 反応速度	TYPE 83	反応速度の表し方	B	170
	TYPE 84	反応速度と濃度・温度の関係	B	172
	TYPE 85	活性化エネルギーと反応熱	A	174

2 化学平衡	TYPE 86	平衡定数と濃度の関係	A	178
	TYPE 87	平衡定数の計算	A	179
	TYPE 88	気体の解離度と平均分子量の関係	B	181
	TYPE 89	圧平衡定数 K_p と濃度平衡定数 K_c の関係	C	182
	練習問題			183
3 電解質水溶液 の平衡	TYPE 90	電離定数を用いた弱酸の pH 計算	A	186
	TYPE 91	電離定数を用いた弱塩基の pH 計算	A	187
	TYPE 92	電離定数と電離度の関係	A	188
	TYPE 93	緩衝液の pH	B	189
	TYPE 94	塩の加水分解と pH	C	190
	TYPE 95	溶解度積	A	192
	TYPE 96	沈殿生成の判定	B	193
	練習問題			194

❼ 無機物質と有機化合物 [化学]

1 無機物質の 反応	TYPE 97	オゾンの生成に伴う体積変化	B	197
	TYPE 98	無機物質の純度	B	198
	TYPE 99	工業的製法による質量計算	A	199
	TYPE 100	反応物と最終生成物の量的関係	A	200
	練習問題			201
2 有機化合物の 化学式の決定	TYPE 101	燃焼生成物の質量からの組成式の決定	A	204
	TYPE 102	組成式から決定する分子式	B	205
	TYPE 103	燃焼反応式からの分子式の決定	C	206
3 有機化合物の 反応	TYPE 104	不飽和結合への付加反応	B	208
	TYPE 105	有機反応の収率	A	209
	練習問題			210

❽ 高分子化合物 [化学]

1 合成高分子化 合物	TYPE 106	単量体と重合度	A	212
	TYPE 107	イオン交換樹脂に関する計算	B	214
	TYPE 108	セルロースに関する計算	C	215
	TYPE 109	共重合体の組成の推定	C	216
2 天然高分子化 合物	TYPE 110	油脂に関する計算	A	218
	TYPE 111	アミノ酸の電離平衡(等電点)	A	220
	TYPE 112	糖類の反応と計算	A	222
	練習問題			223

[別冊] 正解答集

化学の計算問題を解くにあたって

▶ 化学量の単位がそろっていない場合

化学の計算問題では，単位がそろっていない場合が多い。この場合は，同じ単位にそろえてから計算しなければならない。

例 モル濃度〔mol/L〕 → 体積は L〔リットル〕にしなければならない。

▶ 答えに有効数字の桁数が明示してある場合

求める有効数字の桁数より，1桁多く計算して末位を四捨五入する。

例 計算結果が 2.3544444 のとき
有効数字 2 桁 → 3 桁目の 5 を四捨五入して 2.4
有効数字 3 桁 → 4 桁目の 4 を四捨五入して 2.35

▶ 有効数字の桁数がそろっている場合

計算後，1桁下位の数字を四捨五入して有効数字の桁数をそろえる。

例 $2.01 \div 1.24$
計算すると，1.62096…だが，有効数字が 3 桁でそろっているので，4 桁目の 0 を四捨五入して 1.62 となる。

▶ 有効数字の桁数がそろっていない場合

有効数字の桁数がそろっていない場合が多くあるが，そのときは少ないほうの桁数にそろえること。また一般に，原子量は有効数字として考慮しない。

例 2.42×1.2251
計算すると 2.964742 だが，これをそのまま答えとしたり，有効数字 2 桁として答えを 3.0 とするのではなく，少ないほうの桁数である有効数字 3 桁(2.96)で表す。

▶ 測定値や答えの数値が，有効数字の桁数からかけはなれている場合

有効数字が 3 桁のとき，321000 mL や 0.003 g としてはいけない。なぜならこのように書いた場合の有効数字は，それぞれ 6 桁，1 桁であり，正しくは，3.21×10^5 mL や 3.00×10^{-3} g とするべきである。特にアボガドロ定数で，6.02×10^{23}/mol，6.0×10^{23}/mol とあるときの有効数字は 3 桁，2 桁であり，計算は $a \times 10^n$ の形で行うのに注意すること。

化学基礎編

1 物質の構成・物質量

1 原子の構造

1 原子の構造

原子は，その中心に正の電荷をもつ**原子核**があり，その周囲を負の電荷をもつ**電子**が取り巻いている。原子核はさらに，正の電荷をもつ**陽子**と，電荷をもたない**中性子**から構成されている。

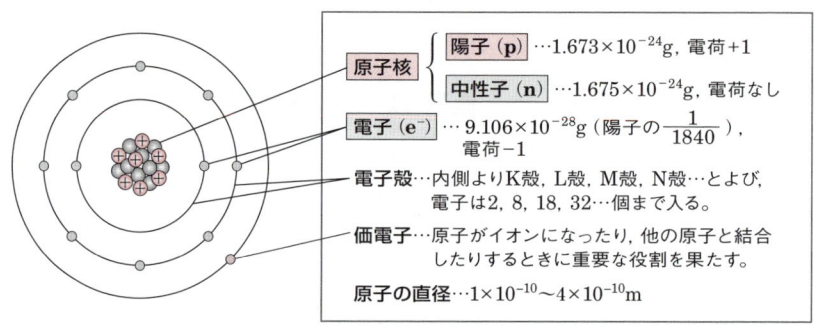

- **原子核**
  - **陽子 (p)** …1.673×10^{-24} g，電荷 +1
  - **中性子 (n)** …1.675×10^{-24} g，電荷なし
- **電子 (e^-)** …9.106×10^{-28} g（陽子の $\frac{1}{1840}$），電荷 -1
- **電子殻**…内側よりK殻, L殻, M殻, N殻…とよび，電子は2, 8, 18, 32…個まで入る。
- **価電子**…原子がイオンになったり，他の原子と結合したりするときに重要な役割を果たす。
- **原子の直径**…$1 \times 10^{-10} \sim 4 \times 10^{-10}$ m

▲ Na原子の構造モデル

2 原子番号と質量数

1 原子番号 原子核中の**陽子の数**で，原子の種類を区別する。通常は，**陽子の数＝電子の数**である。

2 質量数 原子核中の陽子の数と中性子の数の和。質量数から原子番号を引くと，中性子の数になる。

質量数 → 4
原子番号 → 2 He
中性子数：4 - 2 = 2個

▲原子番号と質量数

3 同位体 原子番号が等しい（元素名は同じ）が，中性子の数が異なる原子を互いに**同位体**とよぶ。同位体は質量が異なるだけで，化学的性質はほとんど同じである。

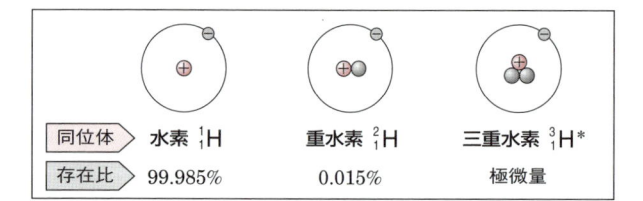

同位体	水素 ^1_1H	重水素 ^2_1H	三重水素 ^3_1H*
存在比	99.985%	0.015%	極微量

▲水素の同位体

＋補足 ^3_1H は，放射線を放出しながら別の原子に変化するので，**放射性同位体**という。

3 原子量・分子量と式量

1 原子の相対質量
原子1個の質量は極めて小さいので，^{12}Cの質量を12と定め，これとの比較により，他の原子の質量を相対値で表した数値（単位はなし）。

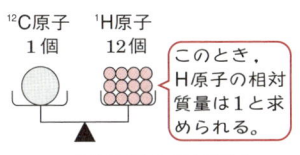

▲水素原子の相対質量

このとき，H原子の相対質量は1と求められる。

2 原子量
天然に存在する多くの元素には，ふつう数種類の同位体が存在し，それらがほぼ一定の割合で混合している。

そこで，同位体が存在する元素の場合，各同位体の相対質量に存在率を掛けて求めた平均値を，その元素の**原子量**という。

例 天然のホウ素原子は，^{10}B（相対質量 10.0）が 20.0％，^{11}B（相対質量 11.0）が 80.0％の割合で存在するので，ホウ素の原子量は，

$$10 \times \frac{20.0}{100} + 11 \times \frac{80.0}{100} = 10.8$$

＋補足 F，Na，Al のように，同位体が存在しない元素では，原子の相対質量がそのまま原子量となる。

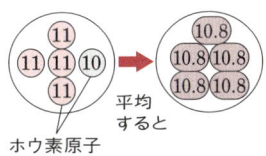

▲ホウ素の原子量

▶通常の計算で使う原子量の概数値

元素		原子量	元素		原子量	元素		原子量
水素	H	1.0	マグネシウム	Mg	24	カリウム	K	39
炭素	C	12	アルミニウム	Al	27	カルシウム	Ca	40
窒素	N	14	リン	P	31	鉄	Fe	56
酸素	O	16	硫黄	S	32	銅	Cu	63.5
ナトリウム	Na	23	塩素	Cl	35.5	銀	Ag	108

3 分子量
分子式を構成する原子の原子量の総和。

例 CO_2 の分子量；C の原子量＋O の原子量×2
　　　　　　　　＝ 12 + 16 × 2
　　　　　　　　＝ 44

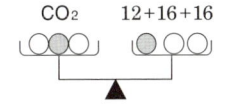

▲二酸化炭素の分子量

4 式量
イオン式や組成式を構成する原子の原子量の総和。

例 NaCl の式量；Na の原子量＋Cl の原子量 ＝ 23 + 35.5 = 58.5

単位粒子を取り出して考える。

Na の原子量
　＋Cl の原子量
＝ 23 + 35.5
＝ 58.5

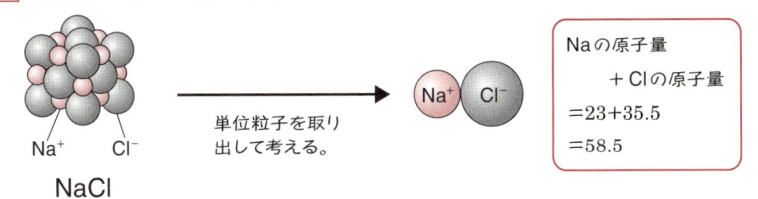

▲塩化ナトリウムの式量

TYPE 1 同位体と原子量 【重要度 A】

$$原子量 = 同位体Aの相対質量 \times \frac{存在率〔\%〕}{100} + 同位体Bの相対質量 \times \frac{存在率〔\%〕}{100}$$

🔍着眼 多くの元素には質量の異なる同位体が存在し，自然界では混合して単体や化合物をつくっている。よって，**各元素の原子量は，各同位体の相対質量に存在率を掛けて計算した平均値**として求められる。

なお，各同位体の相対質量は質量数にほぼ等しい（厳密には異なる）ので，問題文に相対質量が与えられていないときは，質量数を用いて計算すればよい。

例題　同位体の存在率と分子の種類

天然に存在する塩素原子には，^{35}Cl（相対質量 34.97）と ^{37}Cl（相対質量 36.97）の 2 種類の同位体が存在し，その原子量は 35.45 である。
(1) ^{35}Cl と ^{37}Cl の存在率は，それぞれ何％か。小数第 1 位まで求めよ。
(2) 塩素分子には，質量の異なる分子が何種類存在するか。

解き方 (1) 原子量は，各同位体の相対質量に存在率を掛けた平均値である。^{35}Cl の存在率を $x〔\%〕$とすると，^{37}Cl は $(100-x)〔\%〕$ 存在するから，

$$34.97 \times \frac{x}{100} + 36.97 \times \frac{100-x}{100} = 35.45$$

$$34.97x + 3697 - 36.97x = 3545 \quad \therefore \quad x = 76.0\%$$

(2) 質量の異なる Cl_2 分子を区別するには，同位体 ^{35}Cl と ^{37}Cl の組み合わせを考えればよい。したがって，$^{35}Cl^{35}Cl$（分子量 70），$^{35}Cl^{37}Cl$（分子量 72），$^{37}Cl^{37}Cl$（分子量 74）の 3 種類である。

答 (1) ^{35}Cl；**76.0%**　^{37}Cl；**24.0%**　(2) **3 種類**

➕補足 元素の周期表は，元素を原子番号（＝陽子の数）の順に並べたもので，**原子番号と原子量の順とはふつう一致する**。しかし，原子番号 18 のアルゴンの原子量は 39.95 で，原子番号 19 のカリウムの原子量は 39.10 であり，原子番号と原子量の順が逆転している。これは，Ar では質量数 40 の同位体の存在率が最も多く，K では質量数 39 の同位体の存在率が最も多いためである。

同位体	^{36}Ar	^{38}Ar	^{40}Ar	^{39}K	^{40}K	^{41}K
存在率〔%〕	0.34	0.06	99.60（最多）	93.26（最多）	0.01	6.73

2 物質量(モル)の概念

1 アボガドロ数と物質量

1 アボガドロ数 炭素 12 g 中の ^{12}C 原子の数は，^{12}C 原子 1 個の質量が約 1.993×10^{-23} g なので，

$$\frac{12 \text{ g}}{1.993 \times 10^{-23} \text{ g}} \fallingdotseq 6.02 \times 10^{23}$$

となる。この数を**アボガドロ数**という。

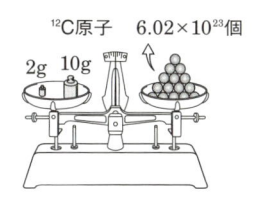

^{12}C 原子　 6.02×10^{23} 個

▲アボガドロ数と質量の関係

2 物質量 物質の構成粒子(原子，分子，イオンなど)について，6.02×10^{23} 個の同一粒子の集団を **1 モル**(記号：**mol**)という。また，モルを単位として表した物質の物理量を**物質量**という。

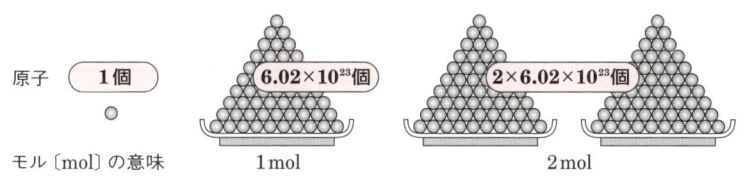

原子　1個

モル〔mol〕の意味　　1 mol 　　　 2 mol

▲アボガドロ数と物質量の関係

3 物質 1 mol の質量 原子量は ^{12}C = 12 を基準に求めた原子 1 個の相対質量の平均値だから，どの原子も同じ個数(アボガドロ数；N)だけ集めると，その質量の比は原子量の比に等しい。

^{12}C : ^{16}O = 12 : 16 = 12×N : 16×N = 12 g : 16 g
　　　　(原子量の比)

すなわち，どの原子でもアボガドロ数(6.02×10^{23} 個)だけ集めると，物質量が 1 mol であり，その質量は原子量〔g〕に等しくなるはずである。

この関係は，原子だけでなく分子やイオンからなる物質についても成り立ち，**物質 1 mol の質量**は，原子量・分子量・式量にグラム単位をつけた質量に等しい。

物質を構成する粒子 1 mol あたりの質量を，その粒子の**モル質量**といい，単位は〔g/mol〕で表す。

> モル質量は，原子量・分子量・式量に g/mol をつけたものである。

!注意 物質量で表すときは，必ず構成粒子の種類が何かをはっきりしておく必要がある。

	炭素原子 C	水分子 H_2O	アルミニウム Al	塩化ナトリウム NaCl
原子量・分子量・式量	12（原子量）	$1.0 \times 2 + 16$ $=18$（分子量）	27（式量）	$23 + 35.5$ $=58.5$（式量）
1molの粒子の数と質量	Cが 6.0×10^{23} 個 ↓ 12 g	H-O-H が 6.0×10^{23} 個 ↓ 18 g	Al が 6.0×10^{23} 個 ↓ 27 g	Na^+ Cl^- が 6.0×10^{23} 個 ↓ 58.5 g
モル質量	12 g/mol	18 g/mol	27 g/mol	58.5 g/mol

▲原子量・分子量・式量とモル質量の関係

2 気体 1 mol の体積（モル体積）

1 気体 1 mol の体積 「同温・同圧では，同体積の気体中には，すべて同数の分子を含む。」この関係を**アボガドロの法則**という。

温度や圧力を **0 ℃，1.013×10^5 Pa**（パスカル）（1気圧）としたとき，この状態を**標準状態**という。標準状態において，次のことが成り立つ。

気体 1 mol（6.02×10^{23} 個の分子の集団）の占める体積は，気体の種類に関係なく，どれも **22.4 L** である。

+補足 1気圧〔atm〕= 1013 hPa = 1.013×10^5 Pa の関係がある（1 hPa = 100 Pa）。

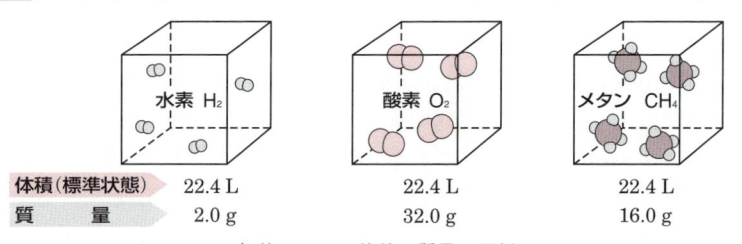

	水素 H_2	酸素 O_2	メタン CH_4
体積（標準状態）	22.4 L	22.4 L	22.4 L
質量	2.0 g	32.0 g	16.0 g

▲気体 1 mol の体積と質量の関係

2 モル体積 気体 1 mol あたりの体積を気体の**モル体積**といい，標準状態では，気体の種類に関係なく **22.4 L/mol** である。これに対して，**気体 1 mol あたりの質量（モル質量）は，各気体ごとに異なる**ことに留意する。

3 物質量と質量・体積・粒子数の関係

1 物質量の求め方

① **粒子数から求める場合**…物質の構成粒子の数を，1 mol あたりの粒子の数 6.0×10^{23}/mol（これを**アボガドロ定数**（記号；N_A）という）で割れば，物質量〔mol〕が求められる。

$$\text{物質量〔mol〕} = \frac{\text{構成粒子の数}}{6.0\times10^{23}/\text{mol}}$$

② **質量から求める場合**…物質の質量を，物質 1 mol あたりの質量（**モル質量〔g/mol〕**という）で割っても，物質量〔mol〕が求められる。

$$\text{物質量〔mol〕} = \frac{\text{物質の質量〔g〕}}{\text{モル質量〔g/mol〕}}$$

③ **体積から求める場合**…標準状態での気体の体積を，22.4L/mol（気体の**モル体積**という）で割っても，物質量〔mol〕は求められる。

$$\text{物質量〔mol〕} = \frac{\text{標準状態での気体の体積〔L〕}}{22.4\ \text{L/mol}}$$

2 物質量と質量・体積・粒子数

粒子の数，質量，気体の体積の間での諸量の変換は，一度，物質量〔**mol**〕に直してから行うとよい。

例 二酸化炭素（分子量 44）について，下図をあてはめると，二酸化炭素 1 mol は，6.0×10^{23} 個の分子からなり，質量は 44 g で，標準状態において 22.4 L の体積を占めることがわかる。

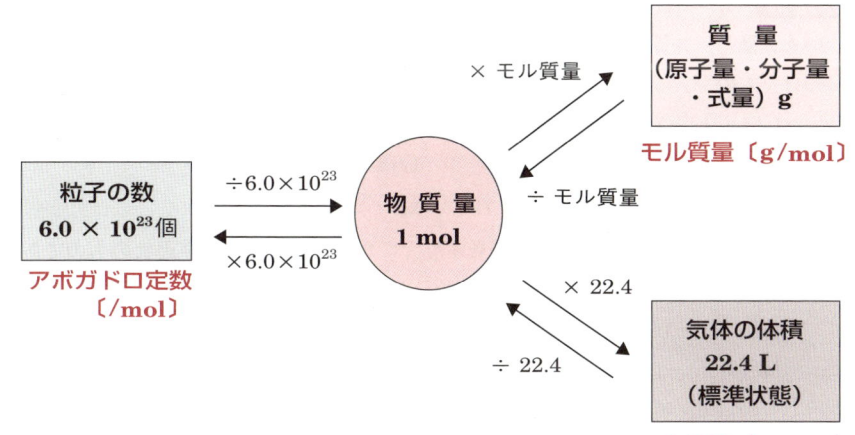

TYPE 2 物質量と質量　【重要度 A】

$$物質量〔\text{mol}〕 = \frac{物質の質量〔\text{g}〕}{モル質量〔\text{g/mol}〕} \quad \cdots\cdots ①$$

$$物質の質量〔\text{g}〕 = モル質量〔\text{g/mol}〕 \times 物質量〔\text{mol}〕 \quad \cdots\cdots ②$$

🔍着眼　①式のように，物質量は，物質の質量を**物質 1 mol あたりの質量**（**モル質量**…原子量・分子量・式量に〔g/mol〕をつけたもの）で割れば求められる。つまり，**質量が同じであれば分子量や式量が大きいほど，物質量は小さくなる。**

①式を変形した，②式も覚えておくとよい。

例題　物質量と質量の比較

次の問いにア〜エの記号で答えよ。原子量；H = 1.0，C = 12，N = 14，O = 16，Cl = 35.5

(1) 次の物質がそれぞれ 10 g ずつあるとき，物質量が最大のものはどれか。
　ア CH_4　　イ N_2　　ウ NH_3　　エ O_2

(2) 次の物質が 1.0 mol ずつあるとき，質量が最大のものはどれか。
　ア CO　　イ H_2O　　ウ NO_2　　エ Cl_2

解き方　(1) 物質の質量が同じ場合は，①式より**物質のモル質量**（分母の値）が小さいものほど，**物質量が大きくなる。**各物質のモル質量は，分子量に単位〔g/mol〕をつけたものである。

　CH_4；$12 + 1.0 \times 4 = 16$ g/mol　　N_2；$14 \times 2 = 28$ g/mol
　NH_3；$14 + 1.0 \times 3 = 17$ g/mol　　O_2；$16 \times 2 = 32$ g/mol

したがって，モル質量が最小である CH_4 の物質量が最大になる。

(2) 同じ物質量だから，②式より**質量が最大になるのはモル質量が最大のものである。**各物質のモル質量は，分子量に単位〔g/mol〕をつけたものである。

　CO；$12 + 16 = 28$ g/mol　　　　H_2O；$1.0 \times 2 + 16 = 18$ g/mol
　NO_2；$14 + 16 \times 2 = 46$ g/mol　　Cl_2；$35.5 \times 2 = 71$ g/mol

したがって，モル質量が最大である Cl_2 の質量が最大となる。

答　(1) ア　(2) エ

TYPE 3　物質量と気体の体積

重要度 **A**

$$\text{物質量〔mol〕} = \frac{\text{気体の体積〔L〕(標準状態)}}{22.4\ \text{L/mol}} \quad \cdots\cdots\cdots ①$$

$$\text{気体の体積〔L〕(標準状態)} = 22.4\ \text{L/mol} \times \text{物質量〔mol〕} \quad \cdots\cdots\cdots ②$$

🔍 着眼　0℃，1.01×10^5 Pa（標準状態）で，気体 1 mol（6.02×10^{23} 個の分子の集団）の体積は **22.4 L** を占めるから，標準状態での体積が与えられたら，それを**気体 1 mol あたりの体積 22.4 L/mol** で割れば，物質量が求められる。

また，同温・同圧のもとでは，気体の体積と物質量は比例関係にある。

例題　気体の体積と質量（標準状態）

次の各問いに答えよ。原子量；H = 1.0，C = 12，O = 16，S = 32

(1) 次の気体が 10 g ずつあるとき，標準状態での体積が最大のものはどれか。
　ア　CO_2　　イ　H_2　　ウ　C_2H_6　　エ　SO_2

(2) 標準状態で，5.6 L のプロパン C_3H_8 がある。このプロパンの質量はいくらか。

解き方　(1) 気体のモル質量は，分子量に〔g/mol〕をつけたものである。

　　CO_2；$12 + 16 \times 2 = 44$ g/mol　　　　H_2；$1.0 \times 2 = 2.0$ g/mol
　　C_2H_6；$12 \times 2 + 1.0 \times 6 = 30$ g/mol
　　SO_2；$32 + 16 \times 2 = 64$ g/mol

TYPE 2 より，同質量では**モル質量**（物質 1 mol あたりの質量）が小さいものほど，物質量が大きい。また，②式より，気体の体積はその物質量に比例する。
したがって，H_2 の物質量が最大で，体積も最大となる。

(2) まず，プロパンの物質量を求める必要がある。①式より，

プロパンの物質量；$\dfrac{5.6\ \text{L}}{22.4\ \text{L/mol}} = \dfrac{1}{4}$ mol $= 0.25$ mol

プロパンの分子量が $C_3H_8 = 44$ だから，モル質量は 44 g/mol であるので，
プロパンの質量；44 g/mol $\times$ 0.25 mol $= 11$ g

答　(1) イ　(2) **11 g**

類題 1　標準状態で 1.12 L の塩化水素がある。この塩化水素の物質量は何 mol か。また，その質量はいくらか。原子量；H = 1.0，Cl = 35.5
　　　　　　　　　　　　　　　　　　　　　　　　　　（解答➡別冊 *p.3*）

TYPE 4 原子数・分子数・イオン数と物質量

重要度 A

物質 1 mol 中には，6.0×10^{23} 個の原子，分子あるいはイオンが含まれている。

着眼 化学式は，物質中の原子の種類を表すとともに，**その物質 1 mol が何 mol の原子やイオンを含むか**も表している。たとえばメタンでは，下のように表される。このように，**着目する粒子の種類が変われば，物質量の値も変化する**ので注意すること。

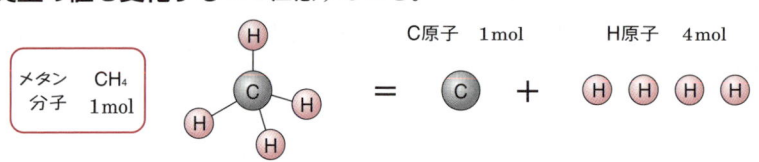

メタン CH_4 分子 1 mol = C原子 1 mol + H原子 4 mol

例題　硫酸の物質量・原子数・イオン数

硫酸 H_2SO_4 が 19.6 g ある。原子量；H = 1.0，O = 16，S = 32
(1) この硫酸の物質量は何 mol か。
(2) この硫酸中の酸素原子は何個か。(アボガドロ定数 = 6.0×10^{23}/mol)
(3) この硫酸を水に溶かした水溶液中の水素イオンと硫酸イオンの個数の和はいくらか。ただし，硫酸は水溶液中で完全に電離するものとする。

解き方 (1) H_2SO_4 の分子量は 98 より，硫酸のモル質量は 98 g/mol となる。

$$\text{物質量[mol]} = \frac{\text{物質の質量[g]}}{\text{モル質量[g/mol]}} = \frac{19.6 \text{ g}}{98 \text{ g/mol}} = 0.20 \text{ mol}$$

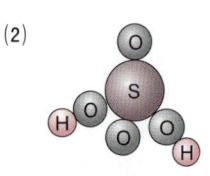

(2) 硫酸 1 分子(左図)には酸素原子が 4 個含まれるから，硫酸分子 0.20 mol には，酸素原子は 0.80 mol 含まれる。1 mol あたりの粒子の数(アボガドロ定数)は 6.0×10^{23}/mol より，
酸素原子の数；$0.80 \text{ mol} \times 6.0 \times 10^{23}/\text{mol} = 4.8 \times 10^{23}$ 個

(3) 硫酸を水に溶かすと，次式のように完全に電離する。

$$H_2SO_4 \longrightarrow 2H^+ + SO_4^{2-}$$

硫酸分子 1 mol が完全電離すると，H^+ 2 mol と SO_4^{2-} 1 mol の合計 3 mol のイオンを生じるから，硫酸 0.20 mol から生じるイオンの総数は，

$0.20 \text{ mol} \times 3 \times 6.0 \times 10^{23}/\text{mol} = 3.6 \times 10^{23}$ 個

答 (1) **0.20 mol**　(2) **4.8×10^{23} 個**　(3) **3.6×10^{23} 個**

TYPE 5　粒子の数・質量・気体の体積の関係　重要度 A

粒子の数・質量・気体の体積の各物理量を変換したいときは，まず物質量〔mol〕に直してから行うとよい。

着眼　粒子の数・質量・気体の体積と物質量の間には，右図のような決まった関係がある。

したがって，**粒子の数・質量・気体の体積は，物質量〔mol〕を経由する**ことにより，互いに変換することができる。

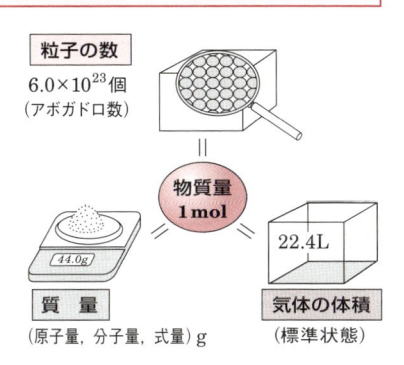

粒子の数　$6.0×10^{23}$個（アボガドロ数）

物質量　1 mol

質量（原子量，分子量，式量）g

気体の体積　22.4 L（標準状態）

例題　粒子数→体積，体積→質量の変換

以下の問いに答えよ。(原子量；H=1.0, C=12, O=16, アボガドロ定数； $N_A = 6.0×10^{23}$/mol)
(1) $1.2×10^{23}$ 個の CO_2 分子の占める気体の体積は，標準状態で何 L か。
(2) 標準状態のメタン CH_4 5.6 L の質量は，何 g か。

解き方　諸量を変換するには，まず，**物質量〔mol〕**を求めてから行うとよい。

$$物質量〔mol〕= \frac{粒子の数}{6.0×10^{23}/mol} = \frac{質量〔g〕}{モル質量〔g/mol〕} = \frac{体積（標準状態）〔L〕}{22.4\ L/mol}$$

(1) アボガドロ定数は $6.0×10^{23}$/mol なので，

　CO_2 $1.2×10^{23}$ 個の物質量は，$\dfrac{1.2×10^{23}}{6.0×10^{23}/mol} = 0.20$ mol

標準状態での**気体のモル体積は 22.4 L/mol** なので，その体積は，

　　0.20 mol × 22.4 L/mol = 4.48 ≒ 4.5 L

(2) 標準状態での**気体のモル体積は 22.4 L/mol** なので，

　CH_4 5.6 L の物質量は，$\dfrac{5.6\ L}{22.4\ L/mol} = 0.25$ mol

CH_4 の分子量は 16 より，CH_4 のモル質量は 16 g/mol である。
したがって，CH_4 の質量は，0.25 mol × 16 g/mol = 4.0 g

答 (1) **4.5 L**　(2) **4.0 g**

TYPE 6 水和水に関する計算　重要度 B

結晶の質量，失った水和水の質量と，化学式量との間に比例式を立てよ。

着眼 一般に，水和水をもつ結晶（水和物）を加熱すると，水和水の一部もしくは全部を失って質量が減少する。この減少量は失った水和水の質量に等しい。

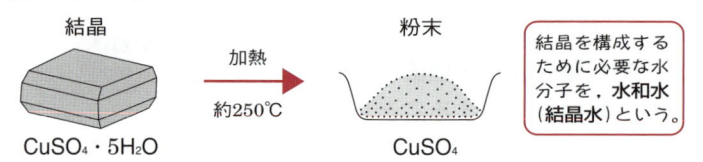

結晶 $CuSO_4 \cdot 5H_2O$ ─加熱 約250℃→ 粉末 $CuSO_4$

結晶を構成するために必要な水分子を，水和水（結晶水）という。

たとえば水和水をもつ結晶 a [g]を加熱し，無水物（式量 M）b [g]が得られたとき，$(a-b)$ [g]は失った水和水の質量だから，次式が成り立つ。

$$\frac{\text{水和水の質量}}{\text{結晶の質量}} = \frac{18n}{M+18n} = \frac{a-b}{a}　\left(\begin{array}{l}n\text{；結晶 1 mol 中に含まれる}\\ \text{水和水の物質量〔mol〕}\end{array}\right)$$

例題　失った水和水の物質量

青色の硫酸銅(Ⅱ)五水和物 $CuSO_4 \cdot 5H_2O$ 15.0 g を約110℃で淡青色になるまで熱して質量を測ると 10.7 g であった。硫酸銅(Ⅱ)五水和物 1 mol につき，何 mol の水和水が失われたか。また，加熱後に残った物質の化学式を書け。式量；$CuSO_4 = 160$，$H_2O = 18$

解き方　$CuSO_4 \cdot 5H_2O$ 1 mol には水和水 5 mol が含まれ，このうち x [mol]が失われたとすると，$CuSO_4 \cdot 5H_2O = 160 + 18 \times 5 = 250$，$H_2O = 18$ より，

$$\frac{\text{失った水和水の質量}}{\text{結晶の質量}} = \frac{x H_2O}{CuSO_4 \cdot 5H_2O} = \frac{18x}{250} = \frac{15.0 - 10.7}{15.0}$$

これより，$270x = 1075$　∴　$x = 3.98\cdots \fallingdotseq 4$ mol
残った淡青色の物質の水和水は，$5 - 4 = 1$ mol より，一水和物 $CuSO_4 \cdot H_2O$。

答　4 mol，$CuSO_4 \cdot H_2O$

類題 2　炭酸ナトリウムの結晶 10 g を加熱したところ，3.7 g の無水炭酸ナトリウム Na_2CO_3 が得られた。もとの炭酸ナトリウムの結晶 1 mol 中には，何 mol の水和水が含まれていたか。ただし，分子量および式量は $H_2O = 18$，$Na_2CO_3 = 106$ とする。

（解答➡別冊 $p.3$）

TYPE 7 元素組成と組成式の決定　　B 重要度

まず，成分元素の質量を原子量で割って，原子数の比を求め，それから組成式を導け。

着眼 金属元素の陽イオンと非金属元素の陰イオンが結合した物質では，分子に相当する単位粒子が存在しない。したがって，このような物質を化学式で表すには，**原子数の比を最も簡単な整数比で表した組成式**を用いる。

A，B 2元素からなる化合物の質量比または質量百分率が与えられたとき，この化合物を構成する原子数の比は次式で求められる。

$$\frac{\text{Aの質量（質量\%）}}{\text{Aの原子量}} : \frac{\text{Bの質量（質量\%）}}{\text{Bの原子量}} = x : y$$

原子数の比 $x:y$ を最も簡単な整数比で表して，組成式 A_xB_y が求められる。

注意 酸化物の組成式 M_xO_y とすると，M 原子：O 原子 $= x:y$ の比で結合していることを示す。これに，アボガドロ定数 N_A をかけると，
　M 原子：O 原子 $= (x \times N_A)$ 個：$(y \times N_A)$ 個 $= x$ 〔mol〕：y 〔mol〕　となる。
つまり，組成式を構成する原子数の比は，物質量の比とも等しいということになる。

例題　酸化物の組成式

ある金属 M の酸化物 1.20 g を還元すると，0.84 g の金属が得られた。この金属の原子量が 56 ならば，酸化物の組成式は次のどれか。原子量；O = 16
　ア　MO　　イ　M_2O　　ウ　MO_2　　エ　M_2O_3　　オ　M_3O_4

解き方 M 原子と O 原子のモル質量は，それぞれ 56 g/mol，16 g/mol である。この酸化物の組成式を M_xO_y（x，y は整数）とおくと，M と O の原子数の比は，物質量の比とも等しいから，

$$x:y = \frac{0.84\text{ g}}{56\text{ g/mol}} : \frac{(1.20-0.84)\text{ g}}{16\text{ g/mol}} = 0.015 : 0.0225 = 2 : 3$$

よって，この酸化物の組成式は，M_2O_3　　　　　　**答** エ

類題 3 同じ金属元素 M の 2 種類の酸化物 A と B を調べると，元素 M の質量百分率は A では 70.0%，B では 72.4% であった。次の各問いに答えよ。
原子量；O = 16　　　　　　　　　　　　　　　　　　　　（解答➡別冊 p.3）
(1)　酸化物 A の組成式が M_2O_3 であるとすれば，M の原子量はいくらか。
(2)　(1)で求めた原子量を用いて，酸化物 B の組成式を求めよ。

TYPE 8 原子量・物質量の基準の変更 【重要度 C】

原子量の基準を n 倍にすると，アボガドロ定数や他のすべての原子量・分子量が n 倍になる。ただし，原子1個の質量そのものは変化していない。

着眼 原子量の基準を $^{12}C = 24$ に，^{12}C 1 mol の質量を 24 g に変更すると，^{12}C 原子1個の質量そのものには変わりはないので，新しい基準では ^{12}C 1 mol 中に含まれる原子の数(**アボガドロ定数**)はもとの2倍になる。原子量・物質量の基準とは無関係な量(**質量，体積，密度**など)は変化しない。

例題 基準変更にともなう物理量の変化

現在の原子量の基準は，$^{12}C = 12$ と定められている。いま，この基準を $^{12}C = 24$ とし，^{12}C 1 mol の質量を 24 g に定めると，次の値は現在の値の何倍になるか。
(1) 酸素 1 mol の質量　　(2) 水 18 g の物質量
(3) 標準状態で 1 L の気体の物質量　　(4) 標準状態での酸素の密度

解き方 (1) 物質 1 mol の質量は，原子量・分子量・式量に g 単位をつけた値と定義したから，酸素の分子量が2倍になると酸素 1 mol の質量も2倍になる。

(2) 基準の変更により，水のモル質量は **18 g/mol** から **36 g/mol** になる。しかし，質量 18 g は質量の基準を変えていないので一定である。

よって，$\dfrac{18\,g}{18\,g/mol} = 1$ mol から，$\dfrac{18\,g}{36\,g/mol} = 0.50$ mol に変わる。

(3) アボガドロ定数が2倍になると，気体 1 mol の占める体積(モル体積)は，**22.4 L/mol** から **44.8 L/mol** と2倍になる。これは，温度・圧力が一定では，気体1分子が占める空間の体積には変わりがないためである。

しかし，体積 1 L は体積の基準を変えていないので一定である。

よって，$\dfrac{1\,L}{22.4\,L/mol} = \dfrac{1}{22.4}$ mol から，$\dfrac{1\,L}{44.8\,L/mol} = \dfrac{1}{44.8}$ mol に変わる。

(4) 気体の密度 $[g/L] = \dfrac{質量\,[g]}{体積\,[L]}$ であり，質量・体積はともに原子量の基準とは無関係に決められた量なので，新基準でも密度は変化しない。

答 (1) 2倍　(2) $\dfrac{1}{2}$ 倍　(3) $\dfrac{1}{2}$ 倍　(4) 変わらない

TYPE 9 アボガドロ定数の算出

重要度 C

滴下したステアリン酸分子数と，単分子膜中のステアリン酸分子数が等しいことに着目せよ。

着眼

① 単分子膜をつくる物質の質量を w〔g〕，モル質量を M〔g/mol〕とすると，その物質量は $\dfrac{w}{M}$〔mol〕である。また，その中に含まれる分子の数は，

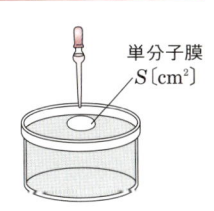

$\dfrac{w}{M} \times$ アボガドロ定数(N_A) である。

② 単分子膜の面積を S〔cm^2〕，水面上で 1 分子が占める断面積を s〔cm^2〕とすると，分子の数は $\dfrac{S}{s}$〔個〕である。

①＝②とおくと，実験によってアボガドロ定数 N_A が求められる。

例題　アボガドロ定数の算出

ステアリン酸（分子量 284）0.030 g をヘキサン 100 mL に溶かし，その 0.10 mL を静かに水面に滴下したところ，ヘキサンは蒸発し，140 cm^2 のステアリン酸の単分子膜ができた。水面上で，ステアリン酸分子 1 個の占める面積を 2.2×10^{-15} cm^2 として，アボガドロ定数を求めよ。

+補足 ステアリン酸分子が親水基($-$COOH)を水側に，疎水基($C_{17}H_{35}-$)を空気側に向けてすき間なく一層に配列したもの（右図）を**単分子膜**とよぶ。

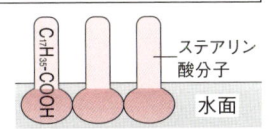

解き方 滴下したヘキサン溶液 0.10 mL 中に含まれるステアリン酸の物質量は，

$$\dfrac{0.030 \text{ g} \times \dfrac{0.10}{100}}{284 \text{ g/mol}} = \dfrac{3.0 \times 10^{-5}}{284} \text{ mol}$$

単分子膜の面積を 1 分子が占める面積で割ると，単分子膜内の分子の数がわかる。
以上より，ステアリン酸 1 mol あたりの分子の数（アボガドロ定数）を N_A とすると，

$$\dfrac{3.0 \times 10^{-5}}{284} \text{ mol} \times N_A \text{〔/mol〕} = \dfrac{140}{2.2 \times 10^{-15}} \text{ 個}$$

これを解いて，$N_A \fallingdotseq 6.0 \times 10^{23}$/mol

答 6.0×10^{23}/mol

3 気体の分子量

1 気体の密度

気体1Lあたりの質量を**気体の密度**といい,単位として〔g/L〕を使う。0℃,$1.01×10^5$ Pa(**標準状態**)で,気体 **1 mol** の体積は **22.4 L** であるから,ある気体の分子量がわかれば,その密度は次式で求められる。

$$\text{気体の密度〔g/L〕} = \frac{\text{気体の質量〔g〕}}{\text{気体の体積〔L〕}} = \frac{\text{分子量〔g〕}}{22.4 \text{ L}}$$

2 気体の分子量の求め方

1 気体の密度より 気体の密度は1Lあたりの質量だから,標準状態において,ある気体の密度から 22.4 L の質量を求め,グラム単位〔g〕をとれば,その気体の分子量が求められる。

気体の分子量 M
= 気体の密度〔g/L〕× 22.4 L

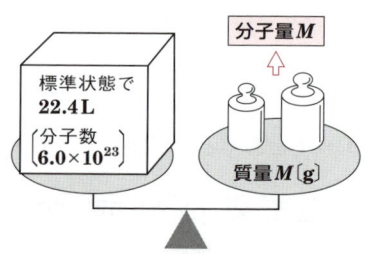

▲気体の体積・質量・分子量の関係

2 2種類の気体の質量比より 「同温・同圧で,同体積の気体をとると,その中には気体の種類を問わず同数の分子を含む。」(**アボガドロの法則**)

これより,同体積の2種類の気体の質量比は,分子1個あたりの質量比,つまり,分子量比と等しくなる。

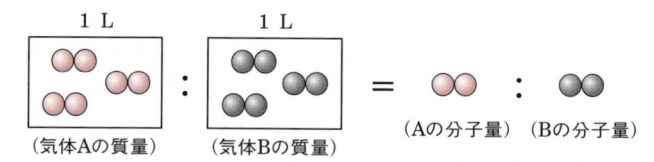

(気体Aの質量) : (気体Bの質量) = (Aの分子量) : (Bの分子量)

▲同体積の2種類の気体の質量と分子量の関係

したがって,Aの分子量および,気体A,Bの質量比がわかれば,上図の式を使って,Bの分子量を求めることができる。

例 ある気体の質量が,同温・同圧・同体積の酸素の質量の 1.38 倍であった。この気体の分子量はいくらか。

酸素 O_2 の分子量が 32 だから,$32 × 1.38 = 44.16 ≒ 44.2$

TYPE 10 気体の密度と分子量 【重要度 A】

気体の分子量 M ＝ 気体の密度 d × 22.4

🔍着眼 標準状態において，**気体 1 mol（6.0×10^{23} 個の分子を含む）の体積は 22.4 L** であり，その質量は**（分子量）g に等しい**。

気体の密度 d〔g/L〕は 1 L あたりの質量だから，それを 22.4 倍して 1 mol あたりの質量とし，グラム単位をとれば気体の分子量 M を求めることができる。

例題　気体の密度と分子量

次の(1)，(2)の問いに有効数字 2 桁で答えよ。原子量；O = 16
(1) ある気体の標準状態における密度は 1.96 g/L であった。この気体の分子量はいくらか。
(2) 別のある気体の酸素に対する密度の比が 2.22 倍であるとすると，この気体の分子量はいくらになるか。

解き方 (1) 標準状態においての，この**気体 1 mol（= 22.4 L）あたりの質量**を求め，それからグラム単位をとると，分子量が求められる。**TYPE** の式より，

　　$1.96 \text{ g/L} \times 22.4 \text{ L} ≒ 43.9 \text{ g}$　　∴　分子量 = 44

(2) 同温・同圧の気体は，同体積中に同数の分子を含む（アボガドロの法則）から，同体積での気体の質量の比，つまり密度の比は，分子量の比と等しくなる。

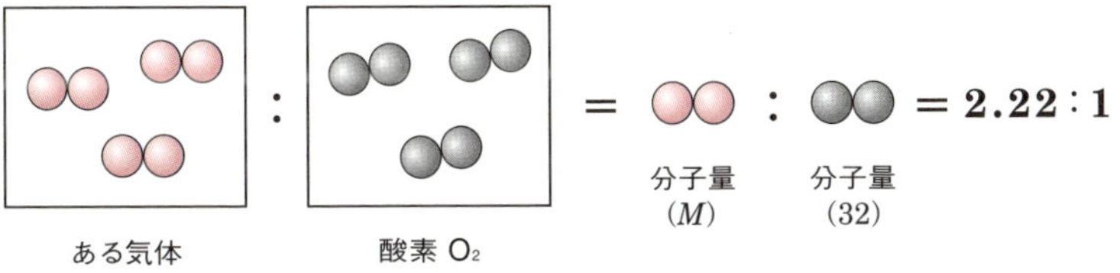

　　ある気体　：　酸素 O₂　＝　分子量 (M)　：　分子量 (32)　＝　2.22 : 1

ある気体の分子量を M とおくと，酸素の分子量が O₂ = 32 より，

　　$M : 32 = 2.22 : 1$　　∴　$M ≒ 71$

答 (1) **44**　(2) **71**

類題 4 体積 186 mL の容器に，標準状態で純粋な気体を満たしたときと，この容器を真空にしたときでは，質量に 0.25 g の差があった。この気体の分子量を求めよ。

（解答➡別冊 *p.3*）

TYPE 11 混合気体の平均分子量 重要度 B

圧力一定のときに成り立つ次の関係を利用する。
　　（体積の比）＝（分子数の比）＝（物質量の比）

着眼 混合気体中では，各成分気体の分子が均一に混ざっており，圧力一定では，各成分気体の占める体積は，その気体の分子数に比例する。また，分子数は物質量にも比例するから，**混合気体中の各成分気体の体積比は，その物質量の比にも等しい。**

　また，空気のような一定組成の混合気体をただ1種類の気体だけからなるとみなしたときの見かけの分子量を**平均分子量**といい，混合気体1 molの質量からグラム単位をとることによって求める。

例題　空気の平均分子量

空気は，窒素と酸素を体積比で4：1の割合で含んだ混合気体である。空気の平均分子量はいくらになるか。分子量；$N_2 = 28$，$O_2 = 32$

解き方 空気1 molの質量を求め，その質量からグラム単位をとればよい。
気体では，**(体積の比)＝(分子数の比)＝(物質量の比)** が成り立ち，空気1 mol中，

窒素は $\frac{4}{5}$ mol存在し，その質量は，$28 \text{ g/mol} \times \frac{4}{5} \text{ mol} = 22.4 \text{ g}$

酸素は $\frac{1}{5}$ mol存在し，その質量は，$32 \text{ g/mol} \times \frac{1}{5} \text{ mol} = 6.4 \text{ g}$

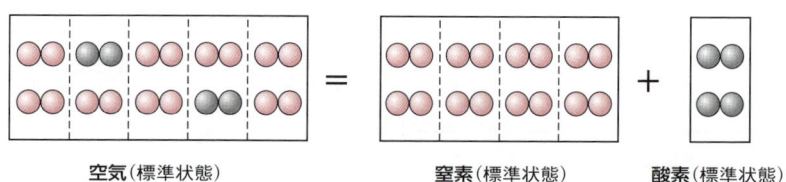

空気(標準状態) ＝ 窒素(標準状態) ＋ 酸素(標準状態)

よって，空気1 molの質量は，$22.4 + 6.4 = 28.8 ≒ 29 \text{ g}$ で，空気の**平均分子量**（見かけの分子量）は 29 となる。

答　29

類題 5 COとCO_2の混合気体がある。この混合気体の標準状態での密度は1.68 g/Lであった。原子量；C = 12，O = 16　　　　　　（解答➡別冊 *p.3*）
(1) この混合気体の平均分子量を求めよ。
(2) この混合気体中のCOの体積百分率を求めよ。

■練習問題

解答→別冊 *p.18*

1 ^{6}Li, ^{7}Li の存在比はそれぞれ 7% および 93%, ^{35}Cl, ^{37}Cl の存在比はそれぞれ 75% および 25% である。また, ^{6}Li, ^{7}Li, ^{35}Cl および ^{37}Cl の相対質量はそれぞれ 6, 7, 35 および 37 とする。
(1) リチウムと塩素の原子量を, それぞれ小数第 1 位まで求めよ。
(2) 式量 42 および 43 の LiCl の全体に占める割合はそれぞれ何%か。
(3) 天然の LiCl の式量を小数第 1 位まで求めよ。　　　　　　　(東京理大)

→ 1

2 ドライアイス 1.1 g を右図のような装置に入れ, すべて昇華させた。次の各問いに答えよ。原子量；C = 12, O = 16, アボガドロ定数；$N_A = 6.0 \times 10^{23}$/mol
(1) ドライアイス 1.1 g の物質量はいくらか。
(2) 昇華した二酸化炭素の分子の数は何個か。また, 昇華した二酸化炭素に含まれる原子の総数は何個か。
(3) メスシリンダーに捕集された空気は標準状態で何 L になるか。
(4) 二酸化炭素分子 1 個の質量は何 g か。

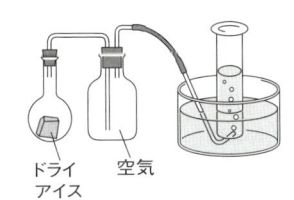

→ 2〜5

3 塩化アルミニウム AlCl$_3$ が 26.7 g ある。原子量；Al = 27, Cl = 35.5, アボガドロ定数；$N_A = 6.0 \times 10^{23}$/mol
(1) 塩化アルミニウムの物質量を求めよ。
(2) アルミニウムイオンと塩化物イオンのそれぞれの物質量を求めよ。
(3) アルミニウムイオンと塩化物イオンは合計何個存在するか。

→ 2,4

4 現在, 原子量の基準を ^{12}C = 12, ^{12}C 1 mol の質量を 12 g と定めているが, 原子量の基準を ^{12}C = 24, ^{12}C 1 mol の質量を 24 g に変更したとすると, 次のア〜ウのうち変化するものをすべて選べ。
ア　水 18.0 g の物質量
イ　標準状態でのメタンの密度
ウ　標準状態で水素 1.00 mol の占める体積　　　　　　　　　(星薬大 改)

→ 8

ヒント **4** 原子量と物質量 1 mol の基準を変更すると, アボガドロ定数が増加する。

5 ある結晶の粉末を徐々に加熱していくと，右図のように質量が変化し，最終的に無水物となった。この結晶の化学式は次のどれか。式量；$Na_2SO_4 = 142$，$CaSO_4 = 136$，$CuSO_4 = 160$，$ZnSO_4 = 161$

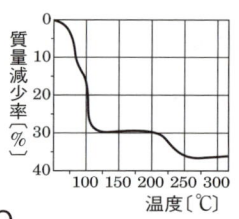

ア $Na_2SO_4 \cdot 10H_2O$　　イ $CaSO_4 \cdot 2H_2O$
ウ $CuSO_4 \cdot 5H_2O$　　　エ $ZnSO_4 \cdot 7H_2O$

6 次の文の（　）内に数値を，□内に化学式を記入せよ。
原子量；$O = 16$

ある金属Mの酸化物MO_3中に，酸素が48％含まれているならば，この金属の原子量は①（　　）である。さらに，この金属酸化物中の酸素の含有率が31.6％のとき，この酸化物の組成式は，②□である。

7 ステアリン酸（分子量284）0.030 gをシクロヘキサン100 mLに溶かし，その0.10 mLを水面に滴下すると，シクロヘキサンは蒸発して141 cm²の単分子膜（右図）ができた。アボガドロ定数を6.0×10^{23}/molとする。
(1) 単分子膜中に含まれるステアリン酸の分子数はいくらか。
(2) 単分子膜中でステアリン酸分子1個が占める面積を求めよ。　　　　（工学院大）

8 標準状態で1.00 Lを占めるある気体を，やわらかい気密な袋に入れて同じ状態の乾燥した空気中で秤量したら，2.800 gであった。この袋の質量が3.371 gであるとすると，この気体の分子量はいくらか。空気の平均分子量を28.8とし，小数点以下2桁まで計算せよ。

9 窒素とアルゴンの混合気体中のアルゴンの体積百分率は14％であった。原子量；$N = 14$
(1) 混合気体の平均分子量を29.68として，アルゴンの分子量を求めよ。
(2) 混合気体の平均分子量を空気（28.8）と等しくするためには，アルゴンの体積百分率を何％にしなければならないか。

ヒント **8** 秤量した値は，気体の質量と袋の質量の和から，押しのけた空気分の浮力を引いた値である。

4 溶液の濃度

1 溶液の濃度の表し方

一般に、溶液中に含まれる溶質の割合を**濃度**といい、その表し方には、質量パーセント濃度、モル濃度、質量モル濃度などがある。これらは、基準となる溶媒や溶液の量（質量または体積）のとり方にちがいがある。

2 質量パーセント濃度

溶液中に溶けている溶質の質量を百分率で表した濃度。

$$\text{質量パーセント濃度}[\%] = \frac{\text{溶質の質量}[g]}{\text{溶液の質量}[g]} \times 100$$

補足 ppm 濃度　ppm は、part per million を略した記号で、100万分の1の割合を意味する。この濃度は、微量成分の濃度を表すのに使われる。

$$\text{ppm 濃度}[\text{ppm}] = \frac{\text{溶質の質量}}{\text{溶液の質量}} \times 10^6$$

3 モル濃度

溶液 1 L 中に溶けている溶質の物質量[mol]で表した濃度で、単位として **mol/L** が使われる。

$$\text{モル濃度}[\text{mol/L}] = \frac{\text{溶質の物質量}[\text{mol}]}{\text{溶液の体積}[L]}$$

上式を変形すると、次の関係が成り立つ。

$$\text{溶質の物質量}[\text{mol}] = \text{モル濃度}[\text{mol/L}] \times \text{溶液の体積}[L]$$

補足 モル濃度のわかった溶液を一定の体積測れば、その中に含まれる溶質の物質量は簡単な比例計算で求められるので、モル濃度は化学計算によく用いられる。

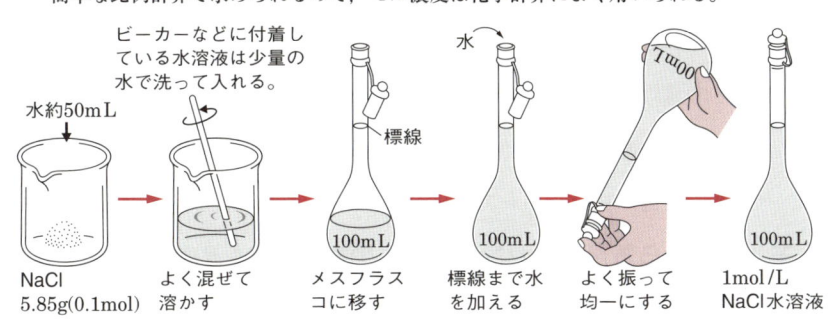

▲ 1 mol/L 塩化ナトリウム水溶液 100 mL のつくり方

4 質量モル濃度

溶媒(溶液ではない！)**1 kg** 中に溶けている**溶質**の**物質量**〔**mol**〕で表した濃度で，単位として **mol/kg** を使う。

$$質量モル濃度〔mol/kg〕 = \frac{溶質の物質量〔mol〕}{溶媒の質量〔kg〕}$$

!注意 溶液の体積を基準としたモル濃度は，温度とともにその濃度が少しずつ変化するが，溶媒の質量を基準とした質量モル濃度は，温度が変化してもその濃度は一定である。高校化学では質量モル濃度は，温度変化を伴う沸点上昇や凝固点降下のときに用いられる(→ p.121)。

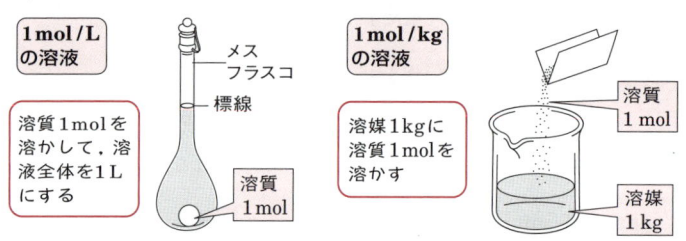

▲モル濃度と質量モル濃度の意味

5 溶液の濃度間の換算

それぞれの濃度は，溶液の質量や体積が基準となっているので，**密度**や**モル質量**などを使って，濃度間の換算を行うことができる。

1 質量パーセント濃度からモル濃度への換算 溶液の密度が与えられているから，**溶液の体積×密度＝溶液の質量** の関係を利用する。

① 溶液 1 L をとり，密度を使って，**溶液の質量**を求める。
② ①の値と質量パーセント濃度を使って，**溶質の質量**を求める。
③ ②の値を，**溶質のモル質量**で割って，**溶質の物質量**を求める。
④ ③で得られた値に単位 mol/L をつければ，モル濃度が求まる。

$$モル濃度〔mol/L〕 = \frac{1000 \text{ cm}^3/\text{L} \times 密度〔g/cm^3〕 \times \frac{質量\%}{100}}{溶質のモル質量〔g/mol〕}$$

例 密度 1.4 g/cm³，50%硫酸(H_2SO_4 = 98 g/mol)のモル濃度は，

$$1000 \times 1.4 \times \frac{50}{100} \times \frac{1}{98} ≒ 7.14 \text{ mol/L}$$

2 モル濃度から質量パーセント濃度への換算 モル濃度および溶質のモル質量から，溶液 1 L 中の溶質の質量を求め，さらに密度から溶液 1 L の質量を求め，その割合から質量パーセント濃度が求められる。

TYPE 12 濃度の定義 【重要度 A】

$$\text{質量パーセント濃度}(\%) = \frac{\text{溶質の質量}(g)}{\text{溶液の質量}(g)} \times 100 \quad \cdots\cdots\cdots ①$$

$$\text{モル濃度}(mol/L) = \frac{\text{溶質の物質量}(mol)}{\text{溶液の体積}(L)} \quad \cdots\cdots\cdots\cdots ②$$

$$\text{質量モル濃度}(mol/kg) = \frac{\text{溶質の物質量}(mol)}{\text{溶媒の質量}(kg)} \quad \cdots\cdots ③$$

着眼 濃度を求めるときには，**単位をそろえることが大切**である。**質量パーセント濃度**では溶質と溶液を同じ g 単位に，**モル濃度**では溶液の体積を L 単位に，**質量モル濃度**では溶媒の質量を kg 単位にすること。また，**質量モル濃度を求めるときは，溶液ではなく溶媒の質量を用いる**ことに注意する。

例題　質量パーセント濃度とモル濃度を求める

11.7 g の塩化ナトリウムを水に溶かして 500 cm³ とした水溶液がある。ただし，この塩化ナトリウム水溶液の密度を 1.02 g/cm³，塩化ナトリウムの式量を 58.5 とする。有効数字 2 桁で答えよ。
(1) この塩化ナトリウム水溶液の質量パーセント濃度を求めよ。
(2) この塩化ナトリウム水溶液のモル濃度を求めよ。

解き方 (1) 質量パーセント濃度を求めるには，溶質と溶液の質量が必要である。

(溶液の質量) = (溶液の体積) × (密度) = 500 cm³ × 1.02 g/cm³ = 510 g

質量パーセント濃度は，①式より，$\dfrac{11.7}{510} \times 100 = 2.29\cdots ≒ 2.3\%$

(2) 水溶液の体積は，500 cm³ = 0.50 L である。

NaCl の式量が 58.5 より，NaCl のモル質量は 58.5 g/mol である。

$$\text{物質量}(mol) = \frac{\text{質量}(g)}{\text{モル質量}(g/mol)} \qquad \text{モル濃度}(mol/L) = \frac{\text{物質量}(mol)}{\text{体積}(L)}$$

これより，NaCl 水溶液のモル濃度は，

$$\frac{\frac{11.7 \text{ g}}{58.5 \text{ g/mol}}}{0.50 \text{ L}} = \frac{0.20 \text{ mol}}{0.50 \text{ L}} = 0.40 \text{ mol/L}$$

答 (1) **2.3%**　(2) **0.40 mol/L**

TYPE 13 質量パーセント濃度とモル濃度の変換 【重要度 A】

まず,溶液 1 L 中の溶質の質量を求める。

$$\text{モル濃度[mol/L]} = \frac{1000 \times \text{密度} \times \dfrac{a\text{[\%]}}{100}}{\text{モル質量}}$$

🔍着眼 モル濃度を求めるのは,最終的には**溶液 1 L 中に含まれる溶質の物質量を求める**ことに等しい。この TYPE の問題では,必ず溶液の密度が与えられているので,a[%]の溶液 1 L($= 1000\ \text{cm}^3$)をとったとして,その中に含まれる溶質の質量を,$1000\ \text{cm}^3 \times \text{密度[g/cm}^3\text{]} \times \dfrac{a\text{[\%]}}{100}$ で求める。これを**モル質量[g/mol]で割る**と,溶質の物質量が求められる。

例題 質量パーセント濃度 → モル濃度の変換

希塩酸(密度 1.08 g/cm³)は,16%の塩化水素を含んでいる。
原子量;H = 1.0, Cl = 35.5
(1) この希塩酸 1 L 中には,何 g の塩化水素が溶けているか。
(2) この希塩酸のモル濃度はいくらか。

解き方 質量パーセント濃度は,溶液の質量がいくらでも構わないが,モル濃度は溶液の体積が 1 L と決められている。したがって,2 つの濃度の相互換算では,いつも**溶液 1 L($= 1000\ \text{cm}^3$)あたりで考える**。

(1) 溶液の密度が 1.08 g/cm³ なので,溶液 1 L($= 1000\ \text{cm}^3$)の質量は,

$1000\ \text{cm}^3 \times 1.08\ \text{g/cm}^3 = 1080\ \text{g}$

溶液の質量パーセント濃度が 16% だから,溶質(塩化水素)の質量は,

$1080\ \text{g} \times \dfrac{16}{100} = 172.8\ \text{g}$

(2) 塩化水素の分子量は HCl = 36.5 より,そのモル質量は 36.5 g/mol だから,

HCl の物質量は,$\dfrac{172.8\ \text{g}}{36.5\ \text{g/mol}} ≒ 4.73\ \text{mol}$

よって,希塩酸のモル濃度は 4.73 mol/L **答** (1) **173 g** (2) **4.73 mol/L**

類題 6 15℃での塩化ナトリウムの飽和水溶液は,水 100 g 中に 36.0 g の食塩を含んでいる。この水溶液の密度を 1.20 g/cm³ として,この食塩水の① 質量パーセント濃度,および② モル濃度を求めよ。原子量;Na = 23,Cl = 35.5　(解答➡別冊 p.3)

TYPE 14 モル濃度と質量モル濃度の変換 　　重要度 B

（溶媒の質量）＝（溶液の質量）－（溶質の質量）　の関係式から溶媒の質量を求め，溶媒 1 kg あたりに換算せよ。

🔍着眼 溶液 1 L の体積を基準とした**モル濃度**から，溶媒 1 kg の質量を基準とした**質量モル濃度**への変換は，密度を用いて次の順に行う。
① （溶液の体積）×（密度）から，溶液の質量を計算する。
② （物質量）×（モル質量）から，溶質の質量を求める。
③ （溶液の質量）－（溶質の質量）より，**溶媒の質量**を求める。
④ 最後に，物質量の数値を溶媒 1 kg あたりに換算すればよい。

> **例題** モル濃度 → 質量モル濃度の変換
> 　質量パーセント濃度が 17.5％ の希硫酸の密度は 1.20 g/cm³ である。次の問いに答えよ。分子量；$H_2SO_4=98$
> (1) この希硫酸のモル濃度は何 mol/L か。
> (2) この希硫酸の質量モル濃度は何 mol/kg か。

解き方 (1) 溶液 1 L 中に含まれる溶質（H_2SO_4）の質量は，

$$1000 \text{ cm}^3 \times 1.20 \text{ g/cm}^3 \times \frac{17.5}{100} = 210 \text{ g}$$

分子量は $H_2SO_4=98$ より，そのモル質量は 98 g/mol だから，

$$\frac{210 \text{ g}}{98 \text{ g/mol}} \fallingdotseq 2.14 \text{ mol} \quad \therefore \text{ モル濃度は } 2.14 \text{ mol/L}$$

(2) (1)より，溶液 1200 g 中に溶質 210 g が溶けているから，**溶媒の質量**は，

$$1200 - 210 = 990 \text{ g}$$

この中に溶質の H_2SO_4 2.14 mol が溶けているから，溶媒 1 kg あたりに換算すると，**質量モル濃度**が求められる。

$$2.14 \text{ mol} \div \frac{990}{1000} \text{ kg} \fallingdotseq 2.16 \text{ mol/kg}$$

答 (1) **2.14 mol/L** (2) **2.16 mol/kg**

➕補足 希薄な水溶液では，溶液の質量≒溶媒の質量となるから，モル濃度と質量モル濃度の値はほとんど等しい。しかし，濃厚な溶液では，モル濃度と質量モル濃度の値の差は大きく異なる。

類題 7 質量モル濃度が 6.25 mol/kg の NaOH 水溶液の密度は，1.20 g/cm³ である。この水溶液のモル濃度はいくらか。式量；NaOH＝40 　　（解答➡別冊 p.4）

TYPE 15 溶液のうすめ方　重要度 B

希釈前の溶液中の溶質の物質量（質量）
　　＝　希釈後の溶液中の溶質の物質量（質量）

着眼 ある濃度の水溶液に水を加えると，溶媒が増えるので，濃度は小さくなる。しかし，**溶質の物質量（質量）は，うすめる前後ではまったく変わらない**（右図）。よって，はじめの水溶液中に含まれていた溶質の量がわかれば，この値と水溶液全体の量との関係から，希釈後の濃度がわかる。また，**混合の前後における溶液の質量の和が等しい**ことにも着目しよう。

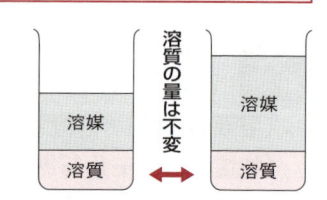

例題　希硫酸の調製に必要な濃硫酸・水の量

96％濃硫酸（密度 1.84 g/mL）を水でうすめて，3.00 mol/L の希硫酸（密度 1.18 g/mL）を 500 mL つくりたい。分子量；$H_2SO_4 = 98$
(1) 必要な濃硫酸は何 mL か。　(2) 必要な水は何 mL か。

解き方 うすめる前後で H_2SO_4 の物質量は変化しないことに着目する。

(1) 濃硫酸 x [mL] 中に含まれる H_2SO_4 の物質量は，うすめた希硫酸中の H_2SO_4 の物質量に等しい。

$$\frac{x\,[\mathrm{mL}] \times 1.84\,\mathrm{g/mL} \times \frac{96}{100}}{98\,\mathrm{g/mol}} = 3.00\,\mathrm{mol/L} \times \frac{500}{1000}\,\mathrm{L} \quad \therefore \quad x ≒ 83.2\,\mathrm{mL}$$

(2) 一般に，**液体の混合では，混合の前後で体積の和は等しくならない**ことが多い。たとえば，エタノール 52 mL と水 48 mL を混ぜると，その体積は常温で 100 mL ではなく 96.3 mL となる。しかし，**溶液の質量の和は，混合の前後で必ず等しい**。加える水を y [mL] とすると，溶液の質量に関して次式が成り立つ。

$$\underbrace{83.2\,\mathrm{mL} \times 1.84\,\mathrm{g/mL}}_{\text{(濃硫酸の質量)}} + \underbrace{y\,[\mathrm{mL}] \times 1.0\,\mathrm{g/mL}}_{\text{(水の質量)}} = \underbrace{500\,\mathrm{mL} \times 1.18\,\mathrm{g/mL}}_{\text{(希硫酸の質量)}}$$

$\therefore \quad y ≒ 437\,\mathrm{mL}$

答 (1) **83.2 mL**　(2) **437 mL**

類題 8 35.0％，密度 1.18 g/mL の濃塩酸を水でうすめて，20.0％，密度 1.12 g/mL の希塩酸 100 mL をつくる。① 必要な濃塩酸は何 mL か。② 加える水は何 mL 必要か。

（解答 ➡ 別冊 *p.4*）

TYPE 16 混合溶液の濃度

2 種類の異なる濃度の溶液を混合しても，溶質の物質量の和は混合の前後で変化しない。

着眼 混合溶液のモル濃度を求めるときは，溶質の物質量の和と混合溶液の体積から，**溶液 1 L 中に溶質何 mol が溶けているか**を考えるとよい。たとえば，同じ溶質である a [mol/L] の溶液 x [mL] と b [mol/L] の溶液 y [mL] を混合したとき，混合による体積変化がないとすれば，モル濃度は次式で表される。

$$\left[\left(a \times \frac{x}{1000} + b \times \frac{y}{1000}\right) [\text{mol}] \div \frac{x+y}{1000} [\text{L}]\right] [\text{mol/L}]$$

例題 異なる濃度の酸を混合した後の濃度を求める

(1) 0.50 mol/L の希塩酸 120 mL と 0.80 mol/L の希塩酸 80 mL を混合した。この混合溶液のモル濃度を求めよ。ただし，混合による体積変化はないものとする。

(2) 2.0 mol/L の希硫酸 50 mL と，6.0 mol/L の希硫酸 80 mL を混合し，さらに水を加えて 250 mL とした。この希硫酸の濃度は何 mol/L か。

解き方 (1) 各溶液に含まれている塩化水素（溶質）の物質量の和は，

$$0.50 \times \frac{120}{1000} + 0.80 \times \frac{80}{1000} = \frac{124}{1000} \text{ mol}$$

次に，混合溶液の全体積は，120 + 80 = 200 mL だから，**モル濃度は，混合溶液 1 L あたりに溶けている溶質の物質量に換算**すればよい。

$$\frac{124}{1000} \text{ mol} \div \frac{200}{1000} \text{ L} = \frac{124}{1000} \times \frac{1000}{200} = 0.62 \text{ mol/L}$$

(2) (1)と同様に，混合後の溶質（H_2SO_4）の物質量の和は，

$$2.0 \times \frac{50}{1000} + 6.0 \times \frac{80}{1000} = \frac{580}{1000} \text{ mol}$$

混合溶液の全体積は，最終的に 250 mL にしたのだから，**モル濃度は，上記の値を溶液 1 L あたりに換算**すればよい。

$$\frac{580}{1000} \text{ mol} \div \frac{250}{1000} \text{ L} = \frac{580}{1000} \times \frac{1000}{250} = 2.32 \text{ mol/L}$$

答 (1) **0.62 mol/L** (2) **2.3 mol/L**

TYPE 17 水和水をもつ物質の濃度　重要度 C

まずは，無水物と水和水の質量を，それぞれの式量を使って求めること。

着眼　硫酸銅(Ⅱ)五水和物 $CuSO_4 \cdot 5H_2O$ のような水和水をもつ物質が水に溶けると，**水和水は溶媒の水に加わるので，溶媒の量が増える**。その一方で，溶液中でも溶質であり続けるのは，水和水を除いた無水物の $CuSO_4$ だけである。まず，**無水物と水和水の式量を計算して**，それぞれの質量を別々に求めることが先決である。

例題　シュウ酸二水和物水溶液の濃度

$(COOH)_2 \cdot 2H_2O$ 31.5 g を水に溶かして 500 mL にした。この水溶液の密度を 1.02 g/mL として，この溶液の① 質量パーセント濃度，② モル濃度，③ 質量モル濃度をそれぞれ求めよ。原子量；H = 1.0，C = 12，O = 16

解き方　①　まず，シュウ酸の結晶中の無水物と水和水の質量を，それぞれの式量を使って求める。$(COOH)_2 = 90$，$2H_2O = 36$，$(COOH)_2 \cdot 2H_2O = 126$ より，

無水物；$31.5 \times \dfrac{(COOH)_2}{(COOH)_2 \cdot 2H_2O} = 31.5 \times \dfrac{90}{126} = 22.5$ g

水和水；$31.5 \times \dfrac{2H_2O}{(COOH)_2 \cdot 2H_2O} = 31.5 \times \dfrac{36}{126} = 9.0$ g

溶液の質量は，500 mL × 1.02 g/mL = 510 g

溶質の質量は，無水物の質量だけだから，質量パーセント濃度は，

$\dfrac{22.5}{510} \times 100 ≒ 4.4\%$

②　$(COOH)_2 \cdot 2H_2O \longrightarrow (COOH)_2 + 2H_2O$ より，**結晶の物質量と無水物の物質量とは等しいので**，式量は $(COOH)_2 \cdot 2H_2O = 126$ より，モル濃度は，

$\dfrac{31.5 \text{ g}}{126 \text{ g/mol}} \div \dfrac{500}{1000} \text{ L} = 0.50 \text{ mol/L}$

③　(溶媒の質量) = (溶液の質量) − (溶質の質量) = 510 − 22.5 = 487.5 g

溶質の物質量を，溶媒 1 kg あたりの量に換算すると，

$\dfrac{31.5 \text{ g}}{126 \text{ g/mol}} \div \dfrac{487.5}{1000} \text{ kg} ≒ 0.51 \text{ mol/kg}$

答　① **4.4%**　② **0.50 mol/L**　③ **0.51 mol/kg**

■練習問題

解答→別冊 p.20

10 次の記述のうちから正しいものを選べ。分子量；$H_2SO_4 = 98$
ア　15%硫酸水溶液は，水 85 mL に 15 mL の硫酸を加えてつくる。
イ　0.10 mol/L 硫酸水溶液は，水 1 L に硫酸 9.8 g を溶かしてつくる。
ウ　1.0 mol/L の硫酸水溶液 100 mL 中には，9.8 g の硫酸が含まれている。
エ　10%硫酸水溶液は，硫酸 100 g を水 1 L に溶かしてつくる。

(東京都市大 改)　→ **12**

11 96.0%濃硫酸（分子量 98）の密度を 1.84 g/cm³ として次の問いに答えよ。
(1) この濃硫酸のモル濃度を求めよ。
(2) この濃硫酸から 3.00 mol/L 希硫酸 500 mL をつくるには，この濃硫酸が何 mL 必要か。
(3) 右図の器具を用いて，(2)の希硫酸をつくる方法を順に説明せよ。

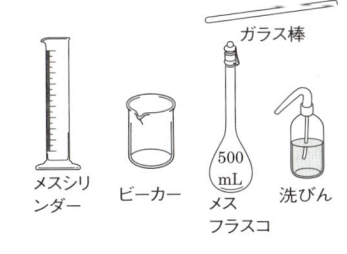

(山形大 改)　→ **15**

12 20℃でエタノール 15 mL と水 85 mL を混合した。エタノール，水，エタノール溶液の密度をそれぞれ，0.80 g/mL，1.00 g/mL，0.98 g/mL として，次の問いに答えよ。原子量；H = 1.0，C = 12，O = 16
(1) このエタノール溶液の体積は何 mL か。
(2) エタノール溶液のモル濃度を求めよ。

(立教大)　→ **15, 16**

13 水 100 g に炭酸ナトリウム十水和物 $Na_2CO_3 \cdot 10H_2O$ 28.6 g を溶かした。次の問いに答えよ。原子量；H = 1.0，C = 12，O = 16，Na = 23
(1) この水溶液の質量パーセント濃度を求めよ。
(2) この水溶液の密度を 1.08 g/mL として，モル濃度を求めよ。
(3) この水溶液の質量モル濃度を求めよ。

(近畿大 改)　→ **17**

> **ヒント** 12 (1) エタノール 15 mL と水 85 mL を混合しても，体積は 100 mL にはならない。
> (2) 液体どうしからなる溶液では，体積の少ないほうが溶質，多いほうが溶媒となる。
> 13 まず式量，分子量を使い，Na_2CO_3（無水物）と $10H_2O$（水和水）の質量を求める。

2 物質の変化(その1)

1 化学反応式

1 化学反応式のつくり方

化学反応を**化学式**を用いて表した式を**化学反応式**または**反応式**という。

1 反応する物質(反応物)は左辺に,生成する物質(生成物)は右辺に,それぞれ化学式で書き,両辺を ⟶ で結ぶ。このとき,反応の前後で変化しない物質(触媒や溶媒など)は,反応式中には書かない。

2 両辺にある各元素の原子の数が等しくなるように,各化学式の前に**係数**(1は省略)をつける。なお,係数は最も簡単な整数比になるようにする。

2 化学反応式の係数の決め方

1 目算法 両辺の各原子の数をよく見て,暗算によって求める。

例 C_2H_6 + O_2 ⟶ CO_2 + H_2O

① 最も複雑そうな(多くの元素を含む)物質である C_2H_6 の係数を1とおく。

$1C_2H_6$ + O_2 ⟶ CO_2 + H_2O

② 両辺に登場する回数の少ないC原子,H原子に基づいて係数を決める。

$1C_2H_6$ + $\dfrac{7}{2}O_2$ ⟶ $2CO_2$ + $3H_2O$

左辺のC原子数が2個より CO_2 の係数は2,左辺のH原子数が6個より H_2O の係数は3。右辺のO原子数が7個より,O_2 の係数は $\dfrac{7}{2}$。

③ 分数の係数があれば,分母を払って,最も簡単な整数比に直しておく。

$2C_2H_6$ + $7O_2$ ⟶ $4CO_2$ + $6H_2O$

2 未定係数法 すべての係数を未知数($a, b, c \cdots$)で表し,両辺で各原子の数が等しくなることから連立方程式を立て,それを解いて係数を求める。

3 イオン反応式

水溶液中の反応において,反応に関係したイオンをイオン式で表した反応式を**イオン反応式**という。電荷の和も等しくなるように係数をつける。

例 $AgNO_3$ + $NaCl$ ⟶ $AgCl$ + $NaNO_3$ (化学反応式)
  Ag^+ + Cl^- ⟶ $AgCl$ (イオン反応式)

!注意 化学式の後に↑(気体発生),↓(沈殿生成)の記号をつけることもある。

TYPE 18 化学反応式の係数の求め方

重要度 A

> 係数は，左辺と右辺にある同じ種類の原子の数が等しくなるようにつける。

着眼 化学変化では，原子の組み合わせが変化するだけで，原子そのものが生成・消滅することはない（**ドルトンの原子説**）。したがって，反応の前後において，各元素の原子数が等しくなるように**係数**をつける。

係数が単純な場合は p.38 の**目算法**を使って係数を求めればよいが，係数が複雑な場合は**未定係数法**を用いる。各物質の係数を未知数（a, b, c……）とおき，各元素の原子の数について，連立方程式をつくり，これを解いて係数を求める。

イオン反応式では，**左辺と右辺の電荷も等しくなる**ことに留意する。

例題　未定係数法

次の反応式の係数を，未定係数法で求めよ。
$$Cu + HNO_3(濃) \longrightarrow Cu(NO_3)_2 + H_2O + NO_2$$

解き方 各係数を　$a\,Cu + b\,HNO_3 \longrightarrow c\,Cu(NO_3)_2 + d\,H_2O + e\,NO_2$
とおき，**左右両辺の原子数は等しい**ことから，次の4つの方程式を立てる。

$\quad$ Cu； $a = c$ ………① $\qquad$ H； $b = 2d$ ……………②
$\quad$ N； $b = 2c + e$ ……③ $\qquad$ O； $3b = 6c + d + 2e$ ……④

未知数が5つに対して，方程式が4つなので，係数の値は求まらない。そこで，**最も多く登場する未知数を1とおくと，係数の比を求めることができる**。

$b = 1$ とおくと，②より $d = \dfrac{1}{2}$

③より，$2c + e = 1$ $\Big\}$ これを解くと，$e = \dfrac{1}{2}$　e の値を代入すると，$a = c = \dfrac{1}{4}$
④より，$6c + 2e = 2.5$

全体を4倍して，$a : b : c : d : e = 1 : 4 : 1 : 2 : 2$

答 左から順に……1, 4, 1, 2, 2

類題 9 次の化学反応式やイオン反応式の係数を求めよ。　（解答➡別冊 p.4）

(1) $NH_3 + O_2 \longrightarrow NO + H_2O$
(2) $Cu + HNO_3(希) \longrightarrow Cu(NO_3)_2 + H_2O + NO$
(3) $Al + H^+ \longrightarrow Al^{3+} + H_2$

2 化学反応式による計算

1 化学反応式の意味

	反　応　物		生　成　物
分子模型	窒素 (分子量28)	+ 水素 (分子量2.0)	→ アンモニア (分子量17)
化学反応式	N_2	+ $3H_2$	→ $2NH_3$
分子の数	1個	3個	2個
物質量	**1 mol**	**3 mol**	**2 mol**
質量	28.0 g	3×2.0 g	2×17.0 g
体積 (標準状態)	22.4 L	3×22.4 L	2×22.4 L

2 反応式による質量・体積の計算

① 反応物や生成物の化学式は正しいか，また，問題文にはないが，必要な物質はないかなどを調べた後，係数をつけて化学反応式を正しく書く。

② 係数から，問われている物質相互の物質量〔mol〕の関係をしっかりつかむ。

化学反応式の係数の比 ＝ 物質量の比

③ まず，体積や質量を物質量に変換し，②の関係を利用して目的の物質の物質量を求める。その後，必要に応じて体積や質量に変換する。

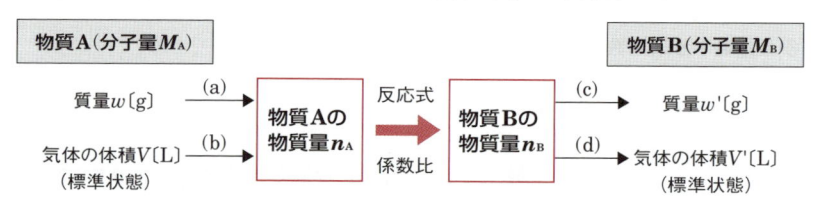

物質A（分子量M_A）　　　　　　　　　　　　　物質B（分子量M_B）

質量 w〔g〕 —(a)→ ┌物質Aの┐ —反応式→ ┌物質Bの┐ —(c)→ 質量 w'〔g〕
気体の体積 V〔L〕 —(b)→ │物質量 n_A│ 　係数比　│物質量 n_B│ —(d)→ 気体の体積 V'〔L〕
（標準状態）　　　　　　└────┘　　　　　　└────┘　　　　　　　　（標準状態）

●(a) 質量→物質量, (b) 体積→物質量を求めるには，

$$物質量\ n_A\text{〔mol〕} = \frac{質量\ w\text{〔g〕}}{モル質量\text{〔g/mol〕}} = \frac{標準状態の体積\ V\text{〔L〕}}{22.4\ \text{L/mol}}$$

●(c) 物質量→質量, (d) 物質量→体積を求めるには，

$$質量\ w'\text{〔g〕} = 物質量\ n_B\text{〔mol〕} \times モル質量\text{〔g/mol〕}$$

$$標準状態の体積\ V'\text{〔L〕} = 物質量\ n_B\text{〔mol〕} \times 22.4\ \text{L/mol}$$

例 亜鉛 6.5 g を希塩酸に完全に溶かしたときに発生する水素の体積(標準状態)
化学反応式 ： Zn ＋ 2HCl ⟶ ZnCl₂ ＋ H₂
物質量関係 ： **1 mol**　　　　　　　　　　　　**1 mol**

Zn 6.5 g は $\dfrac{6.5}{65}$ = 0.10 mol にあたる。上式の関係より，発生する水素の物質量も 0.10 mol で，その体積は，0.10×22.4＝2.24≒2.2 L

3 ▶ 気体反応における体積関係の計算

気体どうしが反応する場合では，体積関係が問題としてよく取り扱われる。その場合，同温・同圧のもとでは，同体積の気体は同数の分子を含む(**アボガドロの法則**)ので，**体積の比＝物質量の比**の関係が成立している。つまり，反応する気体の体積の比が反応式の係数の比に等しいことから，比例式を使って解くことができる(→ **TYPE 22**)。

4 ▶ 過不足のある場合の計算

2種類の物質を反応させるとき，両者の間に過不足がある場合には，少ないほうの物質が全部反応し，多いほうの物質が余ることに注意する。したがって，**常に不足するほうの物質を基準**として，生成物の量を求める(→ **TYPE 20**)。

5 ▶ 混合物に関する計算

① 混合物の組成を求める問題では，物質の性質や反応条件によって，反応する物質と反応しない物質とがある。どの物質が反応するかを確かめたうえで，それによって生じる物質(沈殿の質量や気体の体積など)から逆に計算すると，反応した物質の質量が求められる(→ p.43)。

② 混合気体の組成を求める問題では，**TYPE 23** のように，**混合気体の燃焼で減少した体積**や**吸収剤に通した際の体積変化**から求めたり，下図のような装置で，**塩化カルシウム(乾燥剤)**や**ソーダ石灰(強塩基)の質量増加分**から求める。

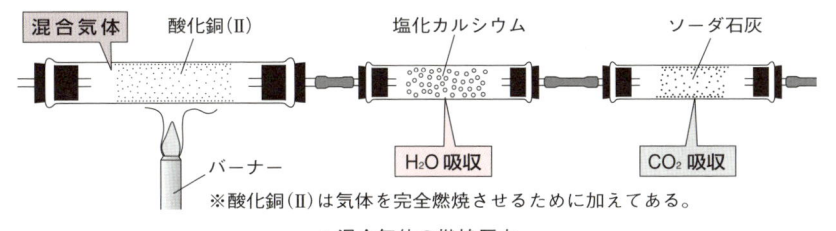

▲混合気体の燃焼反応

TYPE 19 化学反応式を用いた量的計算 【重要度 A】

まずは目的の物質の物質量を求めること。

$$\text{物質量[mol]} = \frac{\text{物質の質量[g]}}{\text{物質 1 mol の質量(モル質量)[g/mol]}}$$

$$\text{質量[g]} = \text{物質量[mol]} \times \text{モル質量[g/mol]}$$

$$\text{標準状態の気体の体積[L]} = \text{物質量[mol]} \times 22.4 \text{ L/mol}$$

着眼
① 反応物・生成物の化学式に注意して，化学反応式を正しく書く。
② 与えられた物質の物質量[mol]を，上式を用いて計算する。
③ 化学反応式の係数の比 ＝ 物質量の比の関係を利用して，求めたい物質の物質量[mol]を決定する。
④ 求めたい物質の質量や体積(標準状態)を，上式を用いて計算する。

例題　化学反応式から求める生成量

希塩酸に 5.4 g のアルミニウム片を浸すと，アルミニウムは溶けて水素を発生する。次の問いに答えよ。原子量；Al＝27，Cl＝35.5
(1) 発生した水素の体積は標準状態で何 L か。
(2) 反応終了後，反応液から水分や過剰の塩酸を蒸発させると，何 g の塩化アルミニウムが得られるか。

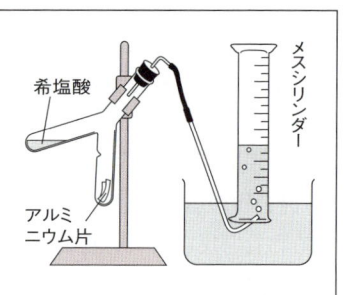

解き方　まず，化学反応式を正しくつくることが先決である。

(1) 化学反応式から，反応物と生成物の関係は，次のようになる。

$$2\text{Al} + 6\text{HCl} \longrightarrow 2\text{AlCl}_3 + 3\text{H}_2$$

　　2 mol　　　　　　　　**2 mol**　　**3 mol**

原子量は Al＝27 より，Al のモル質量は 27 g/mol である。

したがって，Al の物質量は，$\dfrac{5.4 \text{ g}}{27 \text{ g/mol}} = 0.20 \text{ mol}$　である。

反応式の係数の比より，生成する H_2 の物質量は，$0.20 \times \dfrac{3}{2} = 0.30 \text{ mol}$

標準状態では，気体 1 mol の体積は 22.4 L を占めるから，
発生する水素の体積；0.30 mol × 22.4 L/mol ＝ 6.72 L

(2) 反応式の係数比より，Al 0.20 mol から生成する $AlCl_3$ も 0.20 mol。$AlCl_3$ の式量は，$27+35.5×3=133.5$ より，モル質量は 133.5 g/mol である。
よって，生成する $AlCl_3$ の質量は，
$0.20 \text{ mol} × 133.5 \text{ g/mol} = 26.7 \text{ g}$

答 (1) **6.7 L** (2) **27 g**

例題 触媒を利用する反応の生成量

塩素酸カリウム $KClO_3$ 2.94 g に，酸化マンガン（Ⅳ）MnO_2 1.00 g を加え，右図のような装置で加熱した。このとき発生する酸素は何 g か（ただし，この反応では，MnO_2 は化学反応を促進させる触媒としてはたらいている）。
原子量；O＝16，Cl＝35.5，K＝39，Mn＝55

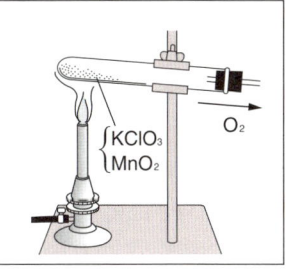

解き方 酸化マンガン（Ⅳ）は触媒であり，量的計算には無関係である。

化学反応式は， $2KClO_3 \longrightarrow 2KCl + 3O_2$
              2 mol   2 mol   3 mol

$KClO_3$ の式量；$39+35.5+16×3=122.5$ より，モル質量は 122.5 g/mol

$KClO_3$ の物質量は，$\dfrac{2.94 \text{ g}}{122.5 \text{ g/mol}} = 0.0240 \text{ mol}$

反応式の係数比より，$KClO_3$ 0.0240 mol から発生する O_2 の物質量は，

$0.0240 × \dfrac{3}{2} = 0.0360 \text{ mol}$

分子量は $O_2=32$ より，モル質量は 32 g/mol

発生する O_2 の質量：$0.0360 \text{ mol} × 32 \text{ g/mol} ≒ 1.15 \text{ g}$

答 1.15 g

＋補足 固体を加熱するときは，水が生成するしないにかかわらず，固体に含まれる水分が加熱部へ流れて試験管が割れるのを防ぐため，試験管の口を少し下げて加熱する。

類題10 亜鉛に希塩酸を加えると，水素を発生して溶ける。次の問いに答えよ。
原子量；H＝1.0，Cl＝35.5，Zn＝65　　　　　　　　　　（解答➡別冊 *p.5*）
(1) 亜鉛 13 g を完全に溶かすのに，20%塩酸は最低何 g 必要か。
(2) この反応で生じる塩化亜鉛は何 g か。

類題11 炭酸水素ナトリウム $NaHCO_3$ を加熱すると，15.9 g の炭酸ナトリウム Na_2CO_3 が得られた。この反応について，次の問いに答えよ。
原子量；H＝1.0，C＝12，O＝16，Na＝23　　　　　　　（解答➡別冊 *p.5*）
(1) 必要な炭酸水素ナトリウムの質量は何 g か。
(2) 同時に発生した二酸化炭素と水蒸気はそれぞれ何 g か。

TYPE 20 過不足のある場合の量的計算　重要度 B

反応物に過不足がある場合，生成物の量は，つねに少ないほうの反応物の量で決まる。

着眼　化学変化は，反応式で示された物質量の比で起こるが，実際の計算問題では，反応物の量を必要な物質量にしないで，過不足のある場合について考えさせるものが多い。問題文中に**反応物の量（質量，体積など）がともに与えられているとき**は，**過不足のある問題**とみてよい。

この TYPE に属する問題では，反応式の係数から，反応物相互の物質量の大小関係を調べ，**少ないほう，つまり完全に反応するほうの物質量を基準**にして，生成物の物質量を求めるようにする。

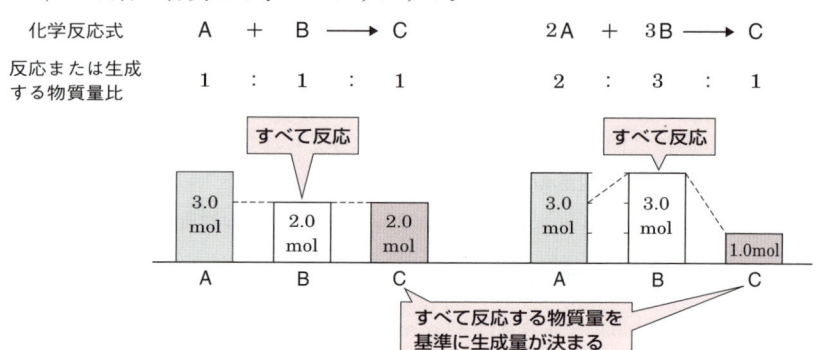

化学反応式	A + B ⟶ C	2A + 3B ⟶ C
反応または生成する物質量比	1 : 1 : 1	2 : 3 : 1

（左図）A 3.0 mol，B 2.0 mol（すべて反応），C 2.0 mol
（右図）A 3.0 mol（すべて反応），B 3.0 mol，C 1.0 mol
すべて反応する物質量を基準に生成量が決まる

！注意　基準となるのは，質量，体積の少ないほうではない。

例題　過不足があり，化学反応式の係数が等しい場合の量的計算

マグネシウムは，希硫酸に溶けて水素を発生する。マグネシウム 3.0 g を 20% 希硫酸 98 g に溶かしたとき，発生する水素は標準状態で何 L か。
原子量；H = 1.0, O = 16, Mg = 24, S = 32

解き方　反応物の Mg と H_2SO_4 の質量がともに与えられているから，過不足のある問題である。化学反応式は，　$Mg + H_2SO_4 \longrightarrow MgSO_4 + H_2$
反応式より過不足なく反応しあう物質量の比は，$Mg : H_2SO_4 = 1 : 1$ である。
次に，各反応物の物質量を計算すると，
原子量は Mg = 24 より，Mg のモル質量は 24 g/mol。
分子量は H_2SO_4 = 98 より，H_2SO_4 のモル質量は 98 g/mol。

Mg : $\dfrac{3.0 \text{ g}}{24 \text{ g/mol}} = 0.125$ mol

H$_2$SO$_4$: $\dfrac{98 \times 0.20 \text{ g}}{98 \text{ g/mol}} = 0.20$ mol

よって，Mg の物質量のほうが少ないので，生成する H$_2$ の物質量は Mg の物質量と同じ 0.125 mol である。発生する H$_2$ の体積は，

0.125 mol × 22.4 L/mol = 2.8 L

答 2.8 L

例題 過不足があり，化学反応式の係数が異なる場合の量的計算

塩酸と酸化マンガン(Ⅳ)の混合物を加熱すると，次の反応にしたがって塩素を発生する。

MnO$_2$ + 4HCl ⟶ MnCl$_2$ + 2H$_2$O + Cl$_2$

いま，12 mol/L の塩酸 10 mL と酸化マンガン(Ⅳ) 1.74 g の混合物を加熱すると発生する塩素は標準状態で何 L か。原子量；H = 1.0，O = 16，Cl = 35.5，Mn = 55

解き方 反応物の MnO$_2$ と HCl の量がともに与えられているから，過不足のある問題である。化学反応式は，

MnO$_2$ + 4HCl ⟶ MnCl$_2$ + 2H$_2$O + Cl$_2$
 1 mol   4 mol   1 mol   2 mol   1 mol

反応式の係数の比より，MnO$_2$: HCl = 1 : 4 (物質量の比)で過不足なく反応する。MnO$_2$ と HCl の物質量をそれぞれ計算すると，式量が MnO$_2$ = 87 より，

MnO$_2$: $\dfrac{1.74}{87} = 2.0 \times 10^{-2}$ mol

HCl : 12 mol/L × $\dfrac{10}{1000}$ L = 1.2×10^{-1} mol

MnO$_2$ と HCl の物質量の比は 1 : 6 であり，HCl が過剰にある。したがって，MnO$_2$ の物質量のほうが少なく，係数の比が MnO$_2$: Cl$_2$ = 1 : 1 なので，**生成する Cl$_2$ の物質量は，MnO$_2$ の物質量と同じ 2.0×10^{-2} mol** である。

よって，発生する Cl$_2$ の体積は，

2.0×10^{-2} mol × 22.4 L/mol = 0.448 ≒ 0.45 L

答 0.45 L

類題12 2.00% の塩化ナトリウム水溶液 40.0 g に，3.00% の硝酸銀水溶液 50.0 g を加えたとき，塩化銀の沈殿は何 g できるか。原子量；N = 14，O = 16，Na = 23，Cl = 35.5，Ag = 108

(解答➡別冊 *p.5*)

TYPE 21 過不足のある反応のグラフ　重要度 B

グラフの屈曲点において反応物が過不足なく反応したことに着目する。

着眼 たとえば，一定量の塩酸に金属 Mg を加えて水素を発生させる反応を考えてみる。最初のうちは，塩酸中の HCl が，加えた Mg に比べて過剰にあるので，加えた Mg の量に比例して H_2 の発生量は増加する。途中からは HCl が不足するようになり，Mg をいくら加えても H_2 の発生量は一定となる。つまり，**グラフが折れ曲がる点（屈曲点）が Mg と HCl がちょうど反応した点を示している**ことになる。

例題　過不足のある反応のグラフを利用した数値計算

右図は，濃度未知の塩酸 20 mL に，いろいろな質量のマグネシウムを加え，発生した水素の体積（標準状態）を測定し，グラフ化したものである。次の問いに答えよ。原子量；Mg = 24

(1) グラフの A 点の体積は何 mL か。
(2) この塩酸の濃度は何 mol/L か。

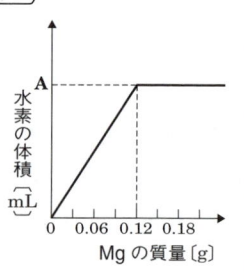

解き方 (1) 〔着眼〕の説明のように，Mg と HCl がちょうど反応したのは，グラフの屈曲点であり，Mg が **0.12 g** のときである。

反応式は，Mg ＋ 2HCl ⟶ $MgCl_2$ ＋ H_2
　　　　1 mol　2 mol　　1 mol　1 mol

係数の比より，**反応した Mg の物質量＝発生した H_2 の物質量**である。

Mg 0.12 g の物質量は，$\dfrac{0.12 \text{ g}}{24 \text{ g/mol}} = 5.0 \times 10^{-3}$ mol

発生した H_2 の物質量；5.0×10^{-3} mol × 22400 mL/mol ＝ 112 mL

(2) グラフの屈曲点で，反応した Mg 5.0×10^{-3} mol と過不足なく反応した HCl の物質量は，5.0×10^{-3} mol × 2 ＝ 1.0×10^{-2} mol

求める塩酸の濃度を x〔mol/L〕とおくと，

$$x \text{〔mol/L〕} \times \frac{20}{1000} \text{ L} = 1.0 \times 10^{-2} \text{ mol}$$

∴　x ＝ 0.50 mol/L

答 (1) 1.1×10^2 mL　(2) **0.50 mol/L**

TYPE 22 気体反応における体積計算　【重要度 A】

気体反応の場合，同一条件では，
　係数の比＝物質量の比＝体積の比　の関係を使え。

着眼 気体反応において，同一条件の反応ならば，**気体の体積の比は，物質量の比および反応式の係数の比とも等しくなる**という関係を用いる。すなわち，体積の増減量だけで気体の量的関係を調べることができる。
　なお，液体や固体の体積は，気体の体積に比べて非常に小さいので，計算上無視してよい。

例題　完全燃焼に必要な酸素と生成した二酸化炭素の体積

メタン CH_4 100 L を完全燃焼させるのに必要な酸素は何 L か。また，そのときにできる二酸化炭素の体積は何 L か。ただし，反応はすべて同一の温度，圧力のもとで行われたとする。

解き方　まず，メタンが燃焼するときの変化を正しい化学反応式で表し，メタン100 L，酸素 x [L]，二酸化炭素 y [L] として，それぞれの化学式の下に書く。
　気体どうしが反応する場合は，**体積の比＝係数の比**だから，この反応の量的関係は次のように表すことができる。

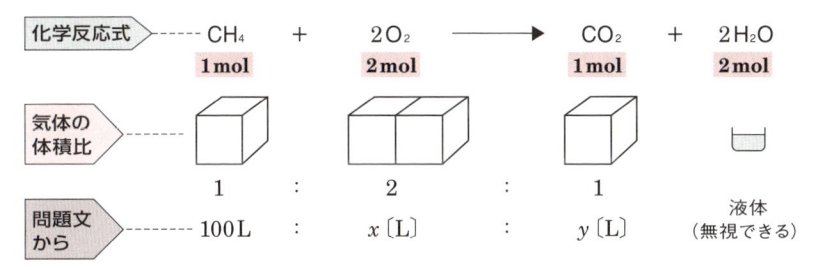

化学反応式	CH_4	＋	$2O_2$	→	CO_2	＋	$2H_2O$
	1 mol		2 mol		1 mol		2 mol
気体の体積比	1	:	2	:	1		液体（無視できる）
問題文から	100 L		x [L]	:	y [L]		

酸素の体積 x [L] について；　　　$100 : x = 1 : 2$　　$x = 200$ L
二酸化炭素の体積 y [L] について；　$100 : y = 1 : 1$　　$y = 100$ L

答　O_2 … **200 L**，CO_2 … **100 L**

＋補足　液体の水については，体積の比＝係数の比の関係は成り立たないことに留意する。

類題13　プロパン C_3H_8 1 m³ が完全燃焼するのに必要な空気は何 m³ か。ただし，空気の体積組成は，窒素：酸素＝4：1 であり，反応は同一の温度，圧力で行われたものとする。
（解答➡別冊 *p.5*）

TYPE 23 混合気体の組成

混合気体の燃焼で減少した体積や，吸収剤に通した際の体積変化から，最初の混合気体の組成がわかる。

着眼 燃焼後の混合気体を吸収剤に吸収させたとき，その体積の減少量から，燃焼生成物の物質量がわかる。**水は塩化カルシウム（乾燥剤）に，二酸化炭素は濃い水酸化ナトリウム（強塩基）の水溶液に吸収される。**

注意 窒素や二酸化炭素などは燃焼しないので，注意を要する。

例題　完全燃焼前の混合気体の組成

CO，H_2，N_2 からなる混合気体 50 mL がある。これに O_2 35 mL を加え，完全燃焼後に乾燥すると体積は 39 mL となった。さらに，水酸化ナトリウム水溶液に通した後に乾燥すると体積は 25 mL となった。最初の混合気体中の CO，H_2，N_2 はそれぞれ何 mL か。（すべて温度，圧力は一定とする。）

解き方 混合気体中の CO，H_2，N_2 の体積をそれぞれ x〔mL〕，y〔mL〕，z〔mL〕とすると，最初の混合気体が 50 mL あったので，

$$x+y+z=50 \quad \cdots\cdots ①$$

また，CO と H_2 の完全燃焼の化学反応式から，（係数の比）＝（物質量の比）＝（気体の体積の比）の関係に着目すると，次のような関係が成立する。
ただし，N_2 は**燃焼しない気体**である。

$$2\,CO\ +\ O_2\ \longrightarrow\ 2\,CO_2 \qquad 2\,H_2\ +\ O_2\ \longrightarrow\ 2\,H_2O$$
$$-x \quad -\frac{x}{2} \quad +x\,〔mL〕 \qquad -y \quad -\frac{y}{2}\,〔mL〕 \quad 0（液体）$$

燃焼後に残るのは，CO_2 x〔mL〕，残った $O_2\left(35-\dfrac{x}{2}-\dfrac{y}{2}\right)$〔mL〕，$N_2$ z〔mL〕より，

$$x+\left(35-\frac{x}{2}-\frac{y}{2}\right)+z=39 \quad \cdots\cdots ②$$

NaOH（強塩基）水溶液に吸収されるのは，CO_2（酸性の気体）であるから，
減少した体積 $(39-25)$ mL は，CO_2 の体積に等しい。

$$\therefore\ x=14\ \text{mL}$$

①，②より，$y=26$ mL，$z=10$ mL

答 CO；14 mL，H_2；26 mL，N_2；10 mL

■練習問題

解答→別冊 p.21

14 次の化学反応式を，目算法により係数を求め，完成させよ。
(1) $H_2S + SO_2 \longrightarrow S + H_2O$
(2) $Al + H_2SO_4 \longrightarrow Al_2(SO_4)_3 + H_2$
(3) $MnO_2 + HCl \longrightarrow MnCl_2 + H_2O + Cl_2$

TYPE
→18

15 次の化学反応式の係数を，未定係数法により求めよ。
(1) $a\,FeS_2 + b\,O_2 \longrightarrow c\,Fe_2O_3 + d\,SO_2$
(2) $a\,NO_2 + b\,H_2O \longrightarrow c\,HNO_3 + d\,NO$

→18

16 炭化カルシウム(カーバイド)に水を加えると，次の反応によりアセチレンが発生する。

$$CaC_2 + 2H_2O \longrightarrow Ca(OH)_2 + C_2H_2$$

いま，不純物を含んだ炭化カルシウム 2.0 g に水を加えて反応させたら，アセチレンが 0.65 g 発生した。次の問いにそれぞれ答えよ。
原子量；H=1.0，C=12，Ca=40
(1) 生成したアセチレンの体積は標準状態で何 L か。
(2) 炭化カルシウムの純度〔％〕を求めよ。　　　　（東京理大 改）

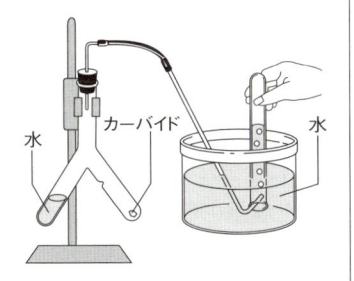

→19

17 1.00 mol/L の希硫酸 300 mL に，亜鉛 6.54 g を加えて反応させた。次の各問いに答えよ。原子量；Zn=65.4
(1) この反応によって発生する水素の物質量は何 mol か。
(2) また，この水素の体積は標準状態で何 L を占めるか。

→20

18 プロパン C_3H_8 とプロピレン C_3H_6 の混合気体がある。これを完全燃焼させたところ，二酸化炭素 3.96 g と水 1.98 g を生じた。混合気体中のプロパンとプロピレンの物質量の比を求めよ。原子量；H=1.0，C=12，O=16

→23

ヒント 16 (2) 混合物に含まれる目的物の割合を純度といい，次式で求められる。

$$純度〔\%〕 = \frac{目的物の質量〔g〕}{混合物の質量〔g〕} \times 100$$

3 酸・塩基とpH

1 酸・塩基の定義

水に溶けてH^+(H_3O^+)を生じる物質を酸，水に溶けてOH^-を生じる物質を塩基といい，これを**アレニウスの定義**という。一方，ブレンステッドとローリーは，他にH^+(陽子)を与える物質を酸，H^+を受け取る物質を塩基とした。これを**ブレンステッド・ローリーの定義**という。

> **+補足** ブレンステッド・ローリーの定義では，① 分子中にOH^-をもたないNH_3も塩基である。② H_2Oは相手により，酸にも塩基にもなる。③ Cl^-やNH_4^+のようなイオンでも，酸・塩基の区別ができる。

例 $HCl + H_2O \rightleftarrows H_3O^+ + Cl^-$　　$NH_3 + H_2O \rightleftarrows NH_4^+ + OH^-$
　　(酸)　(塩基)　　(酸)　　(塩基)　　(塩基)　(酸)　　(酸)　　(塩基)

2 酸・塩基の価数

酸の化学式中に含まれるH^+の数を**酸の価数**といい，塩基の化学式中に含まれるOH^-の数を**塩基の価数**という。価数は酸や塩基の強弱とは関係ない。

3 酸化物と酸・塩基

1 酸性酸化物　非金属の酸化物。水に溶けて酸を生じる。例 SO_2，NO_2
2 塩基性酸化物　金属の酸化物。水に溶けて塩基を生じる。酸と反応して，塩を生成する。例 CaO，Na_2O
3 両性酸化物　Al，Zn，Sn，Pbなどの酸化物。酸・塩基の両方と反応。

4 酸・塩基の強弱

酢酸CH_3COOHは，同濃度の塩酸HClに比べて弱い酸性を示す。これは，酢酸が水中でわずかしか電離せず，H^+の濃度が小さいためである。

電解質を水に溶かしたとき，電離する割合を**電離度**という。

$$電離度\ \alpha = \frac{電離した電解質の物質量}{溶かした電解質の物質量} \quad (0 \leq \alpha \leq 1)$$

約1 mol/Lの濃度で，電離度が1に近い酸，塩基を**強酸**，**強塩基**といい，電離度が1よりかなり小さい酸，塩基を**弱酸**，**弱塩基**という。

強酸	HCl，HNO_3，H_2SO_4	強塩基	KOH，$NaOH$，$Ba(OH)_2$
弱酸	CH_3COOH，H_2CO_3，H_2S	弱塩基	NH_3，$Cu(OH)_2$，$Al(OH)_3$

5 水の電離平衡

純粋な水は，わずかに電離し，次式のように平衡状態となっている。

$$H_2O \rightleftarrows H^+ + OH^- \cdots\cdots\cdots\cdots\cdots\cdots ①$$

このとき，H^+ および OH^- のモル濃度を，それぞれ**水素イオン濃度$[H^+]$**，**水酸化物イオン濃度$[OH^-]$** という。

純水では，$[H^+] = [OH^-] = 1.0 \times 10^{-7}$ mol/L

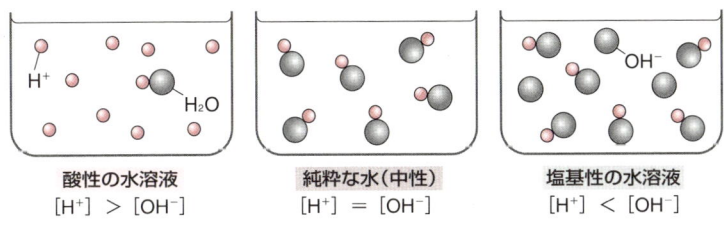

酸性の水溶液	純粋な水(中性)	塩基性の水溶液
$[H^+] > [OH^-]$	$[H^+] = [OH^-]$	$[H^+] < [OH^-]$

▲水溶液中の水素イオン・水酸化物イオンの濃度

+補足 平衡状態とは，①式の右向きの反応(正反応)の速さと左向きの反応(逆反応)の速さが等しくつりあった状態のことである(→ p.176)。

6 水のイオン積 K_W

①式より，水の電離定数は次式で表される。

$$K = \frac{[H^+][OH^-]}{[H_2O]}$$

($[H_2O]$は，$[H^+]$や$[OH^-]$に比べて大きく，ほぼ一定とみなせるので，下のようにKにまとめる)

$$[H^+][OH^-] = K[H_2O] = K_W = 1.0 \times 10^{-14} (\text{mol/L})^2 (25℃)$$

この K_W を**水のイオン積**といい，同一温度において$[H^+]$と$[OH^-]$の積は一定である。これは純水だけでなく，酸や塩基の水溶液中でも成り立つ。

7 酸・塩基の電離度と$[H^+]$と$[OH^-]$の関係

強酸や強塩基のうすい水溶液では，**電離度＝1**とみなして，$[H^+]$＝(酸のモル濃度)×(価数)と計算してよい。しかし，弱酸の場合は，電離度は1よりはるかに小さく，次のように求める必要がある。

$[H^+]$＝(酸のモル濃度)×(電離度)
$[OH^-]$＝(塩基のモル濃度)×(電離度)

+補足 弱酸・弱塩基では，濃度によって電離度は変わる。その濃度に応じた電離度は電離定数(→ p.184)から求める必要がある。

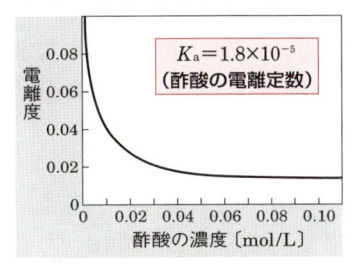

$K_a = 1.8 \times 10^{-5}$ (酢酸の電離定数)

▲電離度と酢酸の濃度

8 ▶ 水素イオン指数 pH

水のイオン積 $[H^+][OH^-]=K_W$ の関係は，**温度一定ならば変わらない**。よって，$[H^+]$ の大小は，同時に $[OH^-]$ の大小も表すことになり，$[H^+]$ を基準にして，統一的に水溶液の酸性・塩基性の強弱の程度を表せる。

水溶液中の $[H^+]$ の数値は非常に広い範囲で変化するので，そのまま用いると不便である。そこで，$[H^+]$ を 10^{-x} の形で表し，指数の符号を変えた値 x を**水素イオン指数 pH**（ピーエイチ）といい，次のように定義される。

$$[H^+]=10^{-pH}\,(mol/L) \quad または，\quad pH=-\log[H^+]$$

例 $[H^+]=0.10\,mol/L$ の水溶液の pH を求めよ。
$pH=-\log 0.10=-\log 10^{-1}=1.0\,(\because \log 10=1)$

←―――― 酸性 ―――― 中性 ―――― 塩基性 ――――→

pH	0	1	2	3	4	5	6	7	8	9	10	11	12	13	14
$[H^+]$	1	10^{-1}	10^{-2}	10^{-3}	10^{-4}	10^{-5}	10^{-6}	10^{-7}	10^{-8}	10^{-9}	10^{-10}	10^{-11}	10^{-12}	10^{-13}	10^{-14}
$[OH^-]$	10^{-14}	10^{-13}	10^{-12}	10^{-11}	10^{-10}	10^{-9}	10^{-8}	10^{-7}	10^{-6}	10^{-5}	10^{-4}	10^{-3}	10^{-2}	10^{-1}	1

▲水溶液の液性と pH

!注意 純粋な水では，$[H^+]=10^{-7}\,mol/L$ であるから，pH=7
酸の水溶液では，$[H^+]>10^{-7}\,mol/L$ であるから，pH<7
塩基の水溶液では，$[H^+]<10^{-7}\,mol/L$ であるから，pH>7

+補足 塩基の水溶液では，pH と同じ考え方で**水酸化物イオン指数 pOH** が定義される。
$pOH=-\log[OH^-]$
これと，**pH+pOH=14** の関係を使って塩基の水溶液の pH を求めることができる。

9 ▶ 酸の希釈と pH

pH が 1 小さくなると $[H^+]$ は 10 倍，pH が 1 大きくなると $[H^+]$ は $\frac{1}{10}$ 倍になる。ただし，酸をどんなに水で希釈しても，pH は 7 より大きくならない。

+補足 純水中では，水の電離より，$[H^+]=1.0\times 10^{-7}\,mol/L$ となる。

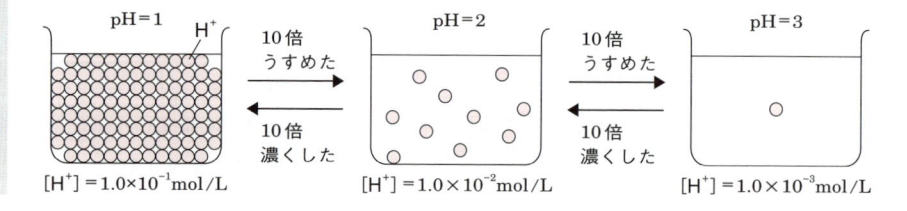

pH=1　→10倍うすめた→　pH=2　→10倍うすめた→　pH=3
　　　←10倍濃くした←　　　　←10倍濃くした←
$[H^+]=1.0\times 10^{-1}\,mol/L$　　$[H^+]=1.0\times 10^{-2}\,mol/L$　　$[H^+]=1.0\times 10^{-3}\,mol/L$

TYPE 24 強酸・強塩基水溶液の pH(その1) 【重要度 A】

水素イオン濃度$[H^+] = 10^{-x}$〔mol/L〕のとき,pH$= x$

着眼 純粋な水では,水素イオンのモル濃度$[H^+]$と水酸化物イオンのモル濃度$[OH^-]$は等しく,25℃において,1.0×10^{-7} mol/L である。酸を加えると$[H^+]$は大きくなる一方,$[OH^-]$は小さくなる。これに対して塩基を加えると$[H^+]$は小さくなる一方,$[OH^-]$は大きくなる。これより次の関係が成立する。

$$K_w = [H^+][OH^-] = 1.0 \times 10^{-14} (\text{mol/L})^2$$

このことから,**酸・塩基性の強弱は$[H^+]$の大小だけで表すことができる**。$[H^+] = 10^{-x}$〔mol/L〕と表したとき,10 の指数$(-x)$の符号を変えた値 x を**水素イオン指数(pH)**といい,**TYPE** のように定義される。

!注意 $[H^+]$の値が,$[H^+] = a \times 10^{-x}$〔mol/L〕$(a \neq 1)$と表されるときは,この **TYPE** の式では pH は求められず,**TYPE 25** の pH $= -\log[H^+]$という公式を用いる。

例題 簡単に求められる pH

次の水溶液の pH を求めよ。強酸・強塩基の水溶液の電離度は 1 とする。
(1) 0.10 mol/L の塩酸
(2) 0.010 mol/L の水酸化ナトリウム水溶液

解き方 (1) 塩酸は強酸で,次式のように完全に電離している。

$$HCl \longrightarrow H^+ + Cl^-$$

したがって,水素イオン濃度$[H^+]$は,もとの塩酸の濃度とも等しい。

$[H^+] = 0.10 = 1.0 \times 10^{-1}$ mol/L

$[H^+] = 10^{-x}$ mol/L のとき,pH $= x$ よって,pH $= 1$

(2) 水酸化ナトリウムは強塩基で,次式のように完全に電離している。

$$NaOH \longrightarrow Na^+ + OH^-$$

水酸化物イオン濃度$[OH^-]$は,もとの水酸化ナトリウムの濃度とも等しい。

$[OH^-] = 0.010 = 1.0 \times 10^{-2}$ mol/L

水のイオン積 $K_w = [H^+][OH^-] = 1.0 \times 10^{-14} (\text{mol/L})^2$ より,

$[H^+] = \dfrac{1.0 \times 10^{-14} (\text{mol/L})^2}{1.0 \times 10^{-2} \text{mol/L}} = 1.0 \times 10^{-12}$ mol/L よって,pH $= 12$

答 (1) 1 (2) 12

TYPE 25 強酸・強塩基水溶液の pH（その 2） 〔重要度 A〕

$\begin{cases} [H^+]=(酸のモル濃度)\times(電離度 1) \\ [OH^-]=(塩基のモル濃度)\times(電離度 1) \end{cases}$ を求めてから，

$pH=-\log[H^+]$ の公式を使え。

着眼 酸の水溶液の pH 計算では，まず水素イオン濃度 $[H^+]$ を求める。塩基の水溶液の pH 計算では，水酸化物イオン濃度 $[OH^-]$ を求める。**強酸・強塩基はいずれも，水溶液中で完全に電離していると考えてよいので，電離度は 1 として計算すればよい。**

$[H^+]=1\times10^{-x}$ (mol/L) のときは，$[H^+]=10^{-x}$ (mol/L) $\iff$ pH $=x$ の関係より，すぐに pH が求められるが，$[H^+]=a\times10^{-x}$ mol/L $(a\neq1)$ のときは，**pH $=-\log[H^+]$** の公式を用いなければ pH は求められない。

注意 $[OH^-]$ から pH を求めるには $[H^+][OH^-]=1.0\times10^{-14}$ (mol/L)^2 を利用する。

補足 $10^x=y$ のとき，x を y の**常用対数**といい，$x=\log y$ と表す（$\log_{10} y$ とも表記される）。また，次の関係がある。

$$\log 10^a=a, \quad \log ab=\log a+\log b, \quad \log\frac{a}{b}=\log a-\log b$$

例題 常用対数を利用して求める pH

次の(1)〜(2)の各水溶液の pH を求めよ。$\log 2=0.3$，$\log 3=0.5$
(1) 0.06 mol/L の塩酸の pH (2) 0.002 mol/L の NaOH 水溶液の pH

解き方 (1) 塩酸は **1 価の強酸**だから，電離度は 1 である。

$[H^+]=0.06$ mol/L $\times 1=0.06$ mol/L $=6\times10^{-2}$ mol/L

∴ pH $=-\log[H^+]=-\log(6\times10^{-2})=2-(\log 2+\log 3)=1.2$

(2) 水酸化ナトリウムは **1 価の強塩基**だから，電離度は 1 である。

$[OH^-]=0.002$ mol/L $\times 1=0.002$ mol/L $=2\times10^{-3}$ mol/L

$[H^+][OH^-]=1\times10^{-14}$ **(mol/L)**^{2} より，

$[H^+]=\dfrac{1\times10^{-14}(\text{mol/L})^2}{2\times10^{-3}\text{ mol/L}}=5\times10^{-12}$ mol/L $=\dfrac{10}{2}\times10^{-12}$ mol/L

∴ pH $=-\log\left(\dfrac{10}{2}\times10^{-12}\right)=12-(1-\log 2)=11.3$ **答** (1) **1.2** (2) **11.3**

類題14 0.030 mol/L の水酸化ナトリウム水溶液の pH を求めよ。$\log 2=0.30$，$\log 3=0.48$

（解答➡別冊 *p.5*）

TYPE 26　2価のうすい強酸・強塩基水溶液のpH　[重要度 B]

$[H^+]$＝（酸のモル濃度）×（価数）×（電離度）
$[OH^-]$＝（塩基のモル濃度）×（価数）×（電離度）

着眼　2価の強酸である硫酸は，実際には次のように2段階に電離する。
$H_2SO_4 \longrightarrow H^+ + HSO_4^-$（第1段階…電離度$\alpha_1$）
$HSO_4^- \rightleftharpoons H^+ + SO_4^{2-}$（第2段階…電離度$\alpha_2$）

第1段階の電離度α_1は常に1と考えてよいが，第2段階の電離度α_2はα_1よりも小さい。**極めてうすい硫酸の場合，酸の濃度がうすくなるほど電離度は大きくなるので，α_1だけでなくα_2も1とみなせる。** したがって，極めてうすい硫酸の電離は，$H_2SO_4 \longrightarrow 2H^+ + SO_4^{2-}$と表すことができる。すなわち，$H_2SO_4$ 1 molからH^+が2 mol生じることになり，上記の関係が得られる。

例題　2価のうすい強酸，強塩基水溶液のpH

次の水溶液のpHを求めよ。ただし，いずれの酸・塩基も水溶液中では完全に電離するものとする。$\log 2 = 0.3$
(1) 0.0020 mol/Lの希硫酸
(2) 0.0010 mol/Lの水酸化バリウム水溶液

解き方　(1)　硫酸は2価の強酸だから，価数と電離度に注意して，
　　$[H^+]$＝（酸のモル濃度）×（価数）×（電離度）
　　　　　＝0.0020 mol/L×2×1＝4.0×10^{-3} mol/L
　　∴　pH＝$-\log(4 \times 10^{-3}) = -\log(2^2 \times 10^{-3}) = 3 - 2\log 2 = 2.4$

(2)　水酸化バリウムの電離は以下のイオン反応式で表せる。
　　　$Ba(OH)_2 \longrightarrow Ba^{2+} + 2OH^-$
水酸化バリウムは2価の強塩基だから，価数と電離度に注意して，
　　$[OH^-]$＝（塩基のモル濃度）×（価数）×（電離度）
　　　　　＝0.0010 mol/L×2×1
　　　　　＝2.0×10^{-3} mol/L
　　pOH＝$-\log(2 \times 10^{-3}) = 3 - \log 2 = 2.7$
　pH＋pOH＝14 より，pH＝14－2.7＝11.3

答　(1) **2.4**　(2) **11.3**

TYPE 27 弱酸・弱塩基水溶液の pH　【重要度 A】

弱酸のとき…[H^+]＝(酸のモル濃度)×(電離度)
弱塩基のとき…[OH^-]＝(塩基のモル濃度)×(電離度)

着眼　強酸・強塩基の水溶液の電離度は，濃度によらず，常に1と考えてよいが，**弱酸・弱塩基の水溶液の電離度は1よりもずっと小さい**。しかも，**濃度によって電離度も変化する**ことに留意しなければならない。弱酸・弱塩基の水溶液の電離度は，問題に必ず与えられているので，その値を上式に代入して，水素イオン濃度[H^+]や水酸化物イオン濃度[OH^-]を求める必要がある。

例題　弱酸・弱塩基水溶液の pH

次の酸・塩基の水溶液の pH を求めよ。
(1)　0.040 mol/L の酢酸水溶液(電離度は 0.025)
(2)　0.10 mol/L のアンモニア水(電離度は 0.010)

解き方　(1)　酢酸は**弱酸**で，水溶液中では次のような平衡状態となる。

$$CH_3COOH \rightleftharpoons CH_3COO^- + H^+$$

(水素イオン濃度)＝(酸のモル濃度)×(電離度)より，

[H^+]＝0.040 mol/L×0.025
　　　＝$1.0×10^{-3}$ mol/L

[H^+]＝10^{-x} [mol/L] ⇒ pH＝x(→ **TYPE 24**)より，pH＝3

(2)　アンモニアは**弱塩基**で，水溶液中では次のような平衡状態となる。

$$NH_3 + H_2O \rightleftharpoons NH_4^+ + OH^-$$

(水酸化物イオン濃度)＝(塩基のモル濃度)×(電離度)より，

[OH^-]＝0.10 mol/L×0.010
　　　　＝$1.0×10^{-3}$ mol/L

水のイオン積　K_w＝[H^+][OH^-]＝**$1.0×10^{-14}$ (mol/L)^2** より，

[H^+]＝$\dfrac{1.0×10^{-14} (mol/L)^2}{1.0×10^{-3} \text{ mol/L}}$＝$1.0×10^{-11}$ mol/L

∴　pH＝11

答　(1) **3**　(2) **11**

TYPE 28 うすめた酸・塩基水溶液の pH

重要度 B

希釈前の溶質の物質量 = 希釈後の溶質の物質量

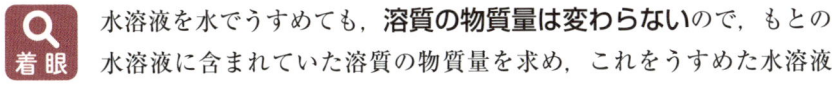

着眼 水溶液を水でうすめても，**溶質の物質量は変わらない**ので，もとの水溶液に含まれていた溶質の物質量を求め，これをうすめた水溶液 1 L あたりに換算してモル濃度を求める。

+補足 きわめてうすい酸の pH を求めるときは，酸の電離で生じた H^+ とともに，水の電離により供給される H^+ の存在も考慮しなければならない。これは，酸性が弱くなると，水の電離平衡 $H_2O \rightleftharpoons H^+ + OH^-$ が右へ移動し，酸の電離で生じた H^+ に比べて水の電離で生じた H^+ が多くなるからである。

例題 うすめた塩酸の pH

次の(1), (2)の水溶液の pH を求めよ。$\log 2.0 = 0.3$
(1) 1.0 mol/L の塩酸 10 mL を水でうすめて 500 mL とした水溶液。
(2) pH = 5.0 の塩酸を水で 1000 倍に希釈した水溶液(整数値で答えよ)。

解き方 (1) うすめる前後で，溶質である HCl の物質量は変化しない。

$$[HCl] = 1.0 \text{ mol/L} \times \frac{10 \text{ mL}}{500 \text{ mL}} = 2.0 \times 10^{-2} \text{ mol/L}$$

HCl は **1 価の強酸**だから，完全に電離している($\alpha = 1$)と考えて，

$$[H^+] = 2.0 \times 10^{-2} \text{ mol/L} \times 1 = 2.0 \times 10^{-2} \text{ mol/L}$$

$$\therefore \quad pH = -\log(2.0 \times 10^{-2}) = 2 - \log 2 = 1.7 \, (\to \textbf{TYPE 25})$$

(2) pH = 5.0 の塩酸を水で 10^3 倍にうすめると，酸の電離によって生じた $[H^+]_a$ は，10^{-8} mol/L となるが，水溶液の pH は 8 ではない。なぜなら，**酸の濃度がきわめてうすいときは，水の電離が無視できなくなる**からである。

水の電離で生じた $[H^+]_{H_2O}, [OH^-]_{H_2O}$ を，いずれも x [mol/L] とすると，
全水素イオン濃度 $[H^+] = [H^+]_a + [H^+]_{H_2O} = (10^{-8} + x)$ [mol/L]
水のイオン積の公式 $[H^+][OH^-] = 1.0 \times 10^{-14} \text{ (mol/L)}^2$ に代入すると，

$$(10^{-8} + x) \cdot x = 10^{-14}$$

$$x^2 + 10^{-8}x - 10^{-14} = 0 \quad \therefore \quad x = 0.95 \times 10^{-7} \text{ mol/L}, \quad -1.05 \times 10^{-7} \text{ mol/L (不適)}$$

これより，水素イオン濃度 $[H^+]$ は，

$$[H^+] = (1.0 \times 10^{-8} + 0.95 \times 10^{-7}) = 1.05 \times 10^{-7} \text{ mol/L}$$

水溶液はわずかに酸性だが，pH を整数値で答えると 7。

答 (1) **1.7** (2) **7**

+補足 pH を求める問題は **TYPE 90, 91, 93, 94** でも扱う。

4 酸・塩基の中和反応

1 中和反応

酸の H^+ と塩基の OH^- とが反応して，水を生じる反応を**中和反応**という。中和反応では，水のほかに，酸の陰イオンと塩基の陽イオンが結びついて，**塩**とよばれる物質も生成する。

例 $HCl + NaOH \longrightarrow NaCl + H_2O$ （$H^+ + OH^- \longrightarrow H_2O$）

注意 酸と塩基の反応だけでなく，次の反応も広義の中和反応とみなされる。

$$\begin{cases} 酸性酸化物 + 塩基 & CO_2 + 2NaOH \longrightarrow Na_2CO_3 + H_2O \\ 酸 + 塩基性酸化物 & 2HCl + CaO \longrightarrow CaCl_2 + H_2O \\ 酸性酸化物 + 塩基性酸化物 & CO_2 + CaO \longrightarrow CaCO_3 \end{cases}$$

酸性酸化物は非金属元素の酸化物，塩基性酸化物は金属元素の酸化物に多い。

2 中和の量的関係

いくつかの物質を例にとって，中和の量的関係を示すと次のようになる。

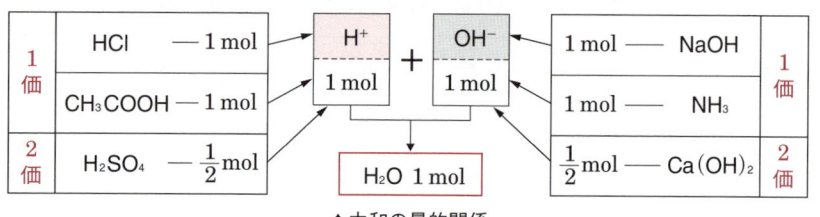

1価	HCl — 1 mol	→ H^+ 1 mol	+	OH^- 1 mol	1 mol — NaOH	1価
	CH_3COOH — 1 mol				1 mol — NH_3	
2価	H_2SO_4 — $\frac{1}{2}$ mol	↓			$\frac{1}{2}$ mol — $Ca(OH)_2$	2価
		H_2O 1 mol				

▲中和の量的関係

酸と塩基が過不足なくちょうど中和する条件は，

酸の放出する H^+ の物質量 ＝ 塩基の放出する OH^- の物質量
‖ ‖
酸の物質量×価数　　　　　　塩基の物質量×価数

補足 ちょうど中和する酸と塩基の量的関係は，その強弱には関係しない。たとえば，弱酸である CH_3COOH 1 mol と強塩基である NaOH 1 mol はちょうど中和する。

3 中和の公式

c〔mol/L〕の n 価の酸 v〔mL〕と，c'〔mol/L〕の n' 価の塩基 v'〔mL〕がちょうど中和する（この点を**中和点**という）には，酸が放出する H^+ の物質量と塩基が放出する OH^- の物質量が等しいので，次の**中和の公式**が成り立つ。

$$\frac{ncv}{1000}〔mol〕 = \frac{n'c'v'}{1000}〔mol〕 \Rightarrow ncv = n'c'v'$$

4 中和滴定

中和の公式を利用して，濃度未知の酸または塩基の濃度を決定できる。この操作を**中和滴定**という。以下は未知の塩基の濃度を調べる中和滴定の手順である。

① 濃度未知の塩基水溶液を**ビュレット**に入れる。
② 酸の標準水溶液の一定量を**ホールピペット**でとり，**コニカルビーカー**に入れ，適当な指示薬を1〜2滴加える。
③ ビュレットより塩基水溶液を少しずつ滴下し（右図），指示薬の変色から**中和点**を知り，この中和に要した塩基の体積を求める。
④ この滴定値(平均値)を**中和の公式**に代入し，塩基水溶液のモル濃度を決定する。

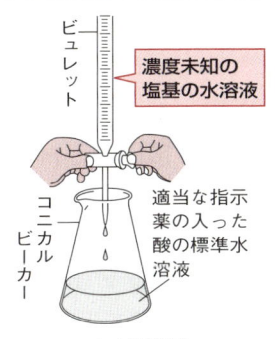

▲中和滴定

5 逆滴定

NH_3(気)を過剰のH_2SO_4標準水溶液に通じて完全に吸収させる。残ったH_2SO_4を別のNaOH標準水溶液で滴定する。このように，**塩基試料を酸ではなく，最終的に塩基で滴定する**ことを**逆滴定**という。次の関係が成り立つ。

(酸の放出するH^+の総物質量)
　= (塩基の放出するOH^-の総物質量)

▲逆滴定

6 Na_2CO_3の2段階中和

炭酸ナトリウムに塩酸を加えると，次のような2段階の中和反応が起こる(→ **TYPE 33**)。

$Na_2CO_3 + HCl \longrightarrow NaHCO_3 + NaCl$
　　　　　　　　　　　①(弱塩基性)
$NaHCO_3 + HCl$
　　　$\longrightarrow NaCl + H_2O + CO_2$
　　　　　　　　　　　②(弱酸性)

!注意 Na_2CO_3は反応全体では2価の塩基としてはたらく。

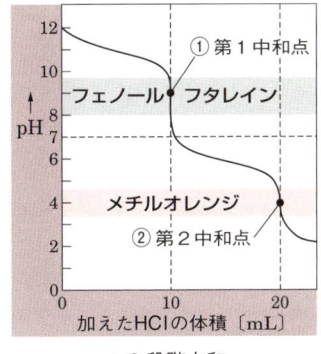

▲2段階中和

TYPE 29 中和の量的関係（中和の公式）

> （酸の放出する H^+ の物質量）
> 　　　＝（塩基の放出する OH^- の物質量）

着眼 酸と塩基の中和反応では，その種類および強弱にかかわらず，**酸の放出する H^+ の物質量と，塩基の放出する OH^- の物質量が等しければ，ちょうど中和する**という関係がある。

すなわち，c〔mol/L〕の n 価の酸の水溶液 v〔mL〕と，c'〔mol/L〕の n' 価の塩基の水溶液 v'〔mL〕がちょうど中和する条件は，次のような式で表される。

$$\underbrace{c \times \frac{v}{1000}}_{\text{（酸の物質量）}} \times \underbrace{n}_{\text{（価数）}} = \underbrace{c' \times \frac{v'}{1000}}_{\text{（塩基の物質量）}} \times \underbrace{n'}_{\text{（価数）}}$$

例題　中和の公式を利用した量的計算

0.0500 mol/L のシュウ酸水溶液 10.0 mL を中和するのに，水酸化ナトリウム水溶液（A液）15.6 mL を要した。一方，食酢を 10 倍にうすめた水溶液（B液）を 10.0 mL とって A 液で中和滴定したところ，11.1 mL を要した。
(1) 水酸化ナトリウム水溶液（A液）の濃度は何 mol/L か。
(2) もとの食酢中の酢酸の濃度は何 mol/L か。ただし，食酢中に存在する酸は酢酸のみとする。

解き方 (1) A 液の濃度を x〔mol/L〕として，中和の公式に代入する。
シュウ酸 $(COOH)_2$ は **2 価の酸**，NaOH は **1 価の塩基**である。

$$0.0500 \text{ mol/L} \times \frac{10.0}{1000} \text{ L} \times 2 = x \text{〔mol/L〕} \times \frac{15.6}{1000} \text{ L} \times 1$$

$$\therefore \quad x \fallingdotseq 0.0641 \text{ mol/L}$$

(2) B 液の濃度を y〔mol/L〕とすると，酢酸 CH_3COOH は **1 価の酸**なので，

$$y \text{〔mol/L〕} \times \frac{10.0}{1000} \text{ L} \times 1 = 0.0641 \text{ mol/L} \times \frac{11.1}{1000} \text{ L} \times 1$$

よって，$y \fallingdotseq 0.0712$ mol/L となり，もとの食酢の濃度はその 10 倍の 0.712 mol/L

答 (1) **0.0641 mol/L**　(2) **0.712 mol/L**

類題15 0.050 mol/L 塩酸 10 mL と 0.020 mol/L 硫酸 10 mL の混合溶液と，ちょうど中和する 0.10 mol/L 水酸化ナトリウム水溶液は何 mL か。　（解答➡別冊 p.6）

TYPE 30 過不足のある中和反応　重要度 B

中和後，残っている[H^+]または[OH^-]から，水溶液のpHを計算せよ。

着眼 酸と塩基を混合した場合，酸の放出するH^+の物質量と，塩基の放出するOH^-の物質量が等しくないとき，少ないほうは完全に中和するが，多いほうは一部が中和しないで残る。したがって，**できた混合溶液は，酸，塩基の物質量の多いほうの液性を示す**ことになる。

そこで，反応せずに残ったH^+またはOH^-の物質量を求め，それと混合溶液の体積（全量）から，酸性なら水素イオン濃度[H^+]，塩基性なら水酸化物イオン濃度[OH^-]を求めると，混合溶液のpHが計算できる。

例題　過不足のある中和反応後の混合溶液のpH

0.100 mol/Lの塩酸100 mLに0.080 mol/Lの水酸化ナトリウム水溶液100 mLを混合した。この混合溶液のpHはいくらか。ただし，反応前後で，水溶液の全体積は一定とする。

解き方 まず，(酸の放出するH^+の物質量)と(塩基の放出するOH^-の物質量)を比較して，混合溶液の液性を決定する。

$$\text{酸の放出する } H^+ ; 0.100 \text{ mol/L} \times \frac{100}{1000} \text{ L} = \frac{10.0}{1000} \text{ mol} \quad \cdots\cdots\text{①}$$

$$\text{塩基の放出する } OH^- ; 0.080 \text{ mol/L} \times \frac{100}{1000} \text{ L} = \frac{8.0}{1000} \text{ mol} \quad \cdots\cdots\text{②}$$

①＞②より，**混合溶液は酸性を示し**，残ったH^+は，①－②より$\frac{2.0}{1000}$ molである。これが混合溶液200 mL中に含まれる。よって，水素イオン濃度[H^+]は

$$[H^+] = \frac{2.0}{1000} \text{ mol} \div \frac{200}{1000} \text{ L} = 1.0 \times 10^{-2} \text{ mol/L}$$

$$\therefore \quad pH = -\log(1 \times 10^{-2}) = 2.0$$

答 2.0

類題16 1.0 mol/Lの塩酸100 mLに，0.50 mol/Lの水酸化バリウム水溶液150 mLを混合した水溶液のpHを求めよ。ただし，log 2 = 0.3とし，両液を混合しても，体積の膨張や収縮はないものとする。

(解答➡別冊 *p.6*)

TYPE 31 中和反応の逆滴定

(酸の放出する H^+ の総物質量)
　　　＝(塩基の放出する OH^- の総物質量)

着眼 酸性(塩基性)を示す気体の物質量を求めるときは，いったん，気体を過剰の塩基(酸)水溶液に完全に吸収させ，水溶液の一部を中和する。その後，**残った塩基(酸)水溶液を別の酸(塩基)の標準水溶液で逆滴定する**と，下の図のように，**酸が放出する H^+ の総物質量と，過剰の塩基が放出する OH^- の物質量が等しい**ことから，はじめの気体の物質量が求められる。

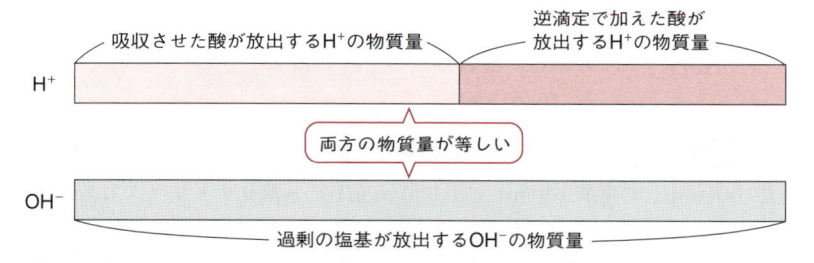

H^+ ← 吸収させた酸が放出する H^+ の物質量 ― 逆滴定で加えた酸が放出する H^+ の物質量 →

両方の物質量が等しい

OH^- ← 過剰の塩基が放出する OH^- の物質量 →

例題　逆滴定から求める空気中の CO_2 組成

標準状態で 10 L の空気を，0.010 mol/L の $Ba(OH)_2$ 水溶液 50 mL とよく振り，生じた沈殿をろ過し，ろ液を 0.10 mol/L の塩酸で滴定すると，中和に 6.8 mL を要した。この空気中における CO_2 の体積百分率 [%] はいくらか。

解き方 CO_2 は酸性酸化物(水に溶けて炭酸 H_2CO_3 になる)で，**2価の酸**としてはたらく。また，CO_2 は 2 価の塩基である $Ba(OH)_2$ と次式のように反応する。

$$Ba(OH)_2 + CO_2 \longrightarrow BaCO_3\downarrow + H_2O$$

吸収された CO_2 を x [mol] とすると，(塩基の放出する OH^- の物質量)＝(酸の放出する H^+ の総物質量) より，次式が成り立つ。

$$0.010 \text{ mol/L} \times \frac{50}{1000} \text{ L} \times 2 = 2x \text{[mol]} + 0.10 \text{ mol/L} \times \frac{6.8}{1000} \text{ L} \times 1$$

$$\therefore \quad x = 1.6 \times 10^{-4} \text{ mol}$$

標準状態の CO_2 の体積は，$1.6 \times 10^{-4} \text{ mol} \times 22.4 \text{ L/mol} \fallingdotseq 3.58 \times 10^{-3}$ L
これが最初 10 L の空気中に含まれていたから，その体積百分率は，

$$\frac{3.58 \times 10^{-3} \text{ L}}{10 \text{ L}} \times 100 \fallingdotseq 0.036 \%$$

答　0.036 %

TYPE 32 中和滴定による塩の純度の算出 【重要度 C】

酸性酸化物・塩基性酸化物
水に溶けて酸性または塩基性を示す塩 $\Rightarrow$ 中和反応を行う。

着眼 酸や塩基の中に，不純物として塩が含まれている試料がある。この試料中の酸や塩基の割合(**純度**〔%〕)は，中和滴定の結果から純物質の質量がわかることを利用すると求められる。この **TYPE** の問題では，**不純物として含まれる塩が，酸や塩基と反応するかどうかを見きわめる**ことが必要である。

NaCl のように，強酸と強塩基からなる塩は，中和反応にはまったく関係しない。これに対して，**塩基性酸化物や，$CaCO_3$ のような弱酸のイオンを含んだ塩は塩基としての性質をもち**，また，**酸性酸化物や，NH_4Cl のように弱塩基のイオンを含んだ塩は酸としての性質をもつ**ので，いずれも中和反応を行うことに十分注意する。

例題　中和滴定による酸化カルシウムの純度の算出

塩化ナトリウムを含む酸化カルシウム 0.20 g をとり，これをちょうど中和するのに 0.20 mol/L の塩酸 25 mL を必要とした。もとの混合物中の酸化カルシウムの割合(純度)は何%か。原子量；O = 16，Ca = 40

解き方 不純物として含まれている NaCl は塩酸とは反応しないが，CaO(**塩基性酸化物**)は塩基としての性質をもち，塩酸と次のように反応する。

$$CaO + 2HCl \longrightarrow CaCl_2 + H_2O$$

CaO 1 mol は HCl 2 mol と反応するので，CaO は **2 価の塩基**とわかる。
混合物中の，CaO の質量を x〔g〕とすると，CaO = 56 g/mol より，

$$\frac{x \text{〔g〕}}{56 \text{ g/mol}} \times 2 = 0.20 \text{ mol/L} \times \frac{25}{1000} \text{ L} \times 1 \quad \therefore \quad x = 0.14 \text{ g}$$

よって，CaO の純度は，$\frac{0.14}{0.20} \times 100 = 70\%$ 　　**答** 70%

類題17 酸・塩基と反応しない不純物を含む硫酸アンモニウム(式量 132) 2.5 g に濃水酸化ナトリウム水溶液を加えて熱し，生じたアンモニアを 0.50 mol/L 希硫酸 50 mL に吸収させた。この水溶液を中和するのに 0.50 mol/L 水酸化ナトリウム水溶液 32 mL を要した。硫酸アンモニウムの純度は何%か。　　(解答→別冊 *p.6*)

TYPE 33 2段階中和に関する計算　重要度 A

2価の弱酸や弱塩基は2段階に電離する。

滴定曲線の $\begin{cases} 第1中和点 \Rightarrow 第1段階の終了 \\ 第2中和点 \Rightarrow 第2段階の終了 \end{cases}$ を示す。

着眼

炭酸ナトリウム Na_2CO_3 と塩酸による中和反応は，次式で示される。

$CO_3^{2-} + H^+ \longrightarrow HCO_3^-$ ……①
$HCO_3^- + H^+ \longrightarrow H_2CO_3$ ……②

このとき，H^+ を受け取る力は，CO_3^{2-} のほうが HCO_3^- よりも大きいので，まず，①式から反応がはじまり，①式の反応が完全に終わったとき，1回目の pH の急激な減少(**第1中和点**)が起こる。続いて②式の反応がはじまり，②式の反応が完全に終わったとき，2回目の pH の急激な減少(**第2中和点**)が起こる。したがって，上図のように滴定曲線において，**pH の急激な減少が 2 か所ある**という，**2段階中和**を示す。

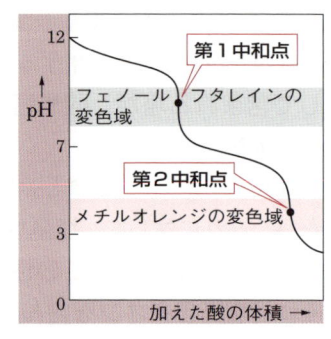

この滴定では，第1中和点はフェノールフタレインの変色(**赤→無色**)により，第2中和点はメチルオレンジの変色(**黄→赤色**)により見つけられる。

➕補足 ①の反応で生じた $NaHCO_3$ は，加水分解(水と反応して，もとの酸にもどろうとする)して pH 8.5 程度の弱塩基性を示す。したがって，指示薬にはフェノールフタレイン(変色域；$8.0 \leq pH \leq 9.8$)を用いる。一方，②の反応で生じた H_2CO_3 は，$H_2CO_3 \rightleftarrows H^+ + HCO_3^-$ のように電離して，pH 4 程度の弱酸性を示す。したがって，指示薬にはメチルオレンジ(変色域；$3.1 \leq pH \leq 4.4$)を用いる。

例題　2段階中和によって混合物の質量を求める

水酸化ナトリウム $NaOH$ と炭酸ナトリウム Na_2CO_3 の混合物を，水に溶かして 500 mL とした。この水溶液 25 mL をとり，フェノールフタレインを指示薬として 0.10 mol/L の塩酸で滴定すると，20.0 mL で変色した。さらに，この水溶液にメチルオレンジを加え，同じ塩酸で滴定を続けたところ，さらに 5.0 mL 加えたとき変色した。この混合物中に含まれる $NaOH$ と Na_2CO_3 の質量はそれぞれ何 g か。式量は，$NaOH = 40$，$Na_2CO_3 = 106$ とする。

4. 酸・塩基の中和反応 65

解き方 Na_2CO_3 を HCl で中和するとき，フェノールフタレインの変色は，次式で表される第 1 段階の中和の終了を示す（**第 1 中和点**）。

$$Na_2CO_3 + HCl \longrightarrow NaHCO_3 + NaCl \quad \cdots\cdots\cdots\cdots\cdots\cdots①$$

一方，強塩基である NaOH の中和（次式）は，この段階ですでに終了している。

$$NaOH + HCl \longrightarrow NaCl + H_2O \quad \cdots\cdots\cdots\cdots\cdots\cdots②$$

①と②より，**第 1 中和点までに加えた HCl の物質量は，NaOH と Na_2CO_3 の物質量の和に等しい。**

水溶液 25 mL 中の NaOH，Na_2CO_3 の物質量をそれぞれ x〔mol〕，y〔mol〕とすると，次式が成り立つ。

$$x + y = 0.10 \text{ mol/L} \times \frac{20.0}{1000} \text{ L} = 2.0 \times 10^{-3} \text{ mol} \quad \cdots\cdots\cdots\cdots(ア)$$

また，メチルオレンジの変色は，次の反応の終了を示す（**第 2 中和点**）。

$$NaHCO_3 + HCl \longrightarrow NaCl + H_2O + CO_2 \quad \cdots\cdots\cdots\cdots\cdots③$$

③式の係数比より，**第 1 中和点から第 2 中和点までに加えた HCl の物質量は $NaHCO_3$ の物質量に等しい。**また，①式の係数比より，$NaHCO_3$ の物質量は Na_2CO_3 の物質量とも等しい。よって，次式が成り立つ。

$$y = 0.10 \text{ mol/L} \times \frac{5.0}{1000} \text{ L} = 5.0 \times 10^{-4} \text{ mol}$$

y の値を(ア)の式に代入すると，$x = 1.5 \times 10^{-3}$ mol

つくった水溶液は 500 mL であり，滴定したのはそのうちの 25 mL だから，求めた x と y をそれぞれ $\frac{500}{25} = 20$ 倍したものが，もとの結晶中に含まれていた NaOH と Na_2CO_3 の物質量になる。

NaOH の式量は 40，Na_2CO_3 の式量は 106 だから，

NaOH の質量 = 40 g/mol × 1.5×10^{-3} mol × 20 = 1.20 g

Na_2CO_3 の質量 = 106 g/mol × 5.0×10^{-4} mol × 20 = 1.06 g

答 NaOH；**1.2 g**，Na_2CO_3；**1.1 g**

類題18 炭酸ナトリウム Na_2CO_3 と炭酸水素ナトリウム $NaHCO_3$ の混合物を水に溶かして正確に 1.0 L とした。その 10.0 mL をとり，フェノールフタレインを指示薬として，0.20 mol/L の塩酸で滴定したら，6.0 mL で変色した。さらに，メチルオレンジを指示薬として，同じ塩酸で滴定を続けたら，変色点までに 10.0 mL を要した。このことから，この水溶液中の炭酸ナトリウムと炭酸水素ナトリウムのモル濃度をそれぞれ求めよ。

（解答➡別冊 *p.6*）

■練習問題

解答→別冊 p.23

19 次の水溶液をpHの値の大きい順に並べよ。$\log 2 = 0.3$

ア 0.010 mol/Lの塩酸を水で1000倍に希釈した水溶液
イ 0.0050 mol/Lの希硫酸 50 mLに 0.0050 mol/Lの水酸化ナトリウム水溶液 50 mLを混合した水溶液
ウ 0.00010 mol/Lの希硫酸(電離度は1)
エ pHが4の酢酸水溶液

→ 24~29

20 濃度 0.10 mol/Lの塩酸 100 mLに，濃度未知の水酸化ナトリウム水溶液 10 mLを加えたところ，混合溶液のpHは2.0となった。この水酸化ナトリウム水溶液のモル濃度を求めよ。

→ 30

21 アンモニア水 50.0 gを1.0 mol/Lの硫酸水溶液 200 mLを入れたビーカーに移した後，過剰の硫酸を1.0 mol/Lの水酸化ナトリウム水溶液で滴定したところ 80.0 mLを要した。このアンモニア水には何%のアンモニアが溶けていたことになるか。原子量；H = 1.0, N = 14

→ 31

22 不純物を含む石灰石 0.60 gを十分な量の希塩酸に溶解し，発生する二酸化炭素のすべてを 0.10 mol/Lの水酸化バリウム水溶液 50 mLに吸収させた。生じた沈殿を除き，残った溶液を 0.050 mol/Lの希硫酸で滴定したところ，10 mLを要した。このことから，もとの石灰石中の炭酸カルシウムの割合(純度)〔%〕を求めよ。式量；$CaCO_3 = 100$

→ 31,32

23 不純物として Na_2CO_3 を含む NaOH を水に溶かして 100 mLとした。この水溶液を 20 mLずつ A，Bの別々の容器にとった。Aには過剰の $BaCl_2$ 水溶液を加え，生じた沈殿をろ過した後，残ったろ液をフェノールフタレインを指示薬として 1.0 mol/Lの塩酸で滴定したところ，12.0 mLを要した。一方，Bにはメチルオレンジを指示薬として加え，Aと同じ塩酸で滴定したところ，18.0 mLを要した。混合物中の NaOH，Na_2CO_3 の質量をそれぞれ求めよ。原子量；H = 1.0, C = 12, O = 16, Na = 23

→ 33

ヒント **20** pH<7 より，混合溶液は酸性なので，中和後 H^+ が残っていると考えられる。
22 この中和滴定に関与したのは，二酸化炭素と希硫酸および水酸化バリウムである。

5 酸化数と酸化還元滴定

1 酸化と還元の定義

| 酸化 | ① 酸素を受け取る。
② 水素を失う。
③ 電子を失う。 | ←―― O ――
―― H ――→
―― e⁻ ――→ | ① 酸素を失う。
② 水素を受け取る。
③ 電子を受け取る。 | 還元 |

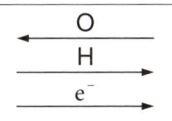

2 酸化還元反応

酸化と還元は必ず同時に起こるので,この反応を**酸化還元反応**という。

例 $CuO + H_2 \longrightarrow Cu + H_2O$

この反応では,CuO は酸素を失っているから,**還元**されている。一方,H_2 は酸素と化合しているから,**酸化**されている。

3 酸化数

ある原子の酸化の程度を表す数値を**酸化数**という。原子の酸化数は,次のような基準で決められる。

① **単体**を構成している原子の酸化数は **0**。
② **化合物**中の H 原子の酸化数は +1,O 原子の酸化数は −2(H_2O_2 の場合は −1)とし,電気的に中性である化合物中の各原子の**酸化数の総和は 0**。
③ **イオン**を構成する原子の酸化数の総和は,イオンの電荷に等しい。

+補足 過酸化水素のような分子性物質では,共有電子対を電気陰性度の大きい原子に割りあてたとき,各原子に残る電荷をその原子の酸化数とする。過酸化水素の O 原子(6個の価電子をもつ)には,右図のように 7 個の価電子が割りあてられて,その酸化数は −1 である。

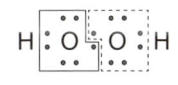

4 酸化数の増減と酸化還元反応

原子が電子を失うと(例 $Fe \longrightarrow Fe^{2+} \longrightarrow Fe^{3+}$),酸化の程度が大きくなる。一方,原子が電子を受け取ると(例 $Mn^{7+} \longrightarrow Mn^{4+} \longrightarrow Mn^{2+}$),酸化の程度は小さくなる。すなわち,酸化とは**酸化数が増加**すること,還元とは**酸化数が減少**することである。また,酸化還元反応では,授受する電子の数は必ず等しく,(酸化数の増加数)=(酸化数の減少数)の関係が成り立つ。この関係を利用して,酸化還元反応式の係数を決定できる(→ **TYPE 37**)。

5 酸化剤と還元剤

酸化剤…相手を酸化するはたらきをもつ物質。
　　　　自身は還元されやすい(酸化数が減少する原子を含む)。
還元剤…相手を還元するはたらきをもつ物質。
　　　　自身は酸化されやすい(酸化数が増加する原子を含む)。

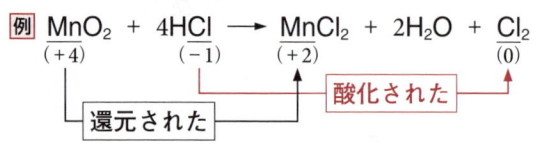

例
$$\underset{(+4)}{MnO_2} + 4\underset{(-1)}{HCl} \longrightarrow \underset{(+2)}{MnCl_2} + 2H_2O + \underset{(0)}{Cl_2}$$

MnO_2：還元された
HCl：酸化された

上式では、MnO_2 が**酸化剤**，HCl が**還元剤**としてはたらいている。

!注意 SO_2 のように，酸化数が中間的な値(増加も減少もありうる値)をとる原子を含む化合物は，酸化剤，還元剤の両方のはたらきをすることがある。

6 酸化剤・還元剤のはたらきを表すイオン反応式

酸化剤と還元剤について，それぞれ電子 e^- の授受を示した**イオン反応式**をつくり(**+補足** 参照)，電子の数をあわせて消去し，最後に，不足するイオンを加えて**化学反応式**を完成する。

+補足 $KMnO_4$ の硫酸酸性水溶液(酸化剤)の電子の授受を示したイオン反応式のつくり方は，次のようになる。

① まず，反応前後の化学式を書く(これは覚えておく)。$\underset{(+7)}{MnO_4^-} \longrightarrow \underset{(+2)}{Mn^{2+}}$

② 酸化数が 5 つ減少しているので，左辺に電子 $5e^-$ を加える。
　　　$MnO_4^- + 5e^- \longrightarrow Mn^{2+}$

③ 両辺の電荷を等しくするため，左辺に $8H^+$ を加える。
　　　$MnO_4^- + 5e^- + 8H^+ \longrightarrow Mn^{2+}$

④ 両辺の原子数を等しくするため，右辺に $4H_2O$ を加える。
　　　$MnO_4^- + 5e^- + 8H^+ \longrightarrow Mn^{2+} + 4H_2O$

7 酸化還元反応の量的関係

酸化剤と還元剤が過不足なく反応したとき，

(酸化剤の受け取る電子の物質量)＝(還元剤の放出する電子の物質量)

の関係が成り立つ。つまり，n 価，c〔mol/L〕の酸化剤の水溶液 v〔mL〕と，n' 価，c'〔mol/L〕の還元剤の水溶液 v'〔mL〕が過不足なく反応する条件は，

$$c〔mol/L〕\times \frac{v}{1000}〔L〕\times n = c'〔mol/L〕\times \frac{v'}{1000}〔L〕\times n'$$

$$\therefore\ ncv〔mol〕= n'c'v'〔mol〕 \longleftarrow \boxed{中和の公式と同じ形式}$$

!注意 1 mol の酸化剤または還元剤が授受する電子の物質量を，それぞれ**酸化剤・還元剤の価数**という。

例 $\underset{(1\,\text{mol})}{\text{MnO}_4^-} + 8\text{H}^+ + \underset{(5\,\text{mol})}{5\text{e}^-} \longrightarrow \text{Mn}^{2+} + 4\text{H}_2\text{O}$ 〔MnO_4^- は **5 価の酸化剤**〕

$\underset{(1\,\text{mol})}{(\text{COOH})_2} \longrightarrow 2\text{CO}_2 + \underset{(2\,\text{mol})}{2\text{e}^-} + 2\text{H}^+$ 〔$(\text{COOH})_2$ は **2 価の還元剤**〕

8 過マンガン酸塩滴定

硫酸酸性の過マンガン酸カリウムは強力な酸化剤である。

酸化還元滴定の終点の前(右図①)では，$\text{MnO}_4^- \longrightarrow \text{Mn}^{2+}$(無色)の反応によって，すぐに MnO_4^- の赤紫色が消えるが，終点(図②)では，MnO_4^- の**赤紫色が消えなくなり，水溶液が赤紫色に着色する**。このように，KMnO_4(酸化剤)の色の変化を利用すると，指示薬を使わずに還元剤を定量することができる。この滴定を**過マンガン酸塩滴定**という。

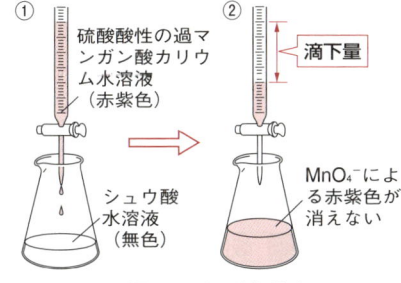

▲過マンガン酸塩滴定

9 ヨウ素滴定

濃度未知の過酸化水素水(酸化剤)に，過剰のヨウ化カリウム水溶液を加えると，次式のように I^- が**酸化されて I_2 を生成**する。

$$\text{H}_2\text{O}_2 + 2\text{H}^+ + 2\text{I}^- \longrightarrow \text{I}_2 + 2\text{H}_2\text{O} \quad \cdots\cdots\cdots ①$$

次に，生成した I_2 を，デンプンを指示薬として，濃度がわかっているチオ硫酸ナトリウム $\text{Na}_2\text{S}_2\text{O}_3$ で滴定すると，I_2 が還元されて I^- に戻る。したがって，I_2 がすべて I^- に変化したとき，ヨウ素デンプン反応の青紫色が消失する。

$$\text{I}_2 + 2\text{Na}_2\text{S}_2\text{O}_3 \longrightarrow 2\text{NaI} + \text{Na}_2\text{S}_4\text{O}_6 \quad \cdots\cdots\cdots ②$$

結局，この滴定では，I^- はまったく変化しなかったのと同じことになり，**酸化剤の H_2O_2 と還元剤の $\text{Na}_2\text{S}_2\text{O}_3$ が過不足なく反応したことになる**。②式より反応した $\text{Na}_2\text{S}_2\text{O}_3$ と I_2 の物質量の比が 2：1，さらに①式より反応した I_2 と H_2O_2 の物質量の比が 1：1 とわかるので，H_2O_2 の物質量が求められる。この滴定を**ヨウ素滴定**という。

TYPE 34 酸化数の求め方　重要度 A

酸化数は 5 つの規則に基づいて決める。
原子 1 個あたりの値で，必ず整数で表す（＋，－もつける）。

着眼　酸化数は次の①〜⑤の規則によって決まる。
① **単体** ⇨ 原子の**酸化数＝0**
② **化合物** ⇨ 原子の**酸化数の総和＝0**
③ **H 原子** ⇨ **酸化数＝＋1**
④ **O 原子** ⇨ **酸化数＝－2**
⑤ **イオン** ⇨ 原子の**酸化数の総和＝イオンの電荷**

注意　例外として，過酸化水素 H_2O_2 では，O 原子の酸化数は－1 となる。

例題　酸化数の算出

次の物質中の下線を引いた原子の酸化数を求めよ。
(1) $\underline{Cl}_2$　(2) $H_2\underline{S}O_4$　(3) $\underline{N}H_4^+$　(4) $H_2\underline{C}_2O_4$　(5) $K\underline{Mn}O_4$

解き方　(1)　[着眼]の①より，単体では原子の酸化数は 0 である。

(2)　S 原子の酸化数を x とおく。[着眼]の②，③，④より，化合物では，H の酸化数は＋1，O の酸化数は－2 とし，各原子の酸化数の総和は 0 となる。

$$(+1) \times 2 + x + (-2) \times 4 = 0$$
$$\therefore \quad x = +6$$

(3)　N 原子の酸化数を x とおく。[着眼]の⑤より，イオンでは，構成原子の酸化数の総和がイオンの電荷に等しい。

$$x + (+1) \times 4 = +1$$
$$\therefore \quad x = -3$$

(4)　C 原子 1 個の酸化数を x とおく（C 原子が 2 個あることに注意する）。
[着眼]の②を適用して，

$$(+1) \times 2 + 2x + (-2) \times 4 = 0 \quad \therefore \quad x = +3$$

(5)　$KMnO_4 \longrightarrow K^+ + MnO_4^-$ と電離するので，MnO_4^- で考える。
Mn 原子の酸化数を x とおく。[着眼]の⑤を適用して，

$$x + (-2) \times 4 = -1 \quad \therefore \quad x = +7$$

答　(1) **0**　(2) **＋6**　(3) **－3**　(4) **＋3**　(5) **＋7**

TYPE 35 酸化・還元の判別 【重要度 A】

特定原子の酸化数 $\begin{cases} 増加 \Rightarrow 酸化された \\ 減少 \Rightarrow 還元された \end{cases}$

着眼 ある化合物が酸化されたか還元されたかは，化合物中の**特定の原子の酸化数を調べ，その変化に着目して判別する**。すなわち，反応によって，酸化数が増加した原子を含む物質は**酸化された物質**，酸化数が減少した原子を含む物質は**還元された物質**と考えればよい。
　なお，反応の前後で，酸化数の増減がない場合は，酸化還元反応ではない。

＋補足 単体から化合物，化合物から単体を生じる反応は，すべて酸化還元反応である。

例題　酸化，還元の有無の判別

次の(1)～(5)のなかから酸化還元反応を選べ。また，それらの反応については，酸化された物質と還元された物質をそれぞれ化学式で指摘せよ。

(1) $2KI + Cl_2 \longrightarrow 2KCl + I_2$
(2) $Cu + 4HNO_3 \longrightarrow Cu(NO_3)_2 + 2NO_2 + 2H_2O$
(3) $Ca(OH)_2 + H_2SO_4 \longrightarrow CaSO_4 + 2H_2O$
(4) $2FeSO_4 + H_2O_2 + H_2SO_4 \longrightarrow Fe_2(SO_4)_3 + 2H_2O$
(5) $SO_2 + Cl_2 + 2H_2O \longrightarrow 2HCl + H_2SO_4$

解き方 反応式の左右のどちらかに単体があるときは，必ず酸化還元反応であるから，その単体の原子に着目して酸化数を調べるとよい。
O原子，H原子の酸化数は，化合物中では一定〔H原子＝＋1，O原子＝－2（H_2O_2の場合は－1）〕なので調べなくてよい。

(1) $K\underline{I}(-1) \longrightarrow I_2(0)$, $\underline{Cl}_2(0) \longrightarrow K\underline{Cl}(-1)$ 〔（ ）内の数字は酸化数〕
(2) $\underline{Cu}(0) \longrightarrow \underline{Cu}(NO_3)_2(+2)$, $H\underline{N}O_3(+5) \longrightarrow \underline{N}O_2(+4)$
(3) 酸化数の変化した原子はない。
(4) $\underline{Fe}SO_4(+2) \longrightarrow \underline{Fe}_2(SO_4)_3(+3)$, $H_2\underline{O}_2(-1) \longrightarrow H_2\underline{O}(-2)$
(5) $\underline{S}O_2(+4) \longrightarrow H_2\underline{S}O_4(+6)$, $\underline{Cl}_2(0) \longrightarrow H\underline{Cl}(-1)$

酸化数が増加＝酸化された，酸化数が減少＝還元されたことを示す。

答 酸化還元反応；(1), (2), (4), (5)
　　　酸化された；(1) KI, (2) Cu, (4) $FeSO_4$, (5) SO_2
　　　還元された；(1) Cl_2, (2) HNO_3, (4) H_2O_2, (5) Cl_2

TYPE 36 酸化還元反応のイオン反応式

イオン反応式をつくるときは，
① 酸化数の変化に応じて，電子を加える。
② 電荷がつりあうように，H^+ を加える。
③ 原子数がつりあうように，水を加える。

着眼 酸化剤・還元剤それぞれのはたらきを，電子 e^- を使ったイオン反応式(**半反応式**ともいう)で表す方法は次のとおり。

例 $\boxed{HNO_3} + 3H^+ + 3e^- \longrightarrow \boxed{NO} + 2H_2O$

① 酸化数の変化に応じて電子 e^- を加える。

$$HNO_3 \longrightarrow NO \quad より，左辺に 3e^- を加える。$$
（+5）　（+2）

② 両辺の電荷をつりあわせるために，H^+ を加える。

$$HNO_3 + 3e^- \longrightarrow NO \quad より，左辺に 3H^+ を加える。$$
全体で 3−　　　全体で±0

③ 両辺の原子数がつりあうように，水を加える。

$$HNO_3 + 3H^+ + 3e^- \longrightarrow NO \quad より，右辺に 2H_2O を加える。$$
N 1 原子, H 4 原子, O 3 原子　　N 1 原子, O 1 原子　　H 4 原子, O 2 原子
（～部の合計が左辺に等しい）

これより，冒頭のイオン反応式となる。

例題 二クロム酸カリウムのイオン反応式

$K_2Cr_2O_7$（硫酸酸性）の酸化剤としてのはたらきを示すイオン反応式を書け。

解き方 $K_2Cr_2O_7$ は酸化剤としてはたらくと，クロム(Ⅲ)イオンになる。

$$Cr_2O_7^{2-} \longrightarrow 2Cr^{3+}$$

酸化数の変化に応じて電子 e^- を加える。

$$Cr_2O_7^{2-} \longrightarrow 2Cr^{3+} \quad より，左辺に 6e^- を加える。$$
（+6）×2＝+12　（+3）×2＝+6

両辺の電荷をつりあわせるために，H^+ を加える。

$$Cr_2O_7^{2-} + 6e^- \longrightarrow 2Cr^{3+} \quad より，左辺に 14H^+ を加える。$$
全体で 8−　　全体で 6+

両辺の原子数がつりあうように，水を加える。

$$Cr_2O_7^{2-} + 14H^+ + 6e^- \longrightarrow 2Cr^{3+} \quad より，右辺に 7H_2O を加える。$$

答 $Cr_2O_7^{2-} + 14H^+ + 6e^- \longrightarrow 2Cr^{3+} + 7H_2O$

TYPE 37　酸化還元反応式の係数の決定　重要度 B

酸化数の変化した原子に着目し，
（酸化数の増加数）＝（酸化数の減少数）
が成り立つように係数を決めること。

着眼　酸化還元反応式は複雑なものが多いので，先に酸化剤と還元剤の係数を決めてしまうと，あとの係数の決定が楽になる。まず，酸化数が変化した原子を見つけて，その変化を調べる。次に，**酸化数の増減量が必ず等しくなるように，酸化剤と還元剤の係数を決める**。残る物質の係数は，左辺と右辺で原子数および電荷を一致させるように，目算法（→ p.38）で決める。

例題　酸化還元反応式の係数の決定

次の酸化還元反応式の係数を求めよ。
(1)　$Cu + HNO_3 \longrightarrow Cu(NO_3)_2 + NO + H_2O$
(2)　$KMnO_4 + H_2O_2 + H_2SO_4 \longrightarrow K_2SO_4 + MnSO_4 + H_2O + O_2$

解き方　まず，酸化数の変化した原子だけに着目する。

(1)　Cu ───→ Cu(NO$_3$)$_2$　　HNO$_3$ ───→ NO
　　(0) ─[2 増加]→ (+2)　　(+5) ─[3 減少]→ (+2)

酸化数の増減量を等しくするために，Cu の係数は 3，HNO$_3$ の係数は 2 となる。

$$3Cu + 2HNO_3 \longrightarrow 3Cu(NO_3)_2 + 2NO + H_2O$$

両辺の N 原子の数は，左辺に 2 個，右辺に 8 個で，この数を 8 個にあわせると，HNO$_3$ の係数は 8。最後に H の数（左辺に 8 個）をあわせると，H$_2$O の係数は 4。

$$3Cu + 8HNO_3 \longrightarrow 3Cu(NO_3)_2 + 2NO + 4H_2O \quad \cdots \text{答}$$

(2)　KMnO$_4$ ───→ MnSO$_4$　　H$_2$O$_2$ ───→ O$_2$
　　(+7) ─[5 減少]→ (+2)　　(−1×2) ─[2 増加]→ (0)

酸化数の増減量を等しくするために，KMnO$_4$ の係数は 2，H$_2$O$_2$ の係数は 5 となる。

$$2KMnO_4 + 5H_2O_2 + H_2SO_4 \longrightarrow K_2SO_4 + 2MnSO_4 + H_2O + 5O_2$$

両辺の S 原子の数は，左辺に 1 個，右辺に 3 個で，この数を 3 にあわせると，H$_2$SO$_4$ の係数は 3。最後に H の数（左辺に 16 個）をあわせると，H$_2$O の係数は 8。

$$2KMnO_4 + 5H_2O_2 + 3H_2SO_4 \longrightarrow K_2SO_4 + 2MnSO_4 + 8H_2O + 5O_2 \quad \cdots \text{答}$$

TYPE 38 酸化還元滴定

**酸化剤の受け取る電子の物質量
＝還元剤の放出する電子の物質量**

着眼 濃度未知の酸化剤（還元剤）の水溶液に，濃度既知の還元剤（酸化剤）の水溶液を加え，中和滴定と同様の操作で定量したとき，酸化剤と還元剤の**授受した電子の物質量が等しいとき，両者はちょうど過不足なく反応する。**

よって，n 価で c〔mol/L〕の酸化剤の水溶液 v〔mL〕と，n' 価で c'〔mol/L〕の還元剤の水溶液 v'〔mL〕がちょうど反応する条件は，次式で表される。

$$c \times \frac{v}{1000} \times n = c' \times \frac{v'}{1000} \times n'$$

$$\therefore \quad ncv = n'c'v'$$

＋補足 酸化剤，還元剤の価数は，それぞれの電子の授受を表したイオン反応式を書けばわかる。一方，化学反応式が与えられた問題では，**係数の比＝物質量の比**の関係から，未知物質の物質量を直接求めればよい。

例題　H_2O_2 と $KMnO_4$ との酸化還元滴定

濃度未知の過酸化水素水 10.0 mL に，硫酸酸性にした 0.020 mol/L の過マンガン酸カリウム水溶液を少しずつ滴下していくと，16.6 mL 加えたところで，無色の水溶液が赤紫色に着色し，その色が消えなくなった。この結果から，過酸化水素水のモル濃度を求めよ。

解き方 まず酸化剤と還元剤の電子の授受を示すイオン反応式を書き，それぞれの価数を求める。

$MnO_4^- + 8H^+ + 5e^- \longrightarrow Mn^{2+} + 4H_2O$ ……………………①
$H_2O_2 \longrightarrow O_2 + 2H^+ + 2e^-$ ……………………②

①，②より，$KMnO_4$ は **5 価の酸化剤**，H_2O_2 は **2 価の還元剤**とわかる。
過酸化水素水のモル濃度を x〔mol/L〕とすると，酸化還元反応では，**酸化剤と還元剤の授受した電子の物質量は等しい**から，[着眼]の式より，

$$0.020 \text{ mol/L} \times \frac{16.6}{1000} \text{ L} \times 5 = x \text{〔mol/L〕} \times \frac{10.0}{1000} \text{ L} \times 2$$

$\therefore \quad x = 0.083 \text{ mol/L}$

答 0.083 mol/L

5. 酸化数と酸化還元滴定

例題 ヨウ素滴定の量的計算

濃度未知の過酸化水素水 10 mL に，過剰のヨウ化カリウム硫酸酸性水溶液を加えたらヨウ素が遊離した。この水溶液にデンプン水溶液を指示薬として加え，0.10 mol/L のチオ硫酸ナトリウム水溶液を滴下していくと，10 mL 加えたところで，指示薬の色が消失した。これについて，次の問いに答えよ。ただし，チオ硫酸ナトリウムとヨウ素との反応は，次式のとおりとする。

$$I_2 + 2Na_2S_2O_3 \longrightarrow 2NaI + Na_2S_4O_6$$

(1) 遊離したヨウ素の物質量を求めよ。
(2) もとの過酸化水素水のモル濃度を求めよ。

＋補足 酸化剤の H_2O_2 と還元剤の $Na_2S_2O_3$ はいずれも無色のため，直接反応させたのでは終点を見つけられない。そこで，**ヨウ素デンプン反応による呈色変化を利用したのがヨウ素滴定**である。ヨウ素滴定では，まず過剰の KI 水溶液に酸化剤を加えて I_2 を遊離させ($2I^- \longrightarrow I_2 + 2e^-$)，さらにこの I_2 を $Na_2S_2O_3$ で還元して($I_2 + 2e^- \longrightarrow 2I^-$)，もとの I^- に戻している。

！注意 H_2O_2 は，この例題のようにふつう酸化剤としてはたらくが，前ページの例題のように，**相手が $KMnO_4$ のような強い酸化剤のときは還元剤としてはたらく**。

解き方 (1) I_2 と $Na_2S_2O_3$ の反応式より，$Na_2S_2O_3$ の物質量の $\frac{1}{2}$ が，遊離した I_2 の物質量とわかる。

I_2 の物質量：$\left(0.10 \text{ mol/L} \times \dfrac{10}{1000} \text{ L}\right) \times \dfrac{1}{2} = 5.0 \times 10^{-4}$ mol

(2) まず，酸化剤の H_2O_2 と還元剤の I^- の電子の授受を示すイオン反応式をつくる。

$H_2O_2 + 2e^- + 2H^+ \longrightarrow 2H_2O$ ……………①
$2I^- \longrightarrow I_2 + 2e^-$ ……………②

①＋②より，$2e^-$ を消去すると，

$H_2O_2 + 2H^+ + 2I^- \longrightarrow I_2 + 2H_2O$ ……………③

③式より，**加えた H_2O_2 の物質量と遊離した I_2 の物質量は等しい**ので，過酸化水素水のモル濃度を x [mol/L] とすると，次式が成り立つ。

$$x \text{[mol/L]} \times \dfrac{10}{1000} \text{ L} = 5.0 \times 10^{-4} \text{ mol}$$

∴ $x = 5.0 \times 10^{-2}$ mol/L

答 (1) 5.0×10^{-4} mol (2) 5.0×10^{-2} mol/L

類題19 0.0300 mol/L のシュウ酸水溶液 20.0 mL に希硫酸を加えたものを約 70℃に加熱しておく。ここへ濃度未知の過マンガン酸カリウム水溶液を滴下したところ，16.0 mL で赤紫色が消えずに残った。このことから，過マンガン酸カリウム水溶液のモル濃度を求めよ。

(解答➡別冊 *p.7*)

■練習問題　　　　　　　　　　　　　　　解答→別冊 p.24

24 二酸化硫黄と過酸化水素は，相手の物質によって，酸化剤としてはたらく場合と還元剤としてはたらく場合がある。次の反応で，下線をつけた物質は，酸化剤，還元剤のどちらとしてはたらいているか。
(1) 硫化水素水に，二酸化硫黄を通じる。
(2) ヨウ素溶液に，二酸化硫黄を通じる。
(3) 過酸化水素水に，酸化マンガン(Ⅳ)を加える。
(4) 硫酸酸性の過マンガン酸カリウム水溶液に，過酸化水素を加える。
(5) 硫酸酸性のヨウ化カリウム水溶液に，過酸化水素水を加える。　　→35

25 鉄(Ⅱ)イオンを含む硫酸酸性水溶液に酸化剤を加えて，鉄(Ⅱ)イオンの全量を酸化したい。必要な体積が最小のものを記号で選べ。ただし，各酸化剤のモル濃度はすべて等しいものとする。
ア　二クロム酸カリウム　　イ　過マンガン酸カリウム　　ウ　臭素　　→36

26 アスコルビン酸(ビタミンC)を含む試料水溶液 10.0 mL を酸性にしたのち，指示薬としてデンプン水溶液を1滴加え，0.0100 mol/L ヨウ素－ヨウ化カリウム水溶液を加えたところ，18.0 mL 加えたところで終点となった。このとき，次の反応が定量的に起こるものとする。

　アスコルビン酸；$C_6H_8O_6 \longrightarrow C_6H_6O_6 + 2H^+ + 2e^-$
　ヨウ素　　　　；$I_2 + 2e^- \longrightarrow 2I^-$

(1) この滴定の終点の色の変化を答えよ。
(2) 試料水溶液中のアスコルビン酸のモル濃度を求めよ。　　→38

27 硫酸鉄(Ⅱ)七水和物 $FeSO_4 \cdot 7H_2O$ と硫酸ナトリウム十水和物 $Na_2SO_4 \cdot 10H_2O$ の混合物 0.80 g を，1.0 mol/L の硫酸 30 mL に溶かし，0.020 mol/L の過マンガン酸カリウム水溶液で滴定したところ，水溶液の色が変化するまでに，24 mL が必要であった。次の各問いに答えよ。原子量；H＝1.0，O＝16，Na＝23，S＝32，Fe＝56
(1) この混合物 0.80 g 中に，$FeSO_4 \cdot 7H_2O$ が何 g 含まれているか。
(2) この混合物を過マンガン酸カリウム水溶液で滴定するのに，塩酸酸性では行えない。その理由を 30 字以内で述べよ。　　(名古屋大改)　→38

ヒント　24　それぞれの反応式を書いて，化合物中の原子の酸化数の増減を調べよ。
　　　　27 (1) $Na_2SO_4 \cdot 10H_2O$ は酸化還元反応には関係しない。

化学編

3 物質の構造

1 結晶の構造

1 結晶の分類

物質の構成粒子(原子・分子・イオン)が、規則正しく配列してできた固体を**結晶**という。結晶は、構成粒子の種類や結合のちがいによって、次の表のように分類される。

結晶	結合	特性			例
		融点	電気伝導性	硬さ	
イオン結晶	イオン結合	高い	なし (融解液は有)	硬いがもろい	NaCl, MgO, $CaSO_4$
共有結合の結晶	共有結合	極めて高い	なし (黒鉛は有)	極めて硬い	ダイヤモンド, 石英, SiC
金属結晶	金属結合	一般に高い	あり	一般に硬い (展性・延性有)	Au, Cu, Al, Fe
分子結晶	分子間力	低い	なし	軟らかい	CO_2, I_2, ナフタレン

また、結晶を構成する元素の組み合わせで次の3つのタイプがある。
① 金属元素の単体 ⇨ すべて金属結晶
② 非金属元素の単体や化合物 ⇨ 分子結晶、共有結合の結晶(14族元素)
③ 金属元素と非金属元素の化合物 ⇨ イオン結晶

2 結晶格子

結晶を構成する粒子が、規則正しく配列している構造を**結晶格子**といい、その繰り返しの最小単位を**単位格子**という。

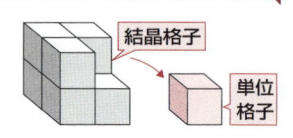

▲結晶格子と単位格子の関係

金属結晶の単位格子には、次ページの図に示すような3つのタイプがある。
① **体心立方格子** ⇨ 立方体の各頂点と立方体の中心に原子が配列。
② **面心立方格子** ⇨ 立方体の各頂点と各面の中心に原子が配列。
③ **六方最密構造** ⇨ 正六角柱の各頂点と内部に原子が密に配列。

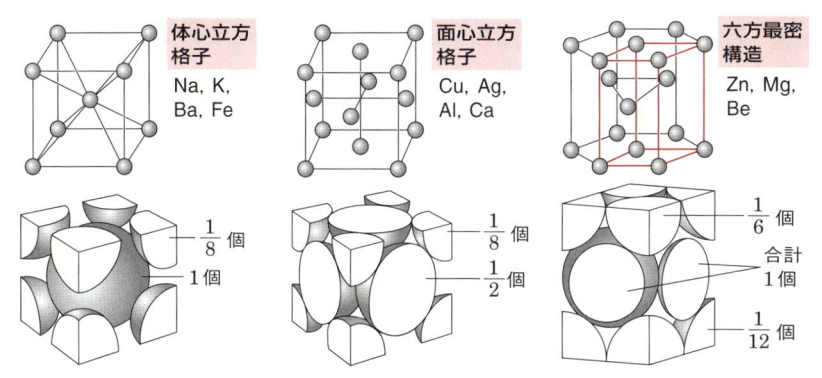

1. 結晶の構造

体心立方格子	面心立方格子	六方最密構造
Na, K, Ba, Fe	Cu, Ag, Al, Ca	Zn, Mg, Be

- 体心立方格子: $\frac{1}{8}$ 個, 1 個
- 面心立方格子: $\frac{1}{8}$ 個, $\frac{1}{2}$ 個
- 六方最密構造: $\frac{1}{6}$ 個, 合計 1 個, $\frac{1}{12}$ 個

▲金属結晶内の原子の並び方

3 金属結晶の単位格子内に含まれる原子の数

原子が単位格子のどの部分に存在するかで, 含まれる割合がちがう。

単位格子上の位置	内部の原子	面上の原子	辺上の原子	頂点の原子
切断面の数	0	1	2	3
体積比(原子1個を1とする)	1	$\frac{1}{2}$	$\frac{1}{4}$	$\frac{1}{8}$
立体図		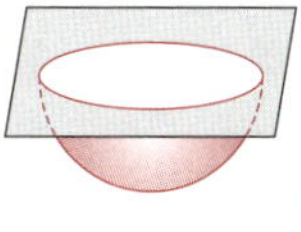	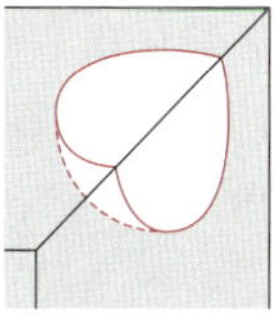	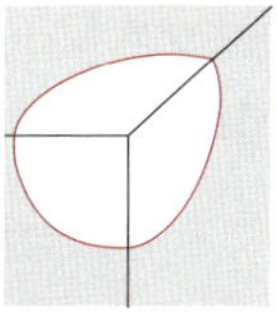

例 体心立方格子中の原子の数
各頂点に 8 個, 中心に 1 個ある。
$\left(\frac{1}{8} \times 8\right) + 1 = 2$ 個

例 面心立方格子中の原子の数
各頂点に 8 個, 各面に 6 個ある。
$\left(\frac{1}{8} \times 8\right) + \left(\frac{1}{2} \times 6\right) = 4$ 個

4 イオン結晶

1 NaCl 型　単位格子中の原子数
$\begin{cases} Na^+ \ ; \left(\frac{1}{8} \times 8\right) + \left(\frac{1}{2} \times 6\right) = 4 \text{ 個} \\ Cl^- \ ; \left(\frac{1}{4} \times 12\right) + 1 = 4 \text{ 個} \end{cases}$

2 CsCl 型　単位格子中の原子数
$Cs^+ \ ; 1$ 個　　$Cl^- \ ; \frac{1}{8} \times 8 = 1$ 個

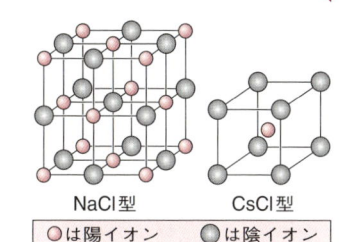

NaCl型　　CsCl型
●は陽イオン　　○は陰イオン

▲代表的なイオン結晶

5 ナトリウムの原子半径・密度と体心立方格子の充填率

金属ナトリウムの結晶構造は，**体心立方格子**である（右図）。

▲ナトリウムの結晶構造 ($l = 4.28 \times 10^{-8}$ cm)

1 ナトリウムの原子半径 r

単位格子の一辺の長さ（**格子定数**）を l [cm] とすると，三平方の定理より，面の対角線 AC の長さは，$\sqrt{2}\, l$ [cm]。

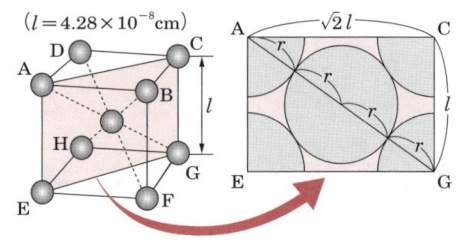

ナトリウム原子が一直線上で接しているのは，立方体の対角線 AG の方向である。その長さは，$\sqrt{3}\, l$ [cm]。

これは，ナトリウムの原子半径 r [cm] の 4 倍に等しい。

$$4r = \sqrt{3}\, l$$

ナトリウム結晶の格子定数 $l = 4.28 \times 10^{-8}$ cm を代入すると，

$$r = \frac{\sqrt{3}}{4} l = \frac{1.73 \times 4.28 \times 10^{-8}}{4} \fallingdotseq 1.85 \times 10^{-8} \text{ cm}$$

2 ナトリウム原子 1 mol の体積 V

ナトリウムの単位格子中には，ナトリウム原子が 2 個存在する。また，ナトリウム原子 1 mol 中には，6.0×10^{23} 個の原子を含んでいる。これより，V [cm³] は次式で求められる。

$$V = \frac{(4.28 \times 10^{-8})^3 \text{ cm}^3}{2} \times 6.0 \times 10^{23} /\text{mol} \fallingdotseq 23.5 \text{ cm}^3/\text{mol}$$

3 金属ナトリウムの密度 d

ナトリウムの原子量は，Na = 23.0 である。したがって，ナトリウムのモル質量は 23.0 g/mol で，それが占める体積は，上の 2 より 23.5 cm³ だから，その密度は次のように計算できる。

$$d = \frac{23.0 \text{ g/mol}}{23.5 \text{ cm}^3/\text{mol}} \fallingdotseq 0.979 \text{ g/cm}^3$$

4 体心立方格子の充填率

単位格子中で原子の占める体積の割合を**充填率**といい，次式のように計算され，68 % となる。

$$\frac{\text{原子が占める体積}}{\text{単位格子の体積}} = \frac{\frac{4}{3}\pi r^3 \times 2}{l^3} = \frac{\frac{4}{3}\pi \left(\frac{\sqrt{3}}{4} l\right)^3 \times 2}{l^3} = \frac{\sqrt{3}\,\pi}{8} \fallingdotseq 0.68$$

（上式の r に，1 の関係を代入して整理する）

6 アルミニウムの原子半径・密度と面心立方格子の充填率

金属アルミニウムの結晶構造は，右図のような**面心立方格子**である。

▲アルミニウムの結晶構造

1 アルミニウムの原子半径 r

単位格子の一辺の長さ（格子定数）を l〔cm〕とすると，三平方の定理より，面の対角線 AF の長さは $\sqrt{2}\,l$〔cm〕。アルミニウム原子が一直線上で接しているのは，面の対角線 AF の方向であり，その長さは $\sqrt{2}\,l$〔cm〕。

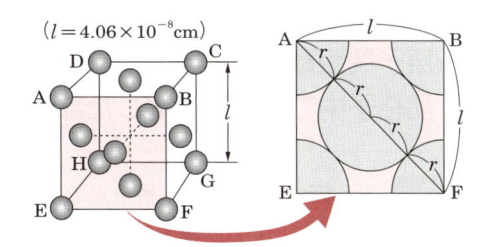

これは，アルミニウムの原子半径 r〔cm〕の4倍に等しい。

$$4r = \sqrt{2}\,l$$

アルミニウム結晶の格子定数 $l = 4.06 \times 10^{-8}$ cm を代入すると，

$$r = \frac{\sqrt{2}\,l}{4} = \frac{1.41 \times 4.06 \times 10^{-8}}{4} \fallingdotseq 1.43 \times 10^{-8} \text{ cm}$$

2 アルミニウム原子 1 mol の体積 V

アルミニウムの単位格子中には，アルミニウム原子が4個存在する。また，アルミニウム原子 1 mol 中には，6.0×10^{23} 個の原子を含んでいる。これより，V〔cm³〕は次式で求められる。

$$V = \frac{(4.06 \times 10^{-8})^3 \text{ cm}^3}{4} \times 6.0 \times 10^{23}/\text{mol} \fallingdotseq 10.0 \text{ cm}^3/\text{mol}$$

3 金属アルミニウムの密度 d

アルミニウムの原子量は Al = 27.0 である。したがって，アルミニウムのモル質量は 27.0 g/mol で，それが占める体積は上の2より 10.0 cm³ だから，その密度は次のように計算できる。

$$d = \frac{27.0 \text{ g/mol}}{10.0 \text{ cm}^3/\text{mol}} = 2.70 \text{ g/cm}^3$$

4 面心立方格子の充填率

充填率は次式のように計算され，74%となる。

$$\frac{\text{原子が占める体積}}{\text{単位格子の体積}} = \frac{\frac{4}{3}\pi r^3 \times 4}{l^3} = \frac{\frac{4}{3}\pi\left(\frac{\sqrt{2}}{4}l\right)^3 \times 4}{l^3} = \frac{\sqrt{2}\,\pi}{6} \fallingdotseq 0.74$$

（上式の r に，1の関係を代入して整理する）

TYPE 39 結晶中の原子間距離　【重要度 A】

原子間距離（原子半径またはイオン半径）を求めるとき，結晶格子中で原子が密着した部分で考える。

🔍着眼

① **体心立方格子**　格子定数を l とすると，単位格子中で，原子はそれぞれ**立方体の対角線上で密着**している。△ABC が直角三角形だから，求める立方体の対角線 AC の長さは $\sqrt{3}\,l$ となり，これが**原子半径 r の 4 倍**にあたる。

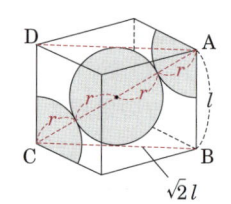

$$\sqrt{3}\,l = 4r \qquad \therefore\ r = \frac{\sqrt{3}}{4}l$$

② **面心立方格子**　格子定数を l とすると，単位格子中で，原子はそれぞれ**面の対角線上で密着**している。△ABD が直角三角形だから，面の対角線 AD の長さは $\sqrt{2}\,l$ となり，これが**原子半径 r の 4 倍**にあたる。

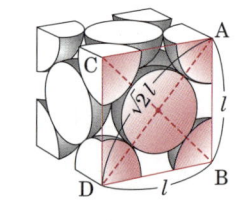

$$\sqrt{2}\,l = 4r \qquad \therefore\ r = \frac{\sqrt{2}}{4}l$$

例題　面心立方格子中の原子半径

金属の銅は，面心立方格子の構造をとっている。結晶格子中では隣接する銅原子は密着しているとし，単位格子の一辺の長さを 3.6×10^{-8} cm とすると，銅の原子半径は何 cm になるか。$\sqrt{2} = 1.41$，$\sqrt{3} = 1.73$

解き方　立方体の各頂点と，各面の中心に銅原子が位置している**面心立方格子**の結晶では，単位格子の各辺上にある銅原子は離れているが，**単位格子の面の対角線の部分**では，銅原子が密着している。

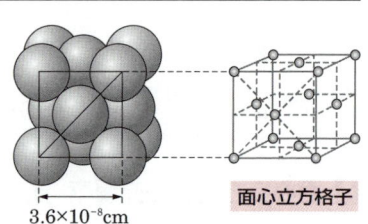

単位格子の一辺の長さ l [cm]，原子半径を r [cm] とすると，面の対角線の長さが $\sqrt{2}\,l$ で，これが原子半径 r の 4 倍に等しい。

$$\sqrt{2}\,l = 4r \qquad \therefore\ r = \frac{\sqrt{2}\,l}{4} = \frac{1.41 \times 3.6 \times 10^{-8}}{4} \fallingdotseq 1.3 \times 10^{-8} \text{ cm}$$

答　1.3×10^{-8} cm

1. 結晶の構造

TYPE 40 結晶格子の充塡率　　　重要度 B

$$充塡率〔\%〕 = \frac{単位格子中の原子の占める体積}{単位格子の体積} \times 100$$

🔍着眼 　結晶の単位格子の体積に対する，原子の体積が占める割合を**充塡率**という。面心立方格子と六方最密構造は，ともに**充塡率が最も高く，最密構造**であるが，体心立方格子は詰まり方が少しゆるい。

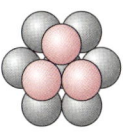

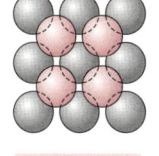

〔平面図〕

面心立方格子　　体心立方格子

例題　面心立方格子の充塡率

ある金属の結晶は，図のような面心立方格子の構造をとっている。この金属原子を，半径 1.0×10^{-8} cm の完全な球として，次の問いに答えよ。$\sqrt{2} = 1.41$, $\sqrt{3} = 1.73$

(1) 単位格子の一辺の長さは何 cm か。
(2) 単位格子の充塡率〔%〕を求めよ。

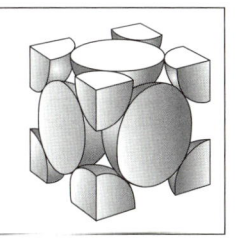

解き方　(1) 面心立方格子では，各原子は立方体の面の対角線上で接触している。この立方体の一辺の長さを l〔cm〕，原子半径を r〔cm〕とすると，面の対角線の長さは $\sqrt{2}\,l$〔cm〕で，この長さは原子半径の 4 倍に等しいから，$\sqrt{2}\,l = 4r$ (→ **TYPE 39**)。

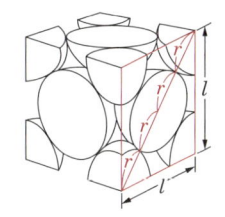

∴ $l = \dfrac{4r}{\sqrt{2}} = 2\sqrt{2}\,r = 2 \times 1.41 \times 1.0 \times 10^{-8} ≒ 2.8 \times 10^{-8}$ cm

(2) 面心立方格子の単位格子には，合計 4 個の原子が含まれているから，

$$充塡率 = \frac{原子の占める体積}{単位格子の体積} = \frac{\frac{4}{3}\pi r^3 \times 4}{l^3} \quad \left(\frac{4}{3}\pi r^3 ; 球の体積\right)$$

上式の r に，(1)の関係　$r = \dfrac{\sqrt{2}}{4}l$ を代入して整理すると，

$$充塡率 = \frac{\frac{4}{3}\pi \left(\frac{\sqrt{2}}{4}l\right)^3 \times 4}{l^3} = \frac{4\pi \times 2\sqrt{2} \times l^3 \times 4}{3 \times 4^3 \times l^3} = \frac{\sqrt{2}}{6}\pi ≒ 0.74 \quad ∴\ 74\%$$

答 (1) 2.8×10^{-8} cm　(2) 74%

TYPE 41 結晶の密度の求め方

$$\text{結晶の密度} [\text{g/cm}^3] = \frac{\text{単位格子中の粒子の質量} [\text{g}]}{\text{単位格子の体積} [\text{cm}^3]}$$

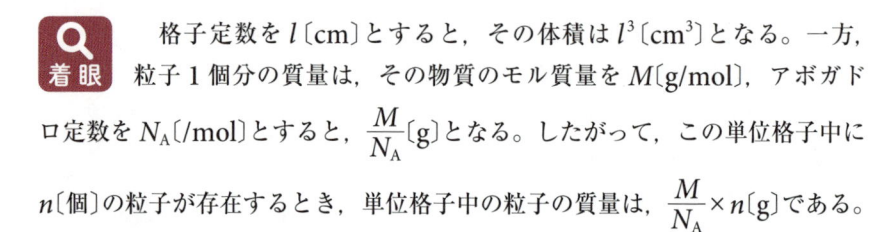

着眼 格子定数を l [cm] とすると，その体積は l^3 [cm^3] となる。一方，粒子1個分の質量は，その物質のモル質量を M [g/mol]，アボガドロ定数を N_A [/mol] とすると，$\frac{M}{N_A}$ [g] となる。したがって，この単位格子中に n [個] の粒子が存在するとき，単位格子中の粒子の質量は，$\frac{M}{N_A} \times n$ [g] である。

$$\text{結晶の密度} = \frac{\frac{M}{N_A} \times n \,[\text{g}]}{l^3 \,[\text{cm}^3]} = \frac{Mn}{l^3 N_A} \,[\text{g/cm}^3]$$

例題 KCl結晶の単位格子中の粒子数，密度

塩化カリウムは，右図のようにNaCl型の結晶構造をとる。格子定数を 6.2×10^{-8} cm，KClの式量を74.5，アボガドロ定数を 6.0×10^{23} /mol として，次の問いに答えよ。

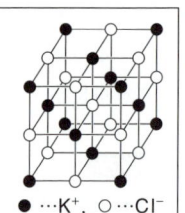

(1) 単位格子中に含まれるKClの粒子の数は何個か。
(2) KClの結晶の密度は，何 g/cm^3 か。($6.2^3 = 238$)

● …K$^+$，○ …Cl$^-$

解き方 (1) K$^+$は立方体の各頂点(切断面数が3)に8個と，各面の中心(切断面数が1)に6個存在する。

一方，Cl$^-$は各辺(切断面数が2)に12個と，中心に1個が存在するから，

K$^+$; $\left(\frac{1}{8} \times 8\right) + \left(\frac{1}{2} \times 6\right) = 4$ 個 Cl$^-$; $\left(\frac{1}{4} \times 12\right) + 1 = 4$ 個

したがって，単位格子中にはKClの粒子は4個分が含まれる。

(2) 格子定数は，6.2×10^{-8} cm なので，単位格子の体積は $(6.2 \times 10^{-8})^3$ cm^3。KCl(式量74.5) 1粒子の質量は，KCl 1 mol ($= 6.0 \times 10^{23}$ 個) の質量が 74.5 g だから，

$\frac{74.5}{6.0 \times 10^{23}}$ g である。

よって，密度 $= \frac{\text{単位格子中の粒子の質量}}{\text{単位格子の体積}} = \frac{\frac{74.5}{6.0 \times 10^{23}} \times 4}{(6.2 \times 10^{-8})^3} \fallingdotseq 2.1$ g/cm^3

答 (1) **4個** (2) **2.1 g/cm^3**

TYPE 42 結晶の密度と原子量の関係

結晶を構成する原子のモル質量（原子量）〔g/mol〕
$$= \frac{l^3 \text{〔cm}^3\text{〕} \times d \text{〔g/cm}^3\text{〕}}{n} \times N_A \text{〔/mol〕}$$

$\begin{pmatrix} l \text{〔cm〕} &\Rightarrow& \text{単位格子の一辺の長さ（格子定数）} \\ d \text{〔g/cm}^3\text{〕} &\Rightarrow& \text{結晶の密度，} N_A \text{〔/mol〕} \Rightarrow \text{アボガドロ定数} \\ n \text{〔個〕} &\Rightarrow& \text{単位格子中に存在する原子の数} \end{pmatrix}$

Q 着眼 　格子定数を3乗すると体積，体積に密度をかけると単位格子の質量が求められる。この中に n〔個〕の原子を含むとすれば，これを n で割ると，原子1個の質量となる。さらに，この原子1個の質量に**アボガドロ定数**をかけると，上式のように**モル質量（原子1 molの質量）**が求められる。これから単位をとった値が求める**原子量**である。

例題　格子定数，密度，アボガドロ定数から原子量を求める

ある原子の結晶を X 線で調べると，一辺が 3.16×10^{-8} cm の右図のような単位格子をもつことがわかった。また，結晶の密度は 19.3 g/cm^3 であった。この原子の原子量はいくらか。ただし，アボガドロ定数を 6.02×10^{23}/mol とする。

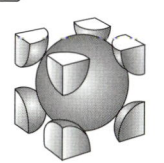

解き方　まず，単位格子の体積 $(3.16 \times 10^{-8})^3$ cm^3 に，この結晶の密度 19.3 g/cm^3 をかけ，単位格子の質量 $(3.16 \times 10^{-8})^3 \times 19.3$ g を求める。

体心立方格子中には2個の原子が含まれるから，原子1個の質量は，

$$\frac{(3.16 \times 10^{-8})^3 \times 19.3}{2} \text{ g}$$

したがって，モル質量（原子1 mol あたりの質量）は次式で求められる。

$$\frac{(3.16 \times 10^{-8})^3 \times 19.3}{2} \times 6.02 \times 10^{23} \fallingdotseq 183.3 \text{ g/mol}$$

原子量は，モル質量から単位をとったものである。　**答　183**

類題20　ある金属の結晶は面心立方格子であり，単位格子の一辺の長さは a〔cm〕である。この金属の密度を d〔g/cm^3〕としたとき，この金属の原子量 M を a と d を使って示せ。必要ならばアボガドロ定数を N_A〔/mol〕とせよ。　（解答➡別冊 *p.7*）

TYPE 43 ダイヤモンド型結晶格子の計算　重要度 C

単位格子を，さらに小さな 8 つの立方体に分け，そのうちの体心立方格子に似た部分に着目する。

着眼 ダイヤモンドやケイ素の単位格子は右図の①のようになっている。(このような単位格子を**ダイヤモンド型**という。)格子定数を l [cm] とすると，炭素原子間の結合距離 AC の長さは，**赤線で表した小立方体の対角線 AD の長さの半分**である。

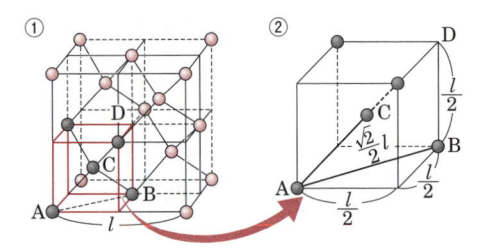

$$AD = \sqrt{AB^2 + BD^2} = \frac{\sqrt{3}}{2}l \text{ [cm]} \quad \therefore \quad AC = \frac{\sqrt{3}}{4}l \text{ [cm]}$$

例題　ダイヤモンド結晶の結合距離と密度

ダイヤモンドを X 線で調べると，一辺の長さが 3.56×10^{-8} cm の立方体からなる上図①のような単位格子をもつ結晶であることがわかった。このことについて，次の各問いに答えよ。アボガドロ定数 $= 6.02 \times 10^{23}$/mol，$\sqrt{2} = 1.41$，$\sqrt{3} = 1.73$

(1) ダイヤモンドの結晶中の炭素原子間の結合距離は何 cm か。
(2) ダイヤモンドの密度は何 g/cm³ か。$3.56^3 = 45.1$

解き方 (1) 上の図①の単位格子の $\frac{1}{8}$ の体積にあたる小立方体(図②)について見てみると，小立方体の対角線 AD の長さの半分が，原子間距離 AC にあたる。

$$AC = \frac{1}{2}AD = \frac{1}{2} \times \frac{\sqrt{3}}{2}l = \frac{1.73 \times 3.56 \times 10^{-8} \text{ cm}}{4} \fallingdotseq 1.54 \times 10^{-8} \text{ cm}$$

(2) 単位格子中に含まれる炭素原子は，各頂点に 8 個，面の中心に 6 個，内部に 4 個存在するから，$\left(\frac{1}{8} \times 8\right) + \left(\frac{1}{2} \times 6\right) + (1 \times 4) = 8$ 個

TYPE 41 より，密度 $= \dfrac{\text{炭素原子の質量}}{\text{単位格子の体積}} = \dfrac{\left(\dfrac{12}{6.02 \times 10^{23}} \times 8\right) \text{ g}}{(3.56 \times 10^{-8})^3 \text{ cm}^3} \fallingdotseq 3.53 \text{ g/cm}^3$

答 (1) 1.54×10^{-8} cm　(2) 3.53 g/cm³

■練習問題

解答→別冊 p.26

28 ある金属の結晶を X 線で調べたところ, 単位格子の一辺が 3.6×10^{-8} cm の立方体に 4 個の割合で原子が含まれていることがわかった。また, この結晶の密度を測ったら 9.0 g/cm^3 であった。次の問いに答えよ。アボガドロ定数; $N_A = 6.0 \times 10^{23}$/mol, $\sqrt{2} = 1.4$, $\sqrt{3} = 1.7$

(1) この金属の原子量を求めよ(有効数字 2 桁)。

(2) 結晶内では原子が密着しているとして, 金属原子の半径を求めよ。

(甲南大 改)

→ 39, 42

29 ある金属の結晶構造は, 右図に示すような単位格子からなり, その一辺は 3.0×10^{-8} cm とする。次の問いに答えよ。金属の原子量は 52, アボガドロ定数は 6.0×10^{23}/mol とする。

(1) この結晶の密度〔g/cm^3〕を求めよ。

(2) 結晶内で原子が密着しているとして, 金属原子の半径〔cm〕を求めよ。$\sqrt{2} = 1.4$, $\sqrt{3} = 1.7$

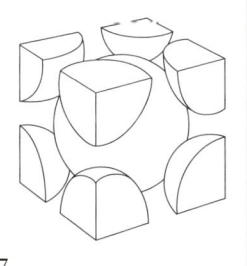

→ 39, 42

30 塩化ナトリウムの結晶は, Na$^+$ および Cl$^-$ がそれぞれ面心立方格子をつくり, Na$^+$ イオン間の最短距離は 4.0×10^{-8} cm である。ナトリウム金属の結晶は Na 原子が体心立方格子をつくり, 原子間の最短距離は 3.7×10^{-8} cm である。塩化ナトリウムの密度はナトリウム金属の密度の何倍か求めよ。原子量;Na = 23, Cl = 35.5, アボガドロ定数;$N_A = 6.0 \times 10^{23}$/mol, $\sqrt{2} = 1.41$, $\sqrt{3} = 1.73$

→ 39, 41

31 NaCl の結晶は図のような一辺が 5.64×10^{-8} cm の立方体の単位格子からできている。アボガドロ定数を 6.02×10^{23} mol, NaCl の式量を 58.5 とする。

(1) 単位格子の中には Na$^+$ と Cl$^-$ がそれぞれ何個ずつ含まれているか。

(2) この結晶の密度は何 g/cm^3 か。

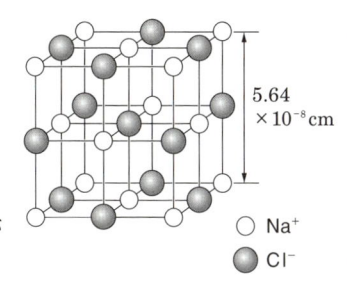

5.64×10^{-8} cm

○ Na$^+$
● Cl$^-$

→ 41, 42

💡ヒント **28** (1) 金属原子 1 mol あたりの質量を求め, その単位 g/mol をとると原子量になる。

4 物質の状態

1 気体の状態方程式

1 ボイル・シャルルの法則

気体の体積，圧力，温度の間には，気体の種類によらない共通の関係がある。

1 ボイルの法則 一定温度では，一定量の気体の**体積は圧力に反比例する**（図1）。

$$PV = P'V' = k$$

または，$V' = V \times \dfrac{P}{P'}$

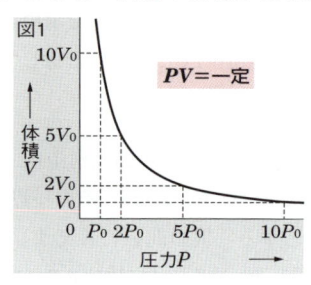

▲気体の圧力と体積の関係

2 シャルルの法則 一定圧力のもとでは，一定量の気体の**体積は絶対温度に比例する**。気体の圧力を一定に保ったまま，温度を1℃だけ変化させると，気体の体積は，0℃のときの体積の $\dfrac{1}{273}$ だけ変化する（図2）。

$$\dfrac{V}{T} = \dfrac{V'}{T'} = k'$$

または，$V' = V \times \dfrac{T'}{T}$

＋補足 セルシウス温度〔℃〕の値 t に273を加えた温度 T を**絶対温度**といい，単位記号 K（ケルビン）で表す。

$$T[\text{K}] = t[\text{℃}] + 273$$

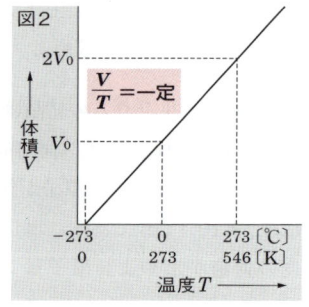

▲気体の温度と体積の関係

3 ボイル・シャルルの法則 一定量の気体の**体積は，圧力に反比例し，絶対温度に比例する**。

$$V = k'' \dfrac{T}{P}$$ または，$V' = V \times \dfrac{P}{P'} \times \dfrac{T'}{T}$

この式を変形して，

$$\begin{pmatrix}\text{はじめ}\\\text{の状態}\end{pmatrix} \Rightarrow \dfrac{PV}{T} = \dfrac{P'V'}{T'} \Leftarrow \begin{pmatrix}\text{終わり}\\\text{の状態}\end{pmatrix}$$

!注意 この式さえ覚えておけば，ボイルの法則，シャルルの法則の両方に通用する。温度は必ず絶対温度に直し，圧力と体積は両辺で単位をそろえること。

2 気体の状態方程式

1 気体定数 ボイル・シャルルの法則は，$\dfrac{PV}{T}=k$（一定）という式で示された。アボガドロの法則より，気体 1 mol の体積 v は標準状態（0℃，1.013×10^5 Pa）で 22.4 L を占めるから，比例定数 k は次のようにして求まる。

$$k=\frac{Pv}{T}=\frac{1.013\times10^5\,\text{Pa}\times22.4\,\text{L/mol}}{273\,\text{K}}\fallingdotseq 8.31\times10^3\,\text{Pa}\cdot\text{L/(K}\cdot\text{mol)}$$

この値を**気体定数**といい，記号 R で表される。

2 気体の状態方程式 **1**より，気体 1 mol のときは，次の式が成り立つ。

$$Pv=RT$$

また，n〔mol〕の気体については，その**体積は 1 mol の気体の体積の n 倍**であるから，比例定数 $k=nR$ となり，次のような関係式が成り立つ。

$$\frac{PV}{T}=nR \qquad PV=nRT$$

この関係式は，n〔mol〕の気体についてボイル・シャルルの法則を表したもので，**気体の状態方程式**という。

> **!注意** この公式を使うにあたっては，R の単位が〔Pa・L/K・mol〕だから，必ず単位は，圧力；Pa，体積；L，絶対温度；K にそろえるのを忘れないこと。

3 気体の分子量の求め方 ある気体のモル質量を M〔g/mol〕とすると，この気体 w〔g〕の物質量は，$n=\dfrac{w}{M}$〔mol〕であるから，

状態方程式は，$PV=\dfrac{w}{M}RT$　　変形して　　$M=\dfrac{wRT}{PV}$〔g/mol〕

質量，温度，圧力および体積を測定すると，この式から，気体や揮発性物質のモル質量が求まり，さらに単位を除いた値が分子量となる。

図3　ガスボンベ　　図4　　　　　図5　ガスボンベ

ガスボンベの質量を測定する（w_1〔g〕）。
水上置換で気体の体積を測定する。
再びガスボンベの質量を測定する（w_2〔g〕）。

●メスシリンダーに捕集された気体の質量は（w_1-w_2）〔g〕

▲気体の質量・体積の求め方

TYPE 44 ボイル・シャルルの法則　重要度 A

両辺の単位をそろえ，$\dfrac{P_1 V_1}{T_1} = \dfrac{P_2 V_2}{T_2}$ に代入。

着眼 温度 T_1，圧力 P_1，体積 V_1 の気体で，温度 T_1 のまま圧力を P_2 にしたときの体積を V' とし，さらに，圧力 P_2 のまま温度を T_2 にしたときの体積を V_2 とすると，次の関係が成り立つ。

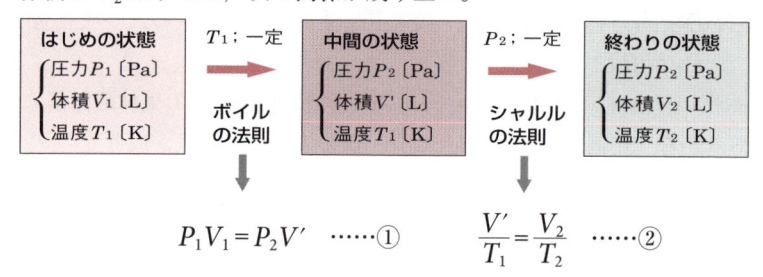

はじめの状態		中間の状態		終わりの状態
圧力 P_1〔Pa〕 体積 V_1〔L〕 温度 T_1〔K〕	T_1；一定 → ボイル の法則	圧力 P_2〔Pa〕 体積 V'〔L〕 温度 T_1〔K〕	P_2；一定 → シャルル の法則	圧力 P_2〔Pa〕 体積 V_2〔L〕 温度 T_2〔K〕

$$P_1 V_1 = P_2 V' \quad \cdots\cdots ① \qquad \dfrac{V'}{T_1} = \dfrac{V_2}{T_2} \quad \cdots\cdots ②$$

② より，$V' = \dfrac{V_2 T_1}{T_2}$ を①へ代入し，V' を消去すると，

$P_1 V_1 = P_2 \cdot \dfrac{V_2 T_1}{T_2}$ となり，両辺を T_1 で割ると，$\dfrac{P_1 V_1}{T_1} = \dfrac{P_2 V_2}{T_2}$

例題　ボイル・シャルルの法則を用いた体積の算出

標準状態で 364 mL を占めている気体は，27℃，5.05×10^5 Pa では何 L を占めていることになるか。

解き方　求める体積を V'〔L〕として，まず**両辺の単位をそろえる**。
標準状態とは，**0℃，1.01×10^5 Pa** のことであり，℃単位を K（ケルビン）単位に直すと，**273 K** となる。
これらを，ボイル・シャルルの法則の公式に代入すると，

$$\dfrac{1.01 \times 10^5 \text{ Pa} \times 0.364 \text{ L}}{273 \text{ K}} = \dfrac{5.05 \times 10^5 \text{ Pa} \times V'〔\text{L}〕}{300 \text{ K}}$$

$$\therefore \quad V' = \dfrac{0.364 \times 1.01 \times 300}{5.05 \times 273} = 0.0800 \text{ L}$$

答 0.0800 L

類題21　27℃，1.0×10^5 Pa で 24 L を占める水素がある。これを，127℃で 5.0 L の耐圧容器に入れると，ボンベ内の圧力は何 Pa となるか。　（解答➡別冊 *p.8*）

TYPE 45 気体の状態方程式

気体定数の単位にあわせて，気体の状態方程式 $PV=nRT$ に数値を代入せよ。

着眼 気体の状態方程式の利用では，物質量が与えられているときは，$PV=nRT$ の式を用いる。

なお，この関係式では，**気体定数 $R=8.31\times10^3$** を用いるが，これには〔Pa・L/(K・mol)〕という単位がついている。したがって，代入する数値の単位は，すべてこれにあわせる必要があり，**体積 V は〔L〕，圧力 P は〔Pa〕，温度 T は絶対温度〔K〕**である。

M が分子量を表すとすると，$\dfrac{w(\text{g})}{M}=n(\text{mol})$ の両辺の単位があわなくなる。厳密には，M は〔g/mol〕の単位をもつ**モル質量**を表しているが，単位をとったものは，分子量と等しい。

例題 気体の状態方程式を用いた物質量の算出

27℃，1.5×10^5 Pa のもとで，体積が 415 mL の気体がある。この気体の物質量を求めよ。気体定数；$R=8.3\times10^3$ Pa・L/(K・mol)

解き方 気体の状態方程式に各数値を代入するとき，各単位を**気体定数 $R=8.3\times10^3$ の単位である〔Pa・L/(K・mol)〕にあわせる必要がある**。
27℃ を絶対温度の K 単位に直すと，$(273+27)=300$ K。また，415 mL を L 単位に直すと，0.415 L になる。これより，求める気体の物質量を n〔mol〕とおくと，気体の状態方程式 $PV=nRT$ より，

$$1.5\times10^5\text{ Pa}\times0.415\text{ L}=n(\text{mol})\times8.3\times10^3\text{ Pa・L/(K・mol)}\times300\text{ K}$$

$$\therefore\ n=\frac{150\times0.415}{8.3\times300}=0.025\text{ mol}$$

答 0.025 mol

類題22 27℃において，二酸化硫黄 SO_2 3.2 g を 500 mL の容器に詰めたら，この容器内の圧力は何 Pa になるか。原子量；O＝16，S＝32　気体定数；$R=8.31\times10^3$ Pa・L/(K・mol)

(解答➡別冊 p.8)

TYPE 46 気体定数の算出

気体定数 $R = \dfrac{PV}{T} = 8.31 \times 10^3$ Pa·L/(K·mol)

着眼 理想気体であるとき，1 mol の気体の体積 V は，標準状態($0℃$, 1.01×10^5 Pa)で 22.4 L となる。これらの数値を，ボイル・シャルルの法則の式，$\dfrac{PV}{T} = k$（k は定数）に代入して，k を求めると，**$k = 8.31 \times 10^3$ Pa·L/(K·mol)** となる。この値を**気体定数**といい，記号 R で表す。また，気体定数は圧力を atm で示したときは，**$k = 0.0821$ atm·L/(K·mol)** となる。

＋補足 入試では気体定数を与えられることが多いが，次の例題のように気体定数を求めさせる問題が出題されることもある。

例題　気体定数の算出

右表は，4種類の気体について標準状態($0℃$, 1.01×10^5 Pa)におけるモル体積を示したものである。この表より，気体定数 R の値の平均値を有効数字 3 桁で求めよ。

気体	分子量	体積〔L/mol〕
水素 H_2	2.0	22.45
ヘリウム He	4.0	22.43
ネオン Ne	20	22.42
メタン CH_4	16	22.37

解き方 各気体について，$R = \dfrac{PV}{T}$ の式から気体定数を求める。

H_2 ; $R = \dfrac{PV}{T} = \dfrac{1.01 \times 10^5 \times 22.45}{273} \fallingdotseq 8.306 \times 10^3$ Pa·L/(K·mol)

He ; $R = \dfrac{PV}{T} = \dfrac{1.01 \times 10^5 \times 22.43}{273} \fallingdotseq 8.298 \times 10^3$ Pa·L/(K·mol)

Ne ; $R = \dfrac{PV}{T} = \dfrac{1.01 \times 10^5 \times 22.42}{273} \fallingdotseq 8.295 \times 10^3$ Pa·L/(K·mol)

CH_4 ; $R = \dfrac{PV}{T} = \dfrac{1.01 \times 10^5 \times 22.37}{273} \fallingdotseq 8.276 \times 10^3$ Pa·L/(K·mol)

これらの値の平均値をとると，

$$R = \dfrac{8.306 + 8.298 + 8.295 + 8.276}{4} \times 10^3 \fallingdotseq 8.294 \times 10^3$$

答 8.29×10^3 Pa·L/(K·mol)

TYPE 47 気体の状態方程式と分子量 【重要度 B】

状態方程式 $PV=nRT$ を $PV=\dfrac{w}{M}RT$ と変形し，$M=\dfrac{wRT}{PV}$ に数値を代入して，分子量を求める。

着眼 気体の質量 w，温度 T，圧力 P，体積 V の4つが与えられている場合，その気体の分子量は物質量 $n=\dfrac{w}{M}$（M は分子量）であるので，上のように**気体の状態方程式を変形する**と求めることができる。

この場合も，$R=8.31\times10^3$ Pa·L/(K·mol) を使うから，各数値の単位をそれらにそろえる必要がある。また，M はモル質量であり，単位〔g/mol〕をとったものが分子量になる。

例題　気化した液体の分子量

ピストン付き容器にある液体化合物 0.35 g を入れ，27℃でピストンをゆっくり引き上げた。ちょうど液体がなくなったとき，容器内の圧力・体積は 152 mmHg, 500 mL を示した。化合物の分子量を求めよ。
1.0×10^5 Pa = 760 mmHg とする。気体定数；$R=8.31\times10^3$ Pa·L/(K·mol)

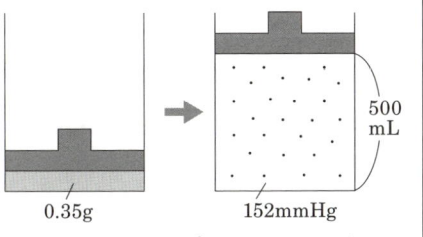

解き方 まず，単位をそろえる。体積は〔L〕，圧力は〔Pa〕，温度は〔K〕にする。1.0×10^5 Pa = 760 mmHg より，

$$P=\dfrac{152}{760}\times10^5=2.0\times10^4\text{ Pa},\quad V=0.50\text{ L},\quad T=300\text{ K}$$

求める分子量を M として，これらの数値を $PV=\dfrac{w}{M}RT$ に代入する。

$$M=\dfrac{0.35\text{ g}\times8.31\times10^3\text{ Pa·L/(K·mol)}\times300\text{ K}}{2.0\times10^4\text{ Pa}\times0.50\text{ L}}\fallingdotseq 87$$

答 87

類題23 一定体積の容器に27℃で 16 g の酸素を入れると，1.2×10^5 Pa を示した。容器内を真空にし，ある液体 48 g を入れて127℃で完全に気化させると，2.4×10^5 Pa を示した。この液体物質の分子量はいくらか。原子量；O=16　（解答➡別冊 p.8）

TYPE 48 気化しやすい液体物質の分子量測定 〔重要度 B〕

気化しやすい液体物質の分子量も，気体の状態方程式を利用して求める。このとき，蒸気の圧力は大気圧に等しい。

着眼 右図のような**ピクノメーター**を用いると，気化しやすい液体物質の分子量を実験的に求めることができる。

ピクノメーターに試料となる液体物質を少し余分に入れて加熱する。気化した蒸気の密度は空気より大きいので，空気は下から押し上げられ，やがてピクノメーターからほぼ完全に追い出される。そして，最後には余分な液体試料も追い出される。ちょうど液体物質がなくなったとき，**ピクノメーター内を満たした蒸気の圧力は大気圧とつりあっている**ので，このときの，**圧力 P，体積 V，絶対温度 T** の値を気体の状態方程式に代入する。

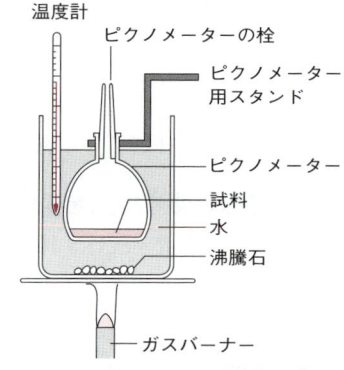

例題　気化しやすい液体物質の分子量

質量（栓，ふたも含む）が 30.000 g で内容積が 100 mL のピクノメーターに，約 1 g の液体物質を入れ，97℃で液体をすべて蒸発させたのち，ふたをしてピクノメーターを取り出し，室温まで手早く冷やした。そして，容器のまわりの水をふきとり，栓とふたをつけたまま秤量したら 30.494 g であった。大気圧は 1.0×10^5 Pa であったとして，液体物質の分子量を求めよ。ただし，ピクノメーターの内容積は，室温でも 97℃でも変わらず，室温での液体物質の蒸気圧は無視できるものとする。気体定数；$R = 8.3 \times 10^3$ Pa·L/(K·mol)

解き方　97℃で容器内に存在した液体物質の質量 w 〔g〕は，
　　$w = 30.494 - 30.000 = 0.494$ g

蒸気の圧力 P は大気圧に等しいから，$PV = \dfrac{w}{M} RT$ に数値を代入して，

$$1.0 \times 10^5 \text{ Pa} \times 0.100 \text{ L} = \frac{0.494 \text{ g}}{M \text{〔g/mol〕}} \times 8.3 \times 10^3 \text{ Pa·L/(K·mol)} \times 370 \text{ K}$$

　　∴　$M ≒ 152$　　　　　　　　　　　　　　　　　　　　**答　152**

2 混合気体の圧力と蒸気圧

1 分圧の法則

混合気体全体の示す圧力(**全圧**)は，各成分気体が，単独で混合気体と同体積を占めるときに示す圧力(**分圧**)の和に等しい。いま，全圧を P〔Pa〕，各成分気体の分圧を p_A, p_B, ……〔Pa〕とすると，次の関係が成り立つ。

$$P = p_A + p_B + \cdots\cdots \quad (\text{ドルトンの分圧の法則})$$

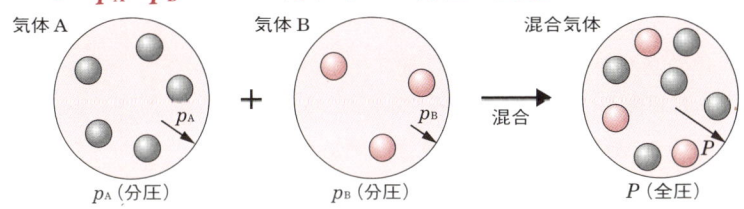

▲混合気体の全圧と分圧

2 混合気体の分圧比，体積比と物質量比の関係

① 体積一定のとき，成分気体の分圧の比と**各成分の物質量の比は等しい**。
② 圧力一定のとき，成分気体の体積の比と**各成分の物質量の比は等しい**。

例 1.0×10^5 Pa で，1.0 L の空気は，体積の比が窒素：酸素 = 4：1 である。
(体積一定)……1.0×10^5 Pa $= 0.8 \times 10^5$ Pa $+ 0.2 \times 10^5$ Pa
(圧力一定)…… 1.0 L $=$ 0.8 L $+$ 0.2 L

3 全圧・分圧とモル分率

気体 A, B の物質量を n_A, n_B〔mol〕，分圧を p_A, p_B〔Pa〕，全圧を P〔Pa〕とし，体積 V，絶対温度 T が一定とすれば，成分気体 A, B, および混合気体について状態方程式が成り立つ。

$$p_A V = n_A RT \quad \cdots\cdots ①$$
$$p_B V = n_B RT \quad \cdots\cdots ②$$
$$PV = (n_A + n_B)RT \quad \cdots\cdots ③$$

① ÷ ② より，$\dfrac{p_A}{p_B} = \dfrac{n_A}{n_B}$ ⇨ $p_A : p_B = n_A : n_B$ ⇨ **(分圧の比)＝(物質量の比)**

① ÷ ③ より，$p_A = P \times \boxed{\dfrac{n_A}{n_A + n_B}}$ ⇨ **分圧 ＝ 全圧 × モル分率**

└→ 気体 A の**モル分率**という。

4 水上捕集した気体の圧力

水上置換で捕集した気体は，水蒸気で飽和された混合気体だから，次の関係が成り立つ。

　　（捕集した気体だけの圧力）
　　　＝（混合気体の全圧）－（飽和水蒸気圧）

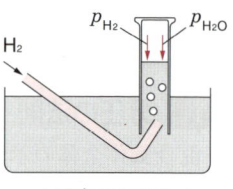

▲圧力のつりあい

5 飽和蒸気圧

右図のような密閉容器に液体を入れ，一定温度に保つと，液体の表面から分子が空間に飛び出す(**蒸発**)。しかし，ある程度まで蒸発が進むと，蒸気の一部が液体に戻りはじめる(**凝縮**)。やがて，**単位時間あたりに蒸発する分子数と凝縮する分子数が等しくなり，見かけ上，蒸発が停止する**。この状態を**気液平衡**といい，このときに示す蒸気の圧力を，その液体の**飽和蒸気圧**，または単に**蒸気圧**という。液体の蒸気圧は，各物質によってそれぞれ固有の値をもち，また，温度が高くなると，その値は急激に大きくなる。

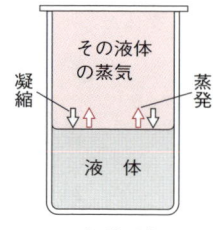

▲気液平衡

6 蒸気圧の性質

① 蒸気圧の値は，他の気体が存在してもしなくても変わらない。
② 蒸気圧の値は，蒸気が占める空間の体積や，存在する液体の量にも無関係である。
③ 蒸気圧の値は，**温度だけの関数**である。

つまり，密閉容器に液体を十分に入れ，一定温度に保つと，下図のように**液体が存在する限り，気液平衡に達したときの蒸気圧の値は一義的に決まってしまう**。

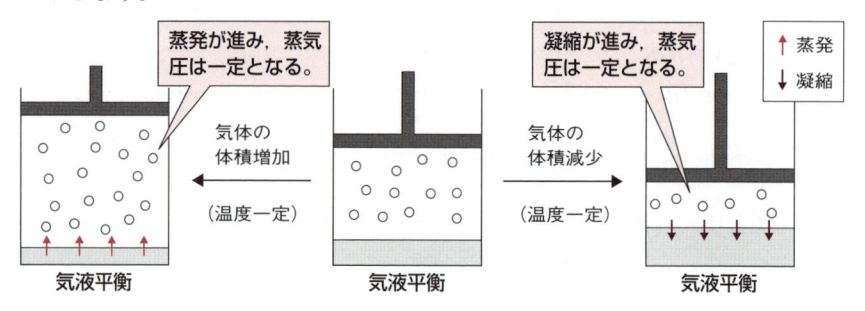

蒸発が進み，蒸気圧は一定となる。
気体の体積増加
（温度一定）
気液平衡

気液平衡

凝縮が進み，蒸気圧は一定となる。
気体の体積減少
（温度一定）
気液平衡

↑蒸発
↓凝縮

7 蒸気圧曲線と沸点の関係

1 蒸気圧曲線 右下図のような，液体の蒸気圧と温度の関係を表したグラフを**蒸気圧曲線**という。

2 沸騰と沸点 液体の蒸気圧が外圧と等しくなったとき，液体内部からも蒸発が起こり，周囲の液体を押しのけて気泡が発生する。この現象を**沸騰**といい，このときの温度をその液体の**沸点**という。

沸点は通常，外圧が 1.01×10^5 Pa のもとでの値で示される。つまり，沸点とはその液体の蒸気圧が外圧（1.01×10^5 Pa＝1 atm）に等しくなるときの温度である。

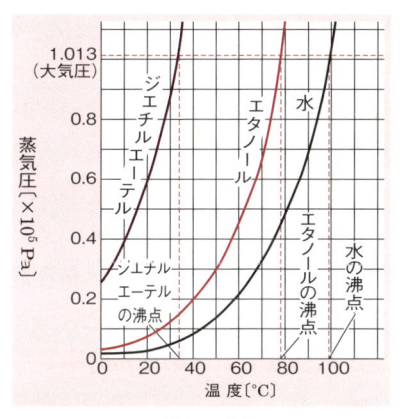

▲蒸気圧曲線

8 理想気体と実在気体

ボイル・シャルルの法則や気体の状態方程式に完全にしたがう気体を**理想気体**という。理想気体は，分子間力や分子自身の体積を 0 とみなした仮想の気体である。これに対して，**実在気体**では，低温・高圧になるほど，分子間力や分子自身の体積の影響が無視できなくなり，状態方程式を使って計算した値からのずれが大きくなる。つまり，**高温・低圧にするほど実在気体は，理想気体に近づく**。常温・常圧付近では，気体はすべて理想気体として計算できる。

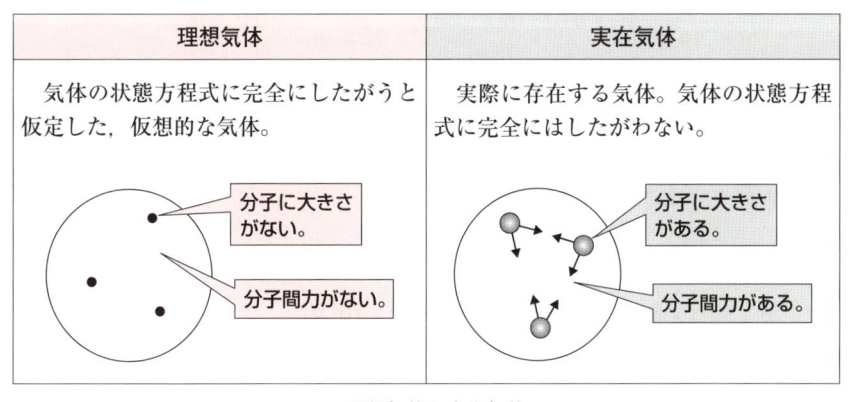

理想気体	実在気体
気体の状態方程式に完全にしたがうと仮定した，仮想的な気体。	実際に存在する気体。気体の状態方程式に完全にはしたがわない。
分子に大きさがない。 分子間力がない。	分子に大きさがある。 分子間力がある。

▲理想気体と実在気体

TYPE 49 混合気体の全圧と分圧　　重要度 A

> （全圧）＝（分圧の和）
> （分圧）＝（全圧）×（モル分率）　　を利用する。

着眼　各成分気体の物質量がわかる場合は，気体の状態方程式を使うとすぐにその分圧が求められ，**分圧の和は全圧に等しい**（ドルトンの分圧の法則）。しかし，各成分気体の物質量がわからない場合は，状態方程式が使えないので，その分圧はボイル・シャルルの法則を使って求めるしかない。

一方，混合気体について，**分圧の比＝物質量の比**が成り立つから，全圧を物質量の比で比例配分すると，分圧が求められる。具体的には上式のように，**全圧に各成分気体のモル分率をかける**とよい。

注意　モル分率とは，$\dfrac{\text{目的成分の物質量}}{\text{混合物の全物質量}}$　すなわち，物質量の割合を表す。

例題　混合気体の全圧と分圧

メタン CH_4 0.24 g と酸素 O_2 0.96 g の混合気体がある。原子量；H＝1.0，C＝12，O＝16，気体定数；$R = 8.3 \times 10^3$ Pa・L/(K・mol)

(1) この混合気体を 27℃，1.0 L の容器につめると，何 Pa を示すか。
(2) この混合気体中のメタンと酸素の分圧は，それぞれ何 Pa か。

解き方　(1) メタン CH_4 のモル質量は 16 g/mol であり，酸素 O_2 のモル質量は 32 g/mol であることから，各物質の物質量を求めると，

$$CH_4 ; \dfrac{0.24 \text{ g}}{16 \text{ g/mol}} = 0.015 \text{ mol} \qquad O_2 ; \dfrac{0.96 \text{ g}}{32 \text{ g/mol}} = 0.030 \text{ mol}$$

物質量がわかったので，気体の状態方程式から全圧を求めると，

$$P\text{(Pa)} \times 1.0 \text{ L} = (0.015 + 0.030) \text{ mol} \times 8.3 \times 10^3 \text{ Pa・L/(K・mol)} \times 300 \text{ K}$$

$$\therefore \quad P \fallingdotseq 1.1 \times 10^5 \text{ Pa}$$

(2) （分圧）＝（全圧）×（モル分率）より，

$$p_{CH_4} = 1.1 \times 10^5 \text{ Pa} \times \dfrac{0.015}{0.015 + 0.030} \fallingdotseq 3.7 \times 10^4 \text{ Pa}$$

$$p_{O_2} = 1.1 \times 10^5 \text{ Pa} \times \dfrac{0.030}{0.015 + 0.030} \fallingdotseq 7.3 \times 10^4 \text{ Pa}$$

〔別解〕（全圧）＝（各成分気体の分圧の和）の関係を利用しても p_{O_2} は求まる。

答　(1) 1.1×10^5 **Pa**　(2) p_{CH_4} ; 3.7×10^4 **Pa**，p_{O_2} ; 7.3×10^4 **Pa**

例題　混合気体の平均分子量

右図のようなコックで連結された容器 A(4.0 L) と容器 B(6.0 L) がある。容器 A には 27℃，1.0×10^5 Pa の酸素を，容器 B には 47℃，8.0×10^4 Pa の窒素をつめた。次の各問いに答えよ。

(1) コックを開き，容器全体を 87℃ に保った。容器内の混合気体の全圧は何 Pa になるか。

(2) この混合気体の平均分子量を求めよ。

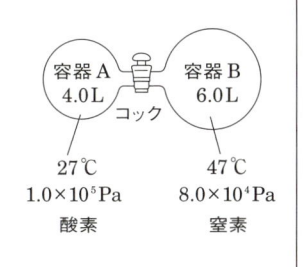

解き方　各気体の物質量が不明なので，状態方程式は使えない。**混合前と混合後において，ボイル・シャルルの法則を適用すればよい**(←TYPE 44)。

(1) コックを開くと，O_2 は容器全体に広がる(拡散)から，その体積は，

$$4.0 + 6.0 = 10.0 \text{ L}$$

混合後の O_2 の分圧を p_{O_2}〔Pa〕とおくと，ボイル・シャルルの法則を適用して，

$$\frac{1.0 \times 10^5 \times 4.0}{300} = \frac{p_{O_2} \times 10.0}{360}$$

$$\therefore \; p_{O_2} = 4.8 \times 10^4 \text{ Pa}$$

混合後の N_2 の分圧を p_{N_2}〔Pa〕とおくと，

$$\frac{8.0 \times 10^4 \times 6.0}{320} = \frac{p_{N_2} \times 10.0}{360}$$

$$\therefore \; p_{N_2} = 5.4 \times 10^4 \text{ Pa}$$

(混合気体の全圧)＝(各成分気体の分圧の和) の関係より，

全圧 $P = 4.8 \times 10^4 + 5.4 \times 10^4 ≒ 1.0 \times 10^5$ Pa

(2) 混合気体がただ 1 種類の気体だけからなるとみなして求められた見かけの分子量を**平均分子量**という。平均分子量は，**混合気体 1 mol の質量から〔g〕単位をとった数値で求められる**(→TYPE 11)。

混合気体において，体積一定では(分圧の比)＝(物質量の比)が成り立つ(→ p.95)。
物質量の比は，$O_2 : N_2 = 4.8 \times 10^4 : 5.4 \times 10^4 = 8 : 9$

分子量は，$O_2 = 32$，$N_2 = 28$ より，モル質量は 32 g/mol，28 g/mol，

混合気体 1 mol の質量；$32 \text{ g/mol} \times \dfrac{8}{8+9} + 28 \text{ g/mol} \times \dfrac{9}{8+9} ≒ 30$ g/mol

これより，単位を除くと，平均分子量は 30 である。　**答**　(1) $\mathbf{1.0 \times 10^5}$ **Pa**　(2) **30**

TYPE 50 混合気体の燃焼後の圧力　　重要度 B

反応前後で，温度や体積が一定ならば，分圧の比＝物質量の比より，量的計算をすることができる。

着眼 気体反応において，反応前後で温度や体積が変化しない場合，**分圧の比＝物質量の比**の関係が成り立つので，物質量を求めなくても，**分圧のままで量的関係が調べられる。**

例題　混合気体の燃焼後の圧力

右図の装置に一酸化炭素と酸素を別々に封入し，温度を $27℃$ に保った。

CO　$2.0×10^5$ Pa　1.0 L
O_2　$1.0×10^5$ Pa　3.0 L
コック

(1) コックを開いて両気体が均一になったとき，各気体の分圧を求めよ。
(2) コックを開いたまま，一酸化炭素を完全に燃焼させた後，温度をもとへ戻した。このとき，容器内の圧力は何 Pa を示すか。

解き方 (1) CO, O_2 の分圧をそれぞれ p_{CO}, p_{O_2} とすると，

$2.0×10^5×1.0 = p_{CO}×4.0$　∴　$p_{CO} = 5.0×10^4$ Pa
$1.0×10^5×3.0 = p_{O_2}×4.0$　∴　$p_{O_2} = 7.5×10^4$ Pa

(2) 温度，体積が一定なので，**分圧の比＝物質量の比**の関係が成り立つ。よって，反応の前後でそれぞれの分圧が次のように変化することがわかる。

$$2\,CO\ +\ O_2\ \longrightarrow\ 2\,CO_2$$

（反応前）　$5.0×10^4$ Pa　　$7.5×10^4$ Pa　　0
　　　　　　↓ $-5.0×10^4$ Pa　↓ $-2.5×10^4$ Pa　↓ $+5.0×10^4$ Pa
（反応後）　0 Pa　　　　　$5.0×10^4$ Pa　　$5.0×10^4$ Pa　➡ 全圧 $= 1.0×10^5$ Pa

答 (1) CO ; $5.0×10^4$ Pa, O_2 ; $7.5×10^4$ Pa　(2) $1.0×10^5$ Pa

類題 24

右図のような装置に，水素と酸素を別々に封入し，温度を $27℃$ に保った。（解答➡別冊 *p.8*）

A (1.0L)　B (4.0L)
H_2　$3.0×10^5$ Pa
O_2　$1.0×10^5$ Pa
コック

(1) コックを開いて両気体が均一になったとき，容器内の全圧は何 Pa になるか。
(2) この混合気体に電気火花で点火後，容器の温度を $27℃$ に保つと，容器内の全圧は何 Pa になるか。ただし，$27℃$ における飽和水蒸気圧は $4.0×10^3$ Pa とする。

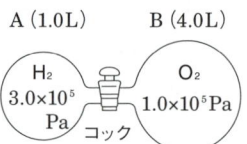

TYPE 51 密閉容器中の蒸気圧のふるまい　重要度 B

容器中に液体と気体が共存するとき，その蒸気(気体)の圧力は，飽和蒸気圧の値となる。

着眼 密閉容器に入れた液体がすべて気体になると仮定して求めた圧力 P が，その温度における飽和蒸気圧 p_v より大きければ，蒸気は過飽和となり，その**過剰分はやがて凝縮する**。つまり，**圧力は飽和蒸気圧で平衡状態となり，それ以上大きくなることはない**。しかし，$P < p_v$ の場合，蒸気は未飽和であり，**すべて気体として存在**する。

$P \geqq p_v$ のとき……液体と蒸気が共存　　真の圧力は p_v
$P < p_v$ のとき……すべて気体のみ　　　　真の圧力は P

比較した P と p_v のうち，つねに小さいほうが真の圧力となる。

例題　密閉容器中の水蒸気圧

内容積 5.0 L の容器を真空にした後，水 0.10 mol を入れてすばやく密閉し，容器全体をゆっくり加熱した。水の飽和蒸気圧は，60℃で 2.0×10^4 Pa，90℃で 7.1×10^4 Pa，100℃で 1.0×10^5 Pa として，次の問いに答えよ。気体定数；$R = 8.3 \times 10^3$ Pa・L/(K・mol) 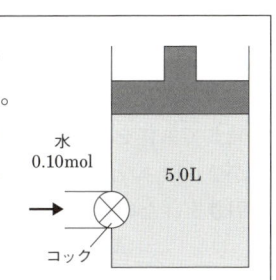
(1) 60℃における容器内の圧力は何 Pa か。
(2) 90℃における容器内の圧力は何 Pa か。
(3) 100℃のまま，ゆっくり圧縮して容器の体積を 2.0 L にすれば，容器内の圧力は何 Pa になるか。

解き方 まず，容器内に液体の水が存在するか否かを調べる。
(1) 60℃で，0.10 mol の水がすべて蒸発したとすると，
　　$P \times 5.0 = 0.10 \times 8.3 \times 10^3 \times 333$
　　∴　$P \fallingdotseq 5.53 \times 10^4$ Pa
　この P の値は，60℃のときの飽和蒸気圧 2.0×10^4 Pa を超えているので，[着眼]から，**液体の水が存在している**ことがわかる。よって，真の水蒸気圧は 60℃の飽和蒸気圧の 2.0×10^4 Pa と等しい。

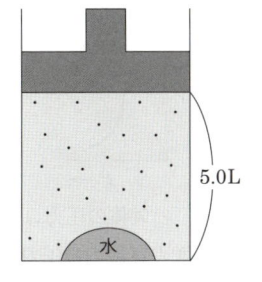

(2) 90℃で，0.10 mol の水がすべて蒸発したとすると，
$P' \times 5.0 = 0.10 \times 8.3 \times 10^3 \times 363$
∴ $P' ≒ 6.03 \times 10^4$ Pa

この P' の値は，90℃のときの飽和蒸気圧 7.1×10^4Pa を超えてはいないので，[着眼]から，**液体の水が存在していない**ことがわかる。よって，真の水蒸気圧は上記の計算で求めた 6.0×10^4 Pa と等しい。

(3) 容器の体積を 2.0 L にしたとき，容器内がすべて水蒸気であると仮定し，その圧力を x〔Pa〕とすると，
$x \times 2.0 = 0.10 \times 8.3 \times 10^3 \times 373$
∴ $x ≒ 1.55 \times 10^5$ Pa

この x の値は，100℃の飽和蒸気圧 1.0×10^5 Pa を超えているので，[着眼]から，**液体の水が存在している**ことがわかる。

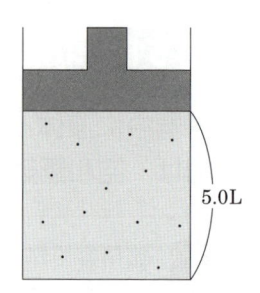

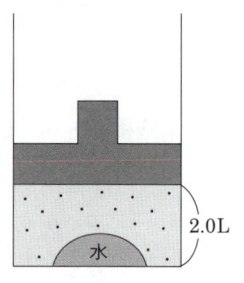

よって，真の水蒸気圧は，100℃の飽和蒸気圧の 1.0×10^5 Pa と等しい。

答 (1) **2.0×10^4 Pa** (2) **6.0×10^4 Pa** (3) **1.0×10^5 Pa**

類題25 下図のようなピストン付きの容器に，60℃で 2.00 g の揮発性の液体が入っている（図A）。温度が 60℃のもとピストンをゆっくり引き上げると，液体の一部が蒸発して気体を生じた（図B）。さらにピストンをゆっくり引き上げると，容器の体積が 2.60 L のとき，液体はすべて気体となった（図C）。ここから，さらにピストンを引き上げた（図D）。気体定数：$R = 8.3 \times 10^3$ Pa・L/(K・mol)　　（解答➡別冊 *p.8*）

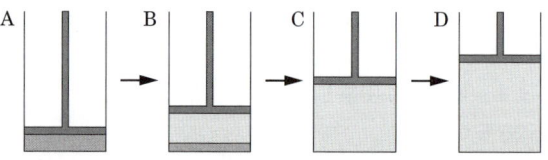

(1) AからDに変化させたとき，容器内の圧力 P と体積 V の関係はどのようになるか。下から記号で選べ。

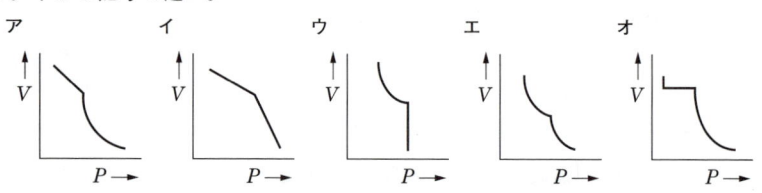

ア　　イ　　ウ　　エ　　オ

(2) Cの気体の圧力は 4.6×10^4 Pa であった。この液体の分子量はいくらか。

(3) Dの容器内の圧力は 4.0×10^4 Pa であった。このとき，容器の体積は何 L か。

TYPE 52 水上捕集した気体の圧力 　重要度 B

$$\begin{pmatrix}捕集した気体\\の分圧\end{pmatrix} = (大気圧) - \begin{pmatrix}その温度におけ\\る飽和水蒸気圧\end{pmatrix}$$

🔍着眼 ある気体を水上置換で捕集したとき，**集めた気体中には，必ず飽和水蒸気が含まれる**のに注意すること。すなわち，右図のように，**捕集した気体の分圧 p と飽和水蒸気圧 p_{H_2O} の和が，大気圧 P とつりあう**。したがって，捕集した気体だけの圧力 p は，大気圧 P から，その温度における飽和水蒸気圧 p_{H_2O} を引いた値になる。

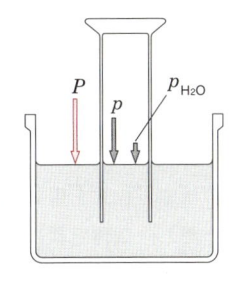

$$\therefore \; p = P - p_{H_2O}$$

⚠️注意 メスシリンダーの内部と外部の液面を一致させてから気体の体積を測定すること。そうしないと，液面差の分の水圧が気体の圧力に影響するので，液面での力のつりあいは，(大気圧)＝(捕集気体の圧力)＋(飽和水蒸気圧)＋(水圧)となってしまう。

例題　水上捕集した水素の物質量

27℃，大気圧 1.01×10^5 Pa のもとで，発生した水素を水上置換で捕集したら，体積は 800 mL であった。得られた水素の物質量は何 mol か。ただし，27℃での飽和水蒸気圧は 4.0×10^3 Pa とする。気体定数；$R = 8.31 \times 10^3$ Pa・L/(K・mol)

解き方 捕集した気体は水中を通ったので，**水素と飽和水蒸気の混合気体**になっている。水素のみの分圧は，**大気圧から飽和水蒸気圧を差し引く**と求められるから，

$1.01 \times 10^5 - 4.0 \times 10^3 = 9.7 \times 10^4$ Pa

水素の分圧が 9.7×10^4 Pa，温度が 27℃ で，体積が 800 mL だから，これらの値を**気体の状態方程式に代入する**。このとき気体定数に単位をあわせること(→ **TYPE 45**)。

$9.7 \times 10^4 \text{ Pa} \times \dfrac{800}{1000} \text{ L} = n \text{(mol)} \times 8.31 \times 10^3 \text{ Pa・L/(K・mol)} \times 300 \text{ K}$

$\therefore \; n ≒ 0.031$ mol　　　　　　　　　　**答　0.031 mol**

類題26 37℃，9.9×10^4 Pa で，酸素を水上置換で捕集したら，1.8 L の気体が得られた。得られた酸素の質量は何 g か。ただし，37℃ での飽和水蒸気圧は 6.0×10^3 Pa とする。分子量；$O_2 = 32$，気体定数；$R = 8.3 \times 10^3$ Pa・L/(K・mol)

(解答➡別冊 *p.9*)

■練習問題

32 ある一定体積の容器に，17℃で24gの酸素を詰めると，6.0×10^4 Paの圧力を示した。また別に，ある気体Aの48gを同じ容器につめると，27℃で9.0×10^4 Paであった。原子量；O = 16，気体定数；$R = 8.3 \times 10^3$ Pa·L/(K·mol)

(1) この容器の体積は何Lか。
(2) 気体Aの分子量を求めよ。

→ **45, 47**

33 アセトンの分子量の測定を，下記の①〜⑦の手順で行った。気体の状態方程式を用いて，アセトンの分子量を有効数字2桁まで求めよ。ただし，気体定数は$R = 8.31 \times 10^3$ Pa·L/(K·mol)，アセトンの蒸気は理想気体としてふるまうものとする。

① 右図のアルミはく，フラスコ，輪ゴムの質量を測ると，あわせて237.6gであった。
② フラスコに約5mLのアセトンを入れる。
③ フラスコの口をアルミはくと輪ゴムでふさぎ，針でアルミはくに小さな穴をあけ，沸騰水中にできるだけ深く浸す。
④ アセトンが全部気化したのを確かめ，しばらくして温度を測ると97℃であった。
⑤ フラスコを取り出して冷却した後，外側の水をふきとって質量を測ると240.1gであった。
⑥ 次にフラスコに水を満たし，その体積を測ると1.29Lであった。
⑦ その日の気温，気圧は，25℃，1.01×10^5 Paであった。 (近畿大 改)

→ **48**

34 2.0×10^5 Paの酸素1.5L，1.5×10^5 Paの窒素3.0L，5.0×10^4 Paの二酸化炭素2.0Lがあり，これらの気体を内容積5.0Lの密閉容器内に封入した。原子量；C = 12，N = 14，O = 16

(1) 混合気体中の各気体の分圧は，それぞれ何Paか。
(2) 混合気体の全圧は何Paか。
(3) 混合気体の平均分子量はいくらか。

→ **11, 49**

ヒント **34**(3) 平均分子量は，混合気体1molあたりの質量(モル質量)を求めてみるとよい。

35 過酸化水素水 10.0 g に酸化マンガン(Ⅳ)を加えて，完全に分解して発生する酸素を水上置換によって捕集したら，27℃，757 mmHg で右図に示すようになった。ただし，捕集管の断面積は 41.0 cm² であり，27℃での飽和水蒸気圧は 27.0 mmHg，水銀の密度は 13.6 g/cm³，1.0×10^5 Pa = 760 mmHg である。水に溶ける酸素の質量は無視できるものとし，答えは有効数字 2 桁で答えよ。原子量；H = 1.0，O = 16，気体定数；$R = 8.3 \times 10^3$ Pa·L/(K·mol)

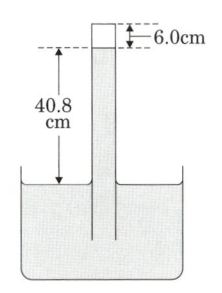

(1) 捕集した酸素の分圧は何 mmHg か。
(2) 発生した酸素の物質量はいくらか。
(3) 過酸化水素水の濃度は何％か。 〔早稲田大 改〕 → **52**

36 2.0 L の容器にベンゼン 0.010 mol と窒素 0.040 mol を入れて密閉し，50℃から徐々に冷やしながら圧力を測ると，右図のようになった。凝縮したベンゼンの体積は無視でき，10℃でのベンゼンの飽和蒸気圧は 6.0×10^3 Pa とする。気体定数；$R = 8.3 \times 10^3$ Pa·L/(K·mol)

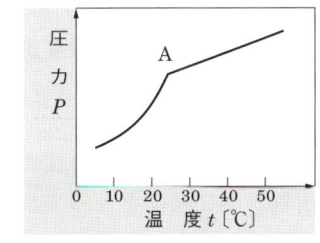

(1) 40℃における気体の圧力は何 Pa か。
(2) 10℃における気体の圧力は何 Pa か。 〔東海大〕 → **49, 51**

37 容積 10.0 L の密閉容器に，水素 1.00 g と酸素 24.0 g の混合気体を入れ，電気火花を飛ばして反応させた。水素は残っていないことを確認し，温度を 27℃に保つと，容器内に水滴を生じた。水の飽和蒸気圧は，27℃で 4.00×10^3 Pa，127℃で 2.50×10^5 Pa である。原子量；H = 1.00，O = 16.0，気体定数；$R = 8.31 \times 10^3$ Pa·L/(K·mol)

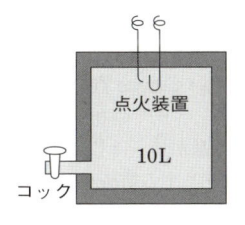

(1) 反応後，容器の温度を 27℃にしたときの容器内の全圧はいくらか。
(2) 27℃では，反応で生じた水分子の何％が水蒸気として存在するか。
(3) 容器を 127℃に加熱したときの容器内の水蒸気の分圧を求めよ。 〔成蹊大 改〕 → **50, 51**

3 固体の溶解度

1 固体の溶解度

一般に，ある一定温度の**溶媒 100 g** に溶けうる溶質のグラム数を，固体の**溶解度**という。一定量の溶媒に溶けている溶質の量のちがいから，溶液を次のように分類する。

- **飽和溶液**…溶質が，溶解度まで溶けている。
- **不飽和溶液**…溶質が，溶解度まで溶けていない。
- **過飽和溶液**…溶質が，溶解度以上に溶けている。この溶液は不安定で，やがて結晶を析出して飽和溶液になる。

2 溶解度曲線

右下のような，溶解度と温度の関係を表したグラフを**溶解度曲線**という。一般に，固体の溶解度は，溶媒の温度が高くなると増大する。

3 再結晶

溶液を冷却すると，溶質の溶解度が減少し，溶けていた溶質が再び結晶となって析出する。この現象を**再結晶**という。また，**溶液から溶媒を蒸発**させても，その溶媒に溶けていた溶質を再結晶させることができる。

> **!注意** 60℃で水 100 g にある物質 40 g を溶かした水溶液(a点)を考える。a点は，溶解度曲線の下側にあるから不飽和水溶液である。次に，この水溶液の温度を下げていくと，a点を通る横軸を左に進むことになるから，b点で飽和水溶液になる。さらに冷却すると，結晶ができはじめ，c点に達したとき，c－d(24 g)に相当する結晶が析出する。

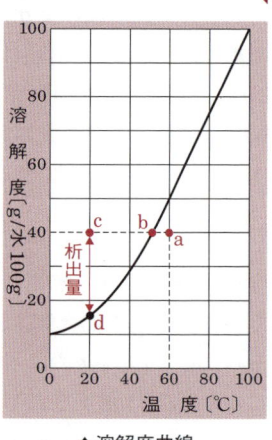

▲溶解度曲線

4 水和水を含む固体の溶解度

水和水(結晶水)をもつ物質の溶解度は，溶媒 100 g に溶けうる**無水物**のグラム数で表される。水和水を含む結晶を水に溶かすと，**水和水の質量分だけ溶媒の質量が増加**する(→ TYPE 56)。また，冷却により析出した結晶に水和水が含まれる場合は，その**水和水の質量分だけ溶媒の質量が減少**する(→ TYPE 57)。

TYPE 53 固体の溶解度

溶質と溶媒，または溶質と溶液の比をとれ。

着眼 固体の溶解度は，溶媒 100 g に溶けうる溶質のグラム数であり，一定温度では，溶媒の量が多くなれば溶解量も大きくなる。いま，ある温度における固体の溶解度を S とすると，次の関係が成り立つ。

$$\frac{溶質の質量〔g〕}{溶媒の質量〔g〕} = \frac{S}{100} \qquad \frac{溶質の質量〔g〕}{溶液の質量〔g〕} = \frac{S}{100+S}$$

この TYPE に属する問題では，まず与えられた**溶液の質量を，溶質の質量と溶媒の質量にはっきり分ける**ことが大切である。

例題　硝酸カリウムの溶解度と溶解量

硝酸カリウム KNO_3 の水への溶解度は 20℃で 31.6 である。次の問いに答えよ。
(1) 20℃の水 250 g に，硝酸カリウムは何 g 溶けるか。
(2) 20℃の 20% 硝酸カリウム水溶液 100 g には，さらに何 g の硝酸カリウムが溶けるか。

解き方 (1) KNO_3 は，20℃の水 100 g に 31.6 g まで溶けるから，同温の水 250 g に溶ける KNO_3 の質量を x〔g〕とし，次の比例式を立てて解く。

$$\frac{溶質}{溶媒} = \frac{x〔g〕}{250\ g} = \frac{31.6}{100} \qquad \therefore\ x = 79.0\ g$$

+補足 溶質と溶液の比をとっても解けるが，溶液が $250+x$〔g〕となり，比例式がややこしくなる。

(2) まず，KNO_3 水溶液中の**溶質と溶媒の質量を求めることが先決**である。
20% KNO_3 水溶液 100 g は，溶質 20 g と溶媒（水）80 g からなるので，さらに溶ける KNO_3 の質量を y〔g〕とすると，次の比例式が成り立つ。

$$\frac{溶質}{溶媒} = \frac{(20+y)〔g〕}{80\ g} = \frac{31.6}{100} \qquad \therefore\ y = 5.28\ g$$

答 (1) **79.0 g** (2) **5.28 g**

類題27 塩化カリウムの水への溶解度を 20℃で 34.5，80℃で 56.0 とするとき，次の各問いに答えよ。　　　　　　　　　　　　　　　（解答➡別冊 p.9）
(1) 20℃の飽和水溶液 200 g 中に溶けている塩化カリウムは何 g か。
(2) (1)の飽和水溶液の温度を 80℃まで上げたとき，さらに，あと何 g の塩化カリウムが溶けるか。

TYPE 54 再結晶による溶質の析出量　重要度 A

結晶析出後に残る溶液は，必ず飽和溶液である。(S は溶解度)

$$\frac{溶質〔g〕}{溶媒〔g〕}=\frac{S}{100} \qquad \frac{溶質〔g〕}{溶液〔g〕}=\frac{S}{100+S}$$

着眼 　一般に，固体の溶解度は，溶媒の温度が低いほど小さい。そこで，高温の飽和溶液を冷却していくと，その分だけ溶解度が小さくなり，溶けきれなくなった溶質が結晶として析出する。このとき，**結晶析出後に残る溶液は，必ずその温度における飽和溶液になる**ことに着目し，TYPE の式を立てて解く。なお，飽和溶液を濃縮する場合は，**蒸発させた水に溶けていた溶質が結晶として析出してくる**ことに着目する。

例 題　冷却，濃縮による再結晶での析出量

硝酸ナトリウム $NaNO_3$ の水への溶解度は，80℃で148，20℃で88 である。
(1) 80℃の飽和水溶液 248 g を 20℃に冷やすと，何gの結晶が析出するか。
(2) 80℃の飽和水溶液 248 g から，同じ温度で水 48 g を蒸発させたとすれば，何gの結晶が析出するか。

解き方 (1) 80℃の飽和水溶液を冷やすと，右図のように x〔g〕の溶質が析出し，**残った溶液は 20℃の飽和水溶液**になる。析出した結晶を x〔g〕とすると，次の関係が成り立つ。

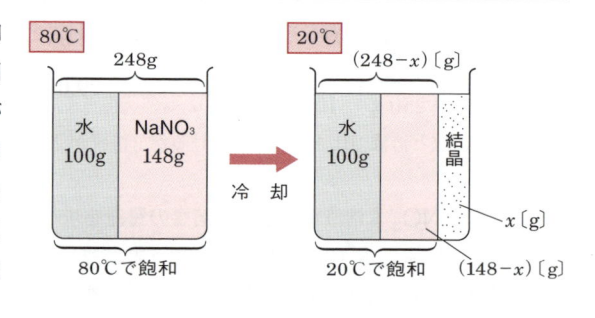

	水（溶媒）	溶質
80℃の飽和水溶液	100 g	148 g
20℃の飽和水溶液	100 g	$(148-x)$〔g〕

20℃では，水 100 g に $NaNO_3$ が 88 g まで溶けるから，次の関係が成り立つ。

$$\frac{溶質}{溶媒}=\frac{(148-x)〔g〕}{100\ g}=\frac{88}{100}$$

∴　$x = 60$ g

(2) 蒸発させた水が 48 g より，この**水 48 g に溶けていた溶質が結晶として析出**する。

$$148 \times \frac{48}{100} ≒ 71 \text{ g}$$

答 (1) **60 g** (2) **71 g**

!注意 結晶の析出で変化する，溶液，溶媒，溶質の質量と，温度による溶解度の変化をしっかりつかむこと。

例題 再結晶における溶媒・溶質の質量と析出量

塩化カリウムの溶解度は，0℃で 28，80℃で 56 である。
(1) 塩化カリウムの 80℃での飽和水溶液 100 g 中に，塩化カリウム，水はそれぞれ何 g ずつ含まれているか。
(2) この飽和水溶液を 0℃まで冷却すると，何 g の結晶が析出するか。

解き方 (1) 溶液を溶媒と溶質に分けて考える。

KCl の飽和溶液中に含まれる KCl（溶質）の質量を x [g] とおく。

$$\frac{溶質}{溶液} = \frac{x}{100} = \frac{56}{100+56}$$

∴ $x ≒ 35.9$ g

（溶媒の質量）＝（溶液の質量）－（溶質の質量）より，

水は $100 - 35.9 = 64.1$ g 含まれる。

(2) 0℃まで冷却したとき，析出する KCl の質量を y [g] とおく。

結晶析出後に残る溶液は，0℃の飽和水溶液であるから，溶媒と溶質の比で表すと，次のようになる。

$$\frac{溶質}{溶媒} = \frac{35.9 - y}{64.1} = \frac{28}{100}$$

∴ $y ≒ 18.0$ g

〔別解〕 残った溶液の飽和条件（0℃）を，溶液と溶質の比で表してもよい。

$$\frac{溶質}{溶液} = \frac{35.9 - y}{100 - y} = \frac{28}{100+28}$$

∴ $y ≒ 18.0$ g

答 (1) KCl；**36 g**，水；**64 g** (2) **18 g**

類題28 60℃の塩化カリウムの飽和水溶液 200 g をとり，0℃まで冷却したら，20.6 g の結晶が析出した。60℃での塩化カリウムの水への溶解度が 46 であるとして，0℃における塩化カリウムの水への溶解度を求めよ。

(解答➡別冊 *p.9*)

TYPE 55 溶解度曲線と再結晶量

溶解度曲線の傾きが大きい物質ほど，冷却するにつれて，結晶が速く，多量に析出する。

> **着眼** 溶解度曲線は，ある温度の溶媒100 gに溶けうる溶質のグラム数を表す。
> よって，溶解度曲線上は，その溶液が飽和溶液であることを示し，溶解量が曲線より上にある場合，そのオーバーした部分が，結晶の析出量にあたる。
> **溶解量は，必ず溶媒100 gあたりに換算して考える。**

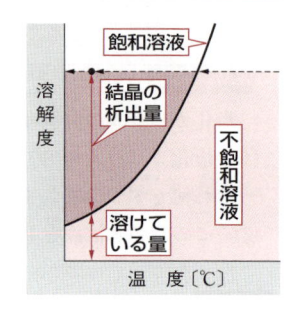

例題 2種類の溶解度曲線と混合水溶液

60℃の水100 gに硝酸カリウム60 gと，硝酸ナトリウム80 gを溶かした混合水溶液がある。右図は硝酸カリウム，硝酸ナトリウムの水への溶解を表す溶解度曲線である。

(1) この混合水溶液を冷却し，できるだけ多量の純粋な硝酸カリウムを析出させるには，何℃まで冷却すればよいか。

(2) この混合水溶液を60℃に保ったまま，水を蒸発させた。どちらが先に結晶化してくるか。

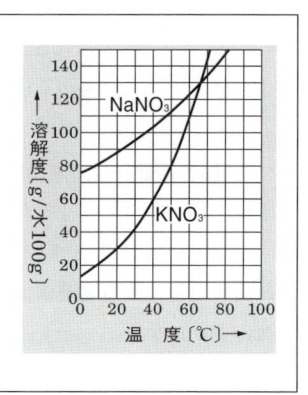

解き方 (1) まず，60℃で KNO_3，$NaNO_3$ の溶解量を示す点X(縦軸の値が60)，Y(縦軸の値が80)を図に書くと，どちらも溶解度曲線の下側にあり，**不飽和水溶液**である。X点から横軸に沿って左へ進むと，約40℃で溶解度曲線と交わり，KNO_3 の析出がはじまる。また，Y点から同様の操作を行うと，約9℃で溶解度曲線と交わり，$NaNO_3$ の析出がはじまる。よって，10℃では KNO_3 だけが析出し，その析出量が最も多い。(9℃以下では KNO_3，$NaNO_3$ の両方が析出し不適)

(2) 水を蒸発させて濃縮するということは水100 gあたりの溶質がふえるということなので，各物質の溶解量を示すX，Y点から，縦軸に沿って上へ進むことを意味する。すなわち，$NaNO_3$ のほうが KNO_3 よりも少しだけ早く溶解度曲線と交わるので，$NaNO_3$ が先に析出することがわかる。　**答** (1) **10℃** (2) **硝酸ナトリウム**

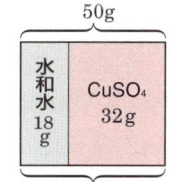

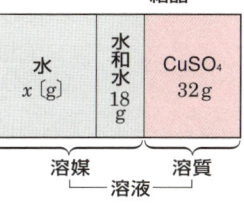

TYPE 56 水和水をもった結晶の溶解 　重要度 B

式量を用いて水和物と無水物の質量をまず求め，水和水の質量を溶媒（水）の質量に加えて計算せよ。

着眼 水和水をもつ結晶が水に溶けると，**水和水は溶媒の水と一緒になる**ので，溶媒の質量は最初より増える。また，水和物の溶解度は，100 g の水に溶ける**無水物のグラム数で表される**ので，次の関係式が成り立つ。

$$\frac{溶質}{溶媒} = \frac{無水物の質量〔g〕}{（溶媒の質量＋水和水の質量）〔g〕} = \frac{溶解度}{100}$$

＋補足 結晶中の水和水や無水物の質量を求めるときは，化学式量（式量）の割合をうまく利用する。たとえば，硫酸銅(Ⅱ)五水和物 $CuSO_4 \cdot 5H_2O$ x〔g〕中の水和水と無水物の質量は，式量 $CuSO_4 = 160$，$5H_2O = 90$ を使って次のように計算できる。

$$水和水：x \times \frac{5H_2O}{CuSO_4 \cdot 5H_2O} = x \times \frac{90}{250} 〔g〕$$

$$無水物：x \times \frac{CuSO_4}{CuSO_4 \cdot 5H_2O} = x \times \frac{160}{250} 〔g〕$$

例題　水和物の溶解に必要な水の量

20℃で硫酸銅(Ⅱ)五水和物 $CuSO_4 \cdot 5H_2O$ 50 g を水に溶かして飽和水溶液をつくりたい。必要な水は何 g か。ただし，硫酸銅(Ⅱ) $CuSO_4$ の水に対する溶解度は，20℃で 20 である。原子量；H = 1.0，O = 16，S = 32，Cu = 64

解き方 まず，$CuSO_4 \cdot 5H_2O$ 50 g 中の無水物と水和水の質量を調べる。

式量の比は，$CuSO_4 \cdot 5H_2O : CuSO_4 = 250 : 160$ だから，

$$CuSO_4 = 50 \text{ g} \times \frac{160}{250} = 32 \text{ g}$$

水和水 $= 50 - 32 = 18$ g

この結晶を溶かすのに必要な水の質量を x〔g〕とする。水和物を水に溶かすと，水和水は溶媒に加わるので，次式が成り立つ。

$$\frac{溶質}{溶媒} = \frac{32 \text{ g}}{(18+x) 〔g〕} = \frac{20}{100}$$

∴ $x = 142$ g

答 142 g

TYPE 57 水和水をもった結晶の析出量 重要度 B

溶媒の質量から水和水の質量を，溶質の質量から結晶中の無水物の質量を引いて，溶解度に比例させよ。

着眼 飽和水溶液を冷却したとき，析出する結晶に水和水が含まれてくる場合がある。この水和水は溶媒の水から得たもので，**溶媒の質量は結晶中の水和水の質量分だけ減少**する。結晶析出後に残る溶液がその温度における飽和水溶液であるから，溶解度に比例させて次のような関係が成り立つ。

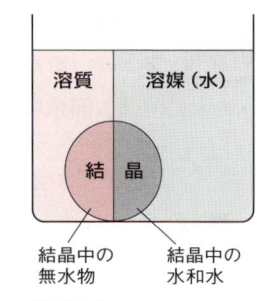

$$\frac{溶質}{溶媒}=\frac{(最初の溶質-結晶中の無水物)〔g〕}{(最初の溶媒-水和水)〔g〕}=\frac{溶解度}{100} \quad \cdots\cdots① $$

$$\frac{溶質}{溶液}=\frac{(最初の溶質-結晶中の無水物)〔g〕}{(最初の溶液-結晶)〔g〕}=\frac{溶解度}{100+溶解度} \quad \cdots② $$

例題 $CuSO_4 \cdot 5H_2O$ の析出量

25%の硫酸銅(Ⅱ)水溶液 100 g を 20℃ まで冷却するとき，硫酸銅(Ⅱ)五水和物 $CuSO_4 \cdot 5H_2O$ は何 g 析出するか。硫酸銅(Ⅱ) $CuSO_4$ の水への溶解度は 20℃ で 20 とし，式量は $CuSO_4 \cdot 5H_2O = 250$，$CuSO_4 = 160$ とする。

解き方 25%の硫酸銅(Ⅱ)水溶液 100 g では，$CuSO_4$ 25 g が水 75 g に溶けている。

析出する $CuSO_4 \cdot 5H_2O$ の結晶の質量を x〔g〕とすると，その中の水和水と無水物の質量は，式量が $CuSO_4 = 160$，$CuSO_4 \cdot 5H_2O = 250$ より，

水和水 $= x \times \dfrac{5H_2O}{CuSO_4 \cdot 5H_2O}$〔g〕$= x \times \dfrac{90}{250}$〔g〕

無水物 $= x \times \dfrac{CuSO_4}{CuSO_4 \cdot 5H_2O}$〔g〕$= x \times \dfrac{160}{250}$〔g〕

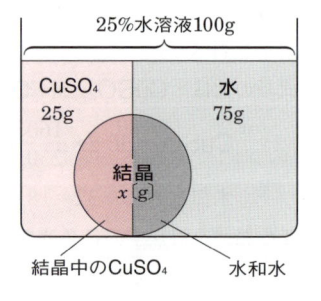

溶媒からは水和水の質量 $\left(x \times \dfrac{90}{250}\right)$〔g〕が，溶質からは無水物の質量 $\left(x \times \dfrac{160}{250}\right)$〔g〕がそれぞれ減少した。残った溶液が 20℃ の飽和水溶液なので，[着眼]の①式より，

$$\frac{溶質}{溶媒} = \frac{\left(25 - \left(x \times \frac{160}{250}\right)\right)\text{[g]}}{\left(75 - \left(x \times \frac{90}{250}\right)\right)\text{[g]}} = \frac{20}{100} \qquad \therefore \quad x ≒ 17.6 \text{ g}$$

答 17.6 g

〔別解〕 溶液と溶質の関係でみると，溶液からは結晶の質量 x〔g〕が，溶質からは無水物の質量 $\left(x \times \frac{160}{250}\right)$〔g〕がそれぞれ減少したから，[着眼]の②式より，

$$\frac{溶質}{溶液} = \frac{\left(25 - \left(x \times \frac{160}{250}\right)\right)\text{[g]}}{(100 - x)\text{[g]}} = \frac{20}{100 + 20} \qquad \therefore \quad x ≒ 17.6 \text{ g}$$

例題　Na_2CO_3 無水物の溶解度

炭酸ナトリウム Na_2CO_3（式量＝106）20 g を 80 g の水に溶かした後，15℃ に冷却すると，炭酸ナトリウム十水和物 $Na_2CO_3 \cdot 10H_2O$（式量＝286）が 5.0 g 析出した。このことから，15℃ での炭酸ナトリウムの水への溶解度を求めよ。

解き方 析出した炭酸ナトリウム十水和物 5.0 g 中に含まれる無水物と水和水の質量は，式量が $Na_2CO_3 = 106$，$Na_2CO_3 \cdot 10H_2O = 286$ より，

$$無水物 = 5.0 \times \frac{Na_2CO_3}{Na_2CO_3 \cdot 10H_2O} = 5.0 \times \frac{106}{286} \text{ g}$$

$$水和水 = 5.0 \times \frac{10H_2O}{Na_2CO_3 \cdot 10H_2O} = 5.0 \times \frac{180}{286} \text{ g}$$

これより，求める Na_2CO_3 の水への溶解度を x とすると，[着眼]の①式より，

$$\frac{溶質}{溶媒} = \frac{\left\{20 - \left(5.0 \times \frac{106}{286}\right)\right\} \text{ g}}{\left\{80 - \left(5.0 \times \frac{180}{286}\right)\right\} \text{ g}} = \frac{x}{100}$$

これを解いて　$x = 23.6 \cdots ≒ 24$

答 24

類題29 硫酸銅（Ⅱ）$CuSO_4$（式量＝160）の水への溶解度は 60℃ で 40 である。いま，60℃ で 25％ の硫酸銅（Ⅱ）水溶液 100 g がある。同じ温度でさらに何 g の硫酸銅（Ⅱ）五水和物 $CuSO_4 \cdot 5H_2O$（式量＝250）が溶けると飽和水溶液となるか。

（解答➡別冊 *p.9*）

類題30 60℃ の硫酸銅（Ⅱ）$CuSO_4$ の飽和水溶液 210 g から，同じ温度で水 50 g を蒸発させたとすると，何 g の硫酸銅（Ⅱ）五水和物 $CuSO_4 \cdot 5H_2O$ が析出するか。ただし，60℃ における硫酸銅（Ⅱ）$CuSO_4$ の水への溶解度は 40 とする。
式量；$CuSO_4 = 160$，$CuSO_4 \cdot 5H_2O = 250$

（解答➡別冊 *p.9*）

4 気体の溶解度

1 気体の溶解度

気体の溶解度は，一般に，圧力が $1.01×10^5$ Pa のとき，水 1 L に溶けうる気体の体積〔L〕を，**0℃，$1.01×10^5$ Pa** における値に換算して示されることが多い。気体の溶解度は，圧力一定のとき，**溶媒の温度が高くなるほど小さい**。しかし，温度と溶解度の間には，比例関係はない。

2 ヘンリーの法則

溶解度のあまり大きくない気体の圧力と溶解度の間には，「一定温度で，一定量の溶媒に溶けうる**気体の物質量や質量はその気体の圧力に比例する**」という関係がある。この関係を**ヘンリーの法則**という。

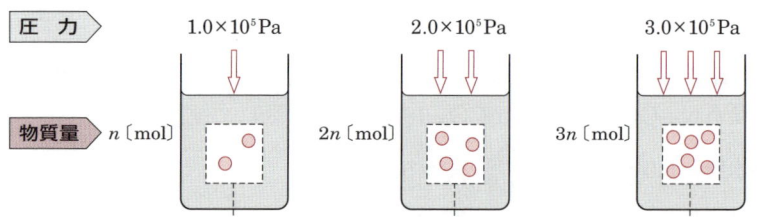

圧力	$1.0×10^5$ Pa	$2.0×10^5$ Pa	$3.0×10^5$ Pa
物質量	n〔mol〕	$2n$〔mol〕	$3n$〔mol〕
体積	$1.0×10^5$ Pa のとき V〔L〕 $1.0×10^5$ Pa のとき V〔L〕	$2.0×10^5$ Pa のとき V〔L〕(一定) $1.0×10^5$ Pa のとき $2V$〔L〕(比例)	$3.0×10^5$ Pa のとき V〔L〕(一定) $1.0×10^5$ Pa のとき $3V$〔L〕(比例)

▲圧力と気体の溶解度

+補足 P〔Pa〕で，ある気体が 0℃ の水 1 L に n〔mol〕溶け，その体積が V〔L〕とすると，$2P$〔Pa〕では $2n$〔mol〕溶け(ヘンリーの法則)，その体積は P〔Pa〕では $2V$〔L〕であるが，$2P$〔Pa〕のもとでは $2V × \dfrac{1}{2} = V$〔L〕となる(ボイルの法則)。つまり，「一定温度で，一定量の溶媒に溶けうる気体の体積は，① **加わっている圧力のもとで測れば圧力に関係なく一定**であり，② **決まった圧力のもとで測れば圧力に比例している**」といえる。

3 混合気体の溶解度

混合気体の溶解度は，**各成分気体の分圧に比例する**。

例 N_2 と O_2 を 3：2 (体積比) で混合した気体の全圧が $1×10^5$ Pa のとき，
$\begin{cases} N_2 \text{ の分圧} = 6×10^4 \text{ Pa} \Rightarrow \text{この圧力で } N_2 \text{ は溶ける。} \\ O_2 \text{ の分圧} = 4×10^4 \text{ Pa} \Rightarrow \text{この圧力で } O_2 \text{ は溶ける。} \end{cases}$

+補足 酸素の溶解度を考えるときには，酸素の分圧だけを考えればよく，他の気体は，酸素の溶解度には影響を与えない。

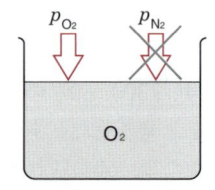

▲分圧と溶解度

TYPE 58 気体の溶解度(ヘンリーの法則) 重要度 A

温度一定のとき，一定量の溶媒に溶ける気体の物質量または質量は，加わっている気体の圧力に比例。

着眼 気体の溶解度を物質量や質量ではなく，体積で表現するときは，その**測定条件に十分注意**する必要がある。すなわち，溶解した気体の体積を溶液から取り出し，圧力一定($1×10^5$ Pa)のもとで測ったとすると，上図の左側のような結果となる。一方，溶解した気体の体積を加わっている圧力のもとで測ると，ボイルの法則より上図の右側のような結果となる。つまり，**ヘンリーの法則**は，「溶解する気体の体積は，**加わっている圧力のもとで測ると，圧力に関係なく一定**であるが，**決まった圧力のもとで測ると，加わっている圧力に比例**している」といいかえることができる。

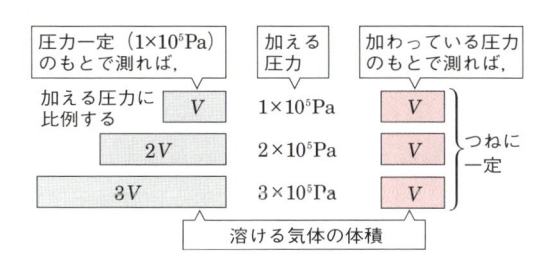

> **注意** ヘンリーの法則は，なるべく体積ではなく，物質量[mol]や質量で考えていくほうがまちがいが少なく，確実である。

例題 ヘンリーの法則から求める気体の溶解度

0℃，$1.0×10^5$ Pa で水 1 L に酸素が 49 mL 溶ける。0℃，1 L の水に $5.0×10^5$ Pa の酸素を接触させておいたとき，溶け込む酸素の質量[g]と，その圧力下で測った酸素の体積[mL]を求めよ。原子量；O = 16

解き方 0℃，$1.0×10^5$ Pa のもとで，水 1 L に酸素が 49 mL 溶けるから，その質量は，モル質量が O_2 = 32 g/mol より，

$$\frac{49 \text{ mL}}{22400 \text{ mL/mol}} × 32 \text{ g/mol} = 0.070 \text{ g}$$

溶解する気体の質量は圧力に比例するから，溶解する気体の質量は，

$$0.070 × 5 = 0.35 \text{ g}$$

また，溶解する気体の体積は，加わっている圧力のもとで測れば，圧力に無関係に一定だから，49 mL である。

答 **0.35 g，49 mL**

TYPE 59 密閉容器での気体の溶解度

物質収支の条件式から，溶解平衡時の圧力を求めよ。

$$\begin{pmatrix}封入した\\気体の物質量\end{pmatrix} = \begin{pmatrix}気相に残った\\気体の物質量\end{pmatrix} + \begin{pmatrix}液相に溶けた\\気体の物質量\end{pmatrix}$$

🔍着眼 大気中の CO_2 が水に溶解する場合は，CO_2 は無限にあるから，CO_2 が溶解しても CO_2 の分圧は変化しない。これに対して，水の入った密閉容器に一定量の CO_2 を封入し，その溶解を考える場合には，CO_2 が溶解することによって，CO_2 の分圧は減少していき，やがて**溶解平衡**に達する。CO_2 の溶解度は最終的に溶解平衡になったときの CO_2 の圧力に比例して決定される。

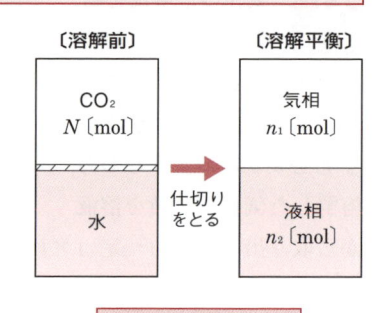

〔溶解前〕 CO_2 N 〔mol〕 / 水
〔溶解平衡〕 気相 n_1 〔mol〕 / 液相 n_2 〔mol〕
仕切りをとる
$N = n_1 + n_2$

しかし，この溶解平衡になったときの CO_2 の圧力は，直接求めることがむずかしいので，上記の**物質収支の条件式を使うことによって，溶解平衡時の CO_2 の圧力を物質量の式から間接的に求める**という方法がとられる。また，実際に溶解した CO_2 の物質量や質量を求めることもできる。

➕補足 水に気体を長く接触させておくと，(水に溶け込む気体分子の数)=(水から飛び出す気体分子の数)となり，見かけ上，気体の溶解が止まったように見える状態となる。このとき，水溶液はその気体の飽和溶液となっており，この状態を**溶解平衡**という。

例題　密閉容器での CO_2 の溶解度

二酸化炭素は，0℃，1.0×10^5 Pa において，水 1.0 L に 0.075 mol 溶ける。3.5 L の容器に 1.0 L の水を入れて内部を真空にした。これに 0.50 mol の二酸化炭素を封入し，0℃で溶解平衡の状態になるまで放置した。

このときの容器内の圧力は何 Pa か。また，水に溶けた二酸化炭素の質量は何 g か。ただし，この圧力の範囲では，二酸化炭素はヘンリーの法則にしたがうものとする。原子量；C = 12，O = 16，気体定数；$R = 8.3 \times 10^3$ Pa・L/(K・mol)

⚠注意 高校では，特に問題に与えていない限り，水の蒸気圧は無視して考えてよい。また，0℃の水はすべて液体として存在しているものとする。

解き方 もし CO_2 が水にまったく溶けず，気相にのみ存在するとしたときの圧力を x [Pa] とすると，気体の状態方程式より，

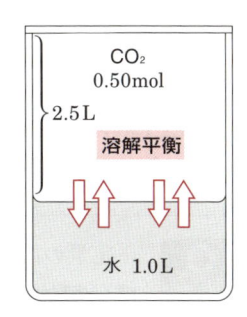

x [Pa] $\times 2.5$ L
$= 0.50$ mol $\times 8.3 \times 10^3$ Pa·L/(K·mol) $\times 273$ K
∴ $x \fallingdotseq 4.5 \times 10^5$ Pa

しかし，実際には CO_2 の一部が水に溶けているので，溶解平衡になったときの圧力を P [Pa]，気相中の CO_2 の物質量を n [mol] とすると，

P [Pa] $\times 2.5$ L $= n$ [mol] $\times 8.3 \times 10^3$ Pa·L/(K·mol) $\times 273$ K
∴ $n \fallingdotseq 1.1 \times 10^{-6} P$ [mol] ……………①

一方，0℃，1.0×10^5 Pa のとき，水 1.0 L に 0.075 mol が溶けるので，0℃で水 1.0 L に対して，CO_2 の圧力が P [Pa] とすると，液相に溶解した CO_2 の物質量は，ヘンリーの法則より，

$0.075 \times \dfrac{P}{1.0 \times 10^5} = 7.5 \times 10^{-7} P$ [mol] ……………②

最初に封入した 0.50 mol の二酸化炭素は，溶解平衡の状態において，**必ず気相か液相のどちらかに存在する**はずなので，CO_2 の物質量に関する**物質収支の条件式**を立てると，①＋② ＝ 0.50 より，

$1.1 \times 10^{-6} P + 7.5 \times 10^{-7} P = 0.50$
∴ $P \fallingdotseq 2.7 \times 10^5$ Pa

よって，容器内の圧力は，2.7×10^5 Pa
水に溶解した CO_2 の質量は，

$\left(0.075 \times \dfrac{2.7 \times 10^5}{1.0 \times 10^5} \right)$ mol $\times 44$ g/mol $\fallingdotseq 8.9$ g

答 2.7×10^5 Pa， 8.9 g

類題31 体積可変の右図のような容器に，水 1 L と二酸化炭素 0.25 mol を入れて，0℃，1.0×10^5 Pa に保って十分に長い時間放置したところ，気体の体積は 3.42 L になった。次に，温度を変えずにゆっくりとピストンを押して気体の体積が 1.20 L にして長い時間放置したとすると，気体の圧力は何 Pa になるか。

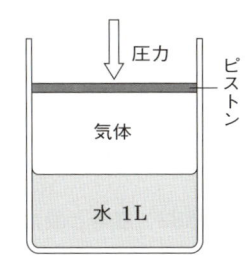

ただし，0℃の水の蒸気圧は無視でき，二酸化炭素は，この圧力の範囲では，ヘンリーの法則にしたがうものとする。気体定数；$R = 8.3 \times 10^3$ Pa·L/(K·mol)

(解答➡別冊 *p.10*)

TYPE 60 混合気体の溶解度 [B 重要度]

混合気体の溶解度は，各成分気体の分圧に比例するから，まず，成分気体の分圧を計算せよ。

着眼 一定量の溶媒に溶ける混合気体の溶解度を考えるときも，それぞれの成分気体について単独にヘンリーの法則を適用すればよい。つまり，**各成分気体の溶解度は，その気体の分圧のみに比例し，他の気体の分圧には影響されない。**

例題 溶解した窒素と酸素の体積比

20℃，1.0×10^5 Pa のもとで，1 L の水に溶ける窒素と酸素の体積は，0℃，1.0×10^5 Pa に換算して，それぞれ 16 mL，32 mL である。20℃，1.0×10^5 Pa の空気で飽和された水に溶解した窒素と酸素の体積比はいくらか。ただし，空気の組成は，体積比で $N_2 : O_2 = 4 : 1$ とする。

解き方 ヘンリーの法則は，「溶解した各成分気体の体積を**各気体の分圧下で**測れば，つねに一定である。」といいかえられる。つまり，20℃の水 1 L に，

$$p_{N_2} = 1.0 \times 10^5 \times \frac{4}{5} = 8.0 \times 10^4 \text{ Pa}$$

$$p_{O_2} = 1.0 \times 10^5 \times \frac{1}{5} = 2.0 \times 10^4 \text{ Pa}$$

の分圧で，N_2 が 16 mL，O_2 が 32 mL 溶けていることになる。
体積比を比べるためには，同じ圧力下での体積でなければならない。
ボイルの法則により，1.0×10^5 Pa 下の N_2，O_2 の体積を x [mL]，y [mL] とすると，

N_2 ; $8.0 \times 10^4 \times 16 = 1.0 \times 10^5 \times x$ $x = 12.8$ mL
O_2 ; $2.0 \times 10^4 \times 32 = 1.0 \times 10^5 \times y$ $y = 6.4$ mL

よって，水に溶解した N_2 と O_2 の体積比は，$12.8 : 6.4 = 2 : 1$

答 2 : 1

類題32 窒素と酸素の体積比が $2 : 3$ である混合気体が，20℃，1.0×10^5 Pa で水と接している。20℃，1.0×10^5 Pa で水 1 L に溶解する窒素と酸素の体積は，それぞれ 15 mL，31 mL (標準状態に換算した値)である。この水に溶けている窒素と酸素の質量をそれぞれ求めよ。原子量；$N = 14$，$O = 16$ (解答→別冊 p.10)

■練習問題

38 右図は，硝酸カリウム KNO_3 の溶解度曲線である。 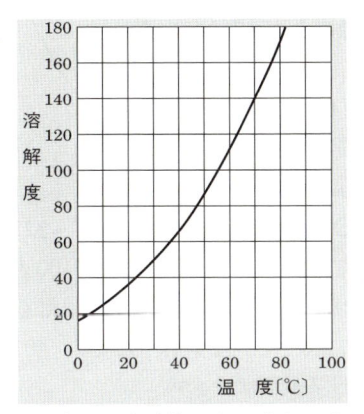
(1) 80℃の水 200 g に，200 g の KNO_3 を溶かしたとき，飽和溶液か，不飽和溶液か。
(2) (1)の水溶液を冷却すると，何℃で結晶が析出しはじめるか。
(3) (1)の水溶液を 20℃ に冷却すると，何 g の結晶が析出するか。
(4) 80℃の水 200 g に，KNO_3 200 g が溶けた水溶液から，水何 g を蒸発させると飽和溶液になるか。

(神戸女学院大) → 53~55

39 右図は，アンモニア，硝酸カリウム，塩化ナトリウムの水への溶解を表す溶解度曲線である。 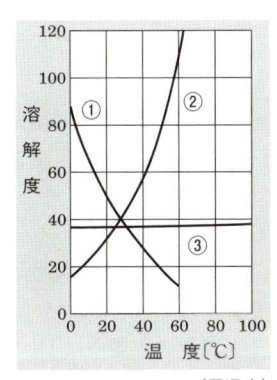
(1) それぞれの曲線(①，②，③)に該当するものをそれぞれ記せ。
(2) 最も再結晶しやすい物質の名称を答えよ。
(3) 60℃において，②で示されている物質が 55 g 溶けた飽和水溶液を 10℃まで冷やすと，物質が何 g 析出するか。

(電通大) → 55

40 無水硫酸銅(Ⅱ)の溶解度は，30℃で 25，60℃で 40 である。式量；$CuSO_4 = 160$，$CuSO_4 \cdot 5H_2O = 250$
(1) 60℃で 100 g の硫酸銅(Ⅱ)五水和物を溶かすのに，水は何 g 必要か。
(2) (1)の飽和水溶液を 30℃に冷やすと，何 g の結晶が析出するか。

→ 56, 57

41 1.0×10^5 Pa の二酸化炭素は，水 1 L に対し，0℃で 3.3 g，37℃で 1.1 g 溶ける。いま，0℃の二酸化炭素の飽和水溶液 1 L を 37℃に温めたとき，発生する二酸化炭素の体積は，37℃，1.0×10^5 Pa で何 L か。
分子量；$CO_2 = 44$，気体定数；$R = 8.3 \times 10^3$ Pa・L/(K・mol)

→ 58

42 右図は，無水硫酸ナトリウムの溶解度曲線で，32℃より高温の水溶液からは無水塩 Na_2SO_4 の結晶が析出し，それ以下の温度において十水和物 $Na_2SO_4 \cdot 10H_2O$ の結晶が析出する。

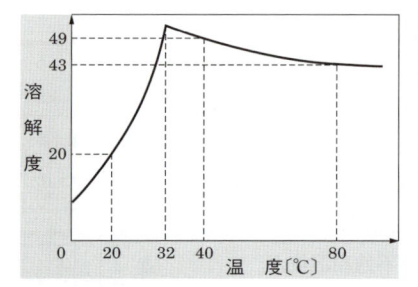

式量；$Na_2SO_4 = 142$，$Na_2SO_4 \cdot 10H_2O = 322$

(1) 40℃の水 100 g に $Na_2SO_4 \cdot 10H_2O$ 100 g を溶かした水溶液 A を 20℃まで冷却するとき，析出する結晶は何 g か。

(2) 水溶液 A 100 g を 80℃に保ったまま，40 g の水を蒸発させた。このとき析出する結晶は何 g か。 　　　　　　　　　　　　　　　　　（東京理大） → 57

43 0℃，1.0×10^5 Pa の酸素は 1 L の水に 48 mL 溶け，0℃，1.0×10^5 Pa の窒素は 1 L の水に 24 mL 溶ける。いま，0℃，1.5×10^6 Pa の空気を接している水 1 L に飽和させた。ただし，空気は酸素：窒素 = 1：4（体積比）の混合気体とする。分子量；$N_2 = 28$，$O_2 = 32$

(1) このとき，水に溶解した酸素と窒素の質量比を求めよ。

(2) このとき，水に溶解した酸素と窒素の体積比を求めよ。　（徳島大 改） → 58, 60

44 1.0×10^5 Pa の二酸化炭素 CO_2 は，水 1 L に対し，10℃で 1.20 L，17℃で 0.952 L（いずれも標準状態に換算した値）溶ける。いま，右図のように，ピストン付きの容器中に 1 L の純水と，0℃，1.0×10^5 Pa の CO_2 3.0 L を入れ，ピストンをゆっくり上下させた。ただし，水の体積変化および水の蒸気圧は無視できるものとして，次の問いに答えよ。気体定数；$R = 8.3 \times 10^3$ Pa・L/(K・mol)

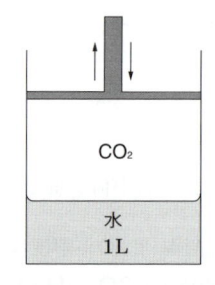

(1) 温度を 10℃に保ったとき，気体の CO_2 を全部水に溶かすには，最低何 Pa の圧力を加える必要があるか。

(2) 温度を 17℃に保ち，圧力を 2.0×10^5 Pa にしたとき，気体の CO_2 の占める体積は何 L か。また，この状態でピストンを固定し，全体の温度を 10℃まで下げたら，気体の CO_2 の圧力は何 Pa になるか。 　　　　　　　　　　　　　　　　　（城西大 改） → 59

5 希薄溶液の性質

1 蒸気圧降下と沸点上昇

不揮発性物質を溶かした溶液の蒸気圧は，もとの純溶媒の蒸気圧より低くなる。この現象を蒸気圧降下という。これは，溶液の表面から蒸発する溶媒分子の数が，溶質分子の数に比例した分だけ減少するからである。不揮発性の溶質を溶かした溶液では，右図のように純溶媒に比べて Δp だけ蒸気圧が低くなるから，純溶媒の沸点 A よりさらに Δt だけ高い温度 B にしないと沸騰が起こらない。これを沸点上昇という。

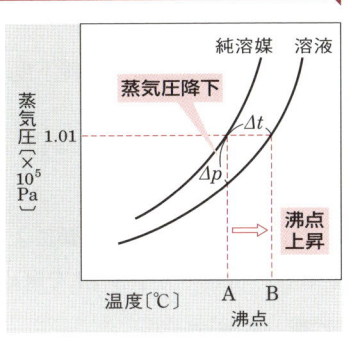

▲蒸気圧降下と沸点上昇

2 凝固点降下

固体と液体が共存する温度を凝固点という。溶液は純溶媒に比べて，溶媒分子の割合が小さいので，凝固しにくくなる。これを凝固点降下という。

3 沸点上昇度・凝固点降下度

純溶媒と溶液の沸点の差を沸点上昇度，純溶媒と溶液の凝固点の差を凝固点降下度という。

非電解質の希薄溶液では，溶質の種類に関係なく，沸点上昇度および凝固点降下度は，溶液の質量モル濃度(→ p.30)に比例する。

$$\Delta t = km \quad \begin{pmatrix} \Delta t；沸点上昇度または凝固点降下度〔K〕 \\ k；比例定数〔K・kg/mol〕,\ m；質量モル濃度〔mol/kg〕 \end{pmatrix}$$

4 モル沸点上昇・モル凝固点降下

溶液の質量モル濃度を 1 mol/kg とすると，上式は，$\Delta t = k$ となる。このときの比例定数 k を，それぞれ，モル沸点上昇またはモル凝固点降下といい，溶媒の種類によって固有な値となる。

▼モル沸点上昇・モル凝固点降下

溶 媒	沸 点〔℃〕	モル沸点上昇 K_b	凝固点〔℃〕	モル凝固点降下 K_f
水	100	0.52	0	1.85
ベンゼン	80.1	2.53	5.5	5.12

5 沸点上昇・凝固点降下による分子量測定

溶媒 W〔g〕に, 溶質 w〔g〕(分子量 M)が溶けている溶液の質量モル濃度 m は, 溶質の物質量 $\dfrac{w}{M}$〔mol〕を溶媒の質量 $\dfrac{W}{1000}$〔kg〕で割れば求められる。よって, 沸点上昇度および凝固点降下度 Δt は, 次式で表される。

$$\Delta t = k \times \dfrac{\dfrac{w}{M}}{\dfrac{W}{1000}} = k \times \dfrac{1000w}{MW} \qquad \therefore \ M = \dfrac{1000kw}{\Delta tW}$$

上式で, k は溶媒の種類により決まった定数だから, Δt, w, W の値がわかれば, 溶質の分子量 M を求めることができる。

6 浸透圧

溶媒分子のような小さな分子は通すが, 溶質分子のような大きな分子を通さない膜を半透膜という。右図のように, 溶液と溶媒を半透膜で仕切っておくと, 溶媒分子が溶液中へ移動してくる。この現象を浸透といい, このとき示す圧力を浸透圧という。浸透の結果, 液面差 h が生じたとすると, この液面差に相当する圧力 p が, このときの溶液の浸透圧 Π と等しくなる。

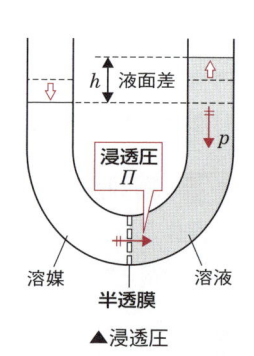

▲浸透圧

7 ファントホッフの法則

非電解質の溶液の浸透圧 Π〔Pa〕は, モル濃度 c〔mol/L〕および絶対温度 T〔K〕に比例する。

$$\Pi = cRT \quad 〔R; 気体定数 8.31 \times 10^3 \ \text{Pa·L/(K·mol)} と同じ値〕$$

いま, 体積 V〔L〕の水溶液中に, 溶質が n〔mol〕溶けているとすると, モル濃度は $c = \dfrac{n}{V}$〔mol/L〕で表されるから, 次の関係が成り立つ。

$$\Pi = \dfrac{n}{V}RT \qquad \Pi V = nRT$$

この関係式をファントホッフの法則という。

例 18 g のグルコースを溶かした水溶液 500 mL の 27℃ における浸透圧は,

$$\Pi〔\text{Pa}〕\times \dfrac{500}{1000} \text{L} = \dfrac{18}{180} \text{mol} \times 8.31 \times 10^3 \ \text{Pa·L/(K·mol)} \times 300 \text{K}$$

$$\therefore \ \Pi \fallingdotseq 5.0 \times 10^5 \ \text{Pa}$$

!注意 公式に代入するときは, 単位に注意しよう。$V \to$ L, $T \to$ K, $\Pi \to$ Pa である。

8 電解質と電離度の関係

水に溶けて電離する物質を**電解質**といい，電解質が水に溶けて電離する度合いを，**電離度**という。電離度 α は，$0 \leq \alpha \leq 1$ の範囲の値をもつ。電離度は以下の式で表される。

$$\text{電離度 } \alpha = \frac{\text{電離した溶質の物質量〔mol〕}}{\text{溶解した溶質の物質量〔mol〕}}$$

電離度 $\alpha = \dfrac{1}{5} = 0.2$

▲電離度

!注意 HNO_3，HCl，KOH，$NaOH$，$NaCl$，Na_2SO_4 などの強酸・強塩基・塩などは強電解質で，希薄水溶液中ではほとんど完全に電離している。したがって，電離度が与えられていない場合でも，$\alpha = 1$（完全に電離）とみなして計算してよい。

9 電離度と水溶液中の溶質粒子の濃度

電解質水溶液では，同じ濃度の非電解質水溶液に比べて，沸点上昇度・凝固点降下度・浸透圧が大きくなる。これは，電解質が水溶液中で電離して，溶質粒子の数が増し，溶質粒子全体の濃度が大きくなるからである。

例 c〔mol/L〕の $CaCl_2$ 水溶液の電離度を α とすると，

（電離した溶質の物質量）=（溶解した溶質の物質量）×（電離度） より，

	$CaCl_2$	$\longrightarrow$	Ca^{2+}	+	$2Cl^-$	
電離前；	c		0		0	
電離後；	$c(1-\alpha)$		$c\alpha$		$2c\alpha$	〔計〕$c(1+2\alpha)$

したがって，電離後の溶質粒子の総物質量は，$c(1+2\alpha)$〔mol〕となるので，溶質粒子全体の濃度は，c〔mol/L〕から $c(1+2\alpha)$〔mol/L〕に増大する。

10 電解質水溶液の沸点上昇・凝固点降下・浸透圧

これまでの説明からわかるように，沸点上昇度・凝固点降下度・浸透圧は，基準にとる量が，溶媒 1 kg，溶液 1 L と異なるが，いずれも，一定量の溶媒，溶液中に溶けている溶質の物質量に比例する。

しかし，これは非電解質水溶液の場合であって，電解質水溶液の場合は，上で見たように，電離により溶質粒子の総物質量が増し，溶質粒子全体の濃度が増大するので，次のように考えなければならない。

電解質水溶液の沸点上昇度・凝固点降下度・浸透圧は，一定量の溶媒，溶液中に溶けている溶質粒子（分子やイオン）の総物質量に比例する。

TYPE 61 沸点上昇と凝固点降下 【重要度 A】

> 溶液の質量モル濃度を求め，$\Delta t = km$ に代入する。

着眼 まず，溶液中の溶質の物質量を求め，その値を**溶媒 1 kg あたりに換算することで，質量モル濃度を求める**。たとえば，溶媒 W 〔g〕に溶質 w 〔g〕（分子量 M）が溶けていると，溶質の物質量は $\dfrac{w}{M}$〔mol〕だから，これを溶媒 1 kg あたりに換算すると質量モル濃度 m が求められる。

$$m\text{〔mol/kg〕} = \dfrac{w}{M}\text{〔mol〕} \div \dfrac{W}{1000}\text{〔kg〕}$$

!注意 温度の単位には，セルシウス温度〔℃〕や絶対温度〔K〕の両方が用いられるが，温度差の単位には，必ず〔K〕を用いること。

例題　水溶液の沸点と凝固点

次の問いに答えよ。ただし，水のモル沸点上昇は 0.52 K·kg/mol，水のモル凝固点降下は 1.85 K·kg/mol とする。
(1) 20%のグルコース（分子量＝180）水溶液の沸点は何℃か。
(2) 水 250 g にグルコース 5.40 g とスクロース（分子量＝342）6.84 g を溶かした水溶液の凝固点は何℃か。

解き方 (1) 20%グルコース水溶液とは，水 80 g にグルコースが 20 g 溶けている水溶液のことだから，その質量モル濃度 m は，

$$m = \dfrac{20\text{ g}}{180\text{ g/mol}} \div \dfrac{80}{1000}\text{ kg} \fallingdotseq 1.39\text{ mol/kg}$$

沸点上昇度を Δt〔K〕とすると，$\Delta t = km$ より，

$$\Delta t = 0.52\text{ K·kg/mol} \times 1.39\text{ mol/kg} \fallingdotseq 0.72\text{ K}$$

したがって，この水溶液の沸点は，$100 + 0.72 = 100.72$℃

(2) 各溶質の物質量の和をもとにして，混合水溶液の質量モル濃度を求める。

$$m = \left(\dfrac{5.40}{180} + \dfrac{6.84}{342}\right)\text{ mol} \div \dfrac{250}{1000}\text{ kg} = 0.20\text{ mol/kg}$$

凝固点降下度を $\Delta t'$〔K〕とすると，

$$\Delta t' = 1.85\text{ K·kg/mol} \times 0.20\text{ mol/kg} = 0.37\text{ K}$$

したがって，混合水溶液の凝固点は，$0 - 0.37 = -0.37$℃

答 (1) **100.72℃**　(2) **−0.37℃**

TYPE 62 沸点上昇・凝固点降下と溶質の分子量

まず質量モル濃度を求めて，$\Delta t = km$ の式に代入せよ。

$$\Delta t = km = k\frac{1000w}{MW}$$

着眼 上式で，k は**モル沸点上昇**または**モル凝固点降下**〔K・kg/mol〕，m は**質量モル濃度**〔mol/kg〕であり，w〔g〕の溶質（分子量 M）を W〔g〕の溶媒に溶かした溶液の質量モル濃度が $\dfrac{1000w}{MW}$〔mol/kg〕である。

このように，沸点上昇度や凝固点降下度から溶質の分子量を求める場合も，**溶媒 1 kg（＝1000 g）あたりに溶けている溶質の物質量，つまり，質量モル濃度を求めることが基本**となる。

例題　凝固点降下度から求める分子量

ある固体物質 0.50 g をショウノウ 20 g と混合した試料がある。これをガラス毛細管につめ，右図のような装置で融点を測ったら，170.7℃を示した。この物質の分子量を求めよ。ただし，ショウノウの融点は 178.5℃，モル凝固点降下は 40 K・kg/mol とする。

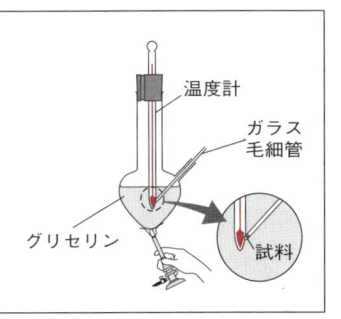

解き方　溶液の凝固点が純溶媒の凝固点よりも低くなる（**凝固点降下**）のと同様に，混合物の固体の融点は純物質の固体の融点よりも低くなる（**融点降下**）。
この物質の分子量を M とおき，この混合物の質量モル濃度 m を求めると，

$$m = \frac{0.50 \text{ g}}{M \text{〔g/mol〕}} \div \frac{20}{1000} \text{ kg} = \frac{25}{M} \text{〔mol/kg〕}$$

凝固点（融点）降下度を Δt〔K〕とおくと，$\Delta t = km$ の式に代入して，

$$(178.5 - 170.7) \text{ K} = 40 \text{ K・kg/mol} \times \frac{25}{M} \text{〔mol/kg〕}$$

∴　$M ≒ 128$　　**答　128**

類題33　エタノール 250 g にショウノウ 19.0 g を溶かした溶液の沸点は 79.0℃であった。このことからショウノウの分子量を求めよ。ただし，エタノールの沸点は 78.4℃，モル沸点上昇は 1.20 K・kg/mol とする。

（解答➡別冊 *p.10*）

TYPE 63 冷却曲線による凝固点の測定

溶液の凝固点は，冷却曲線をかき，過冷却を補正してから求める。

着眼 凝固点は右のような装置を利用して測定する。また，右下の図のように，液体などの温度が下がるようすを，時間の経過とともにグラフに表したものを**冷却曲線**という。純粋な溶媒を冷却していくと，凝固点に達しても凝固は起こらず，さらに液温が下がって凝固がはじまる(C点)。このように，凝固点以下であるのに液体のままで存在している状態(B→C)を**過冷却**という。C点からは結晶が急に析出するため，多量の凝固熱が発生して液温が上昇する(C→D)。やがて，凝固熱による発熱量と寒剤による吸熱量がつりあって，液温が一定に保たれる(D→E)。そして，E点を過ぎると，もはや液体がなく固体だけとなり，再び温度が下がる。

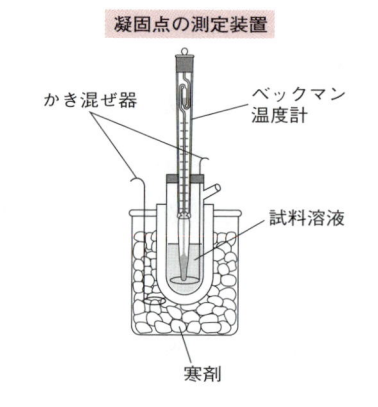

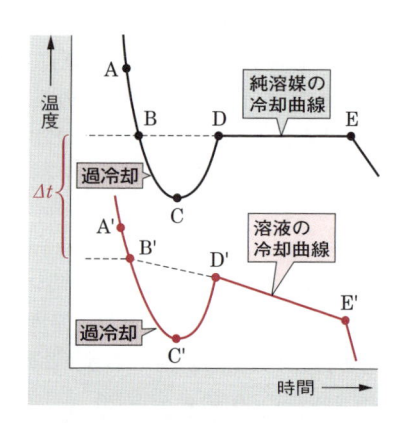

一方，溶液を冷却する場合は，**過冷却のあと液温がしだいに下がりながら凝固が進んでいく**(D′→E′は右下がりのグラフになる)。これは，溶液を凝固させても，**先に凝固するのは溶媒だけ**で，残りの溶液はしだいに濃くなり，凝固点降下によりさらに液温が下がるためである(ただし，溶液がある濃度になると，溶質と溶媒が一緒に析出してくる)。溶液を冷却しても過冷却がなかったとして，固体が最初から析出しはじめたとみなせる温度は，直線 D′E′ を左に延長して求めた交点の B′ であり，これが**溶液の凝固点**である。

5. 希薄溶液の性質 127

> **＋補足** 凝固点の測定装置では試料溶液の入った試験管を，太い試験管の中に入れてある。これは，太い試験管の中の空気の断熱作用により，寒剤（氷と食塩の混合物）による急激な冷却を防ぎつつ，試料溶液を均一に冷却するためである。

> **＋補足** 過冷却はどうして起こるのか　液体が固体になるためには，分子が一定方向に規則的に配列する必要がある。冷却速度が速すぎると分子が乱雑な状態のまま温度だけが下がっていくので，液体の凝固点に達したとしても，固体になれずに液体のままで存在する状態（過冷却）になると考えられている。

例題　水溶液の冷却曲線と溶媒の分子量

右図の曲線 A は純水の冷却曲線，曲線 B は水 100 g に非電解質 X 2.07 g を溶かした水溶液の冷却曲線である。これらをもとに，次の問いに答えよ。

(1) 曲線 B で，正しい凝固点を示す点は a〜e のうちどれか。

(2) 物質 X の分子量を求めよ。水のモル凝固点降下は 1.85 K·kg/mol とする。

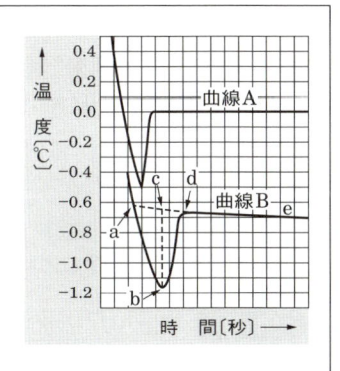

解き方　(1) 液体の温度変化を正確に測定するには，ふつうの温度計（0.1 K 目盛り）ではなく，0.01 K 目盛りをもつベックマン温度計（右図）を用いる。過冷却がなかったとしたときの理想的な水溶液の凝固点は，**問題図の右下がりの直線 de を左に延長して，冷却曲線とぶつかった交点 a** である。

(2) 水溶液の凝固点は，グラフより −0.62℃ だから，凝固点降下度 $\Delta t = 0.62$ K である。

水溶液の質量モル濃度 m は，物質 X の分子量を M とすると，

$$m = \frac{2.07 \text{ g}}{M \text{[g/mol]}} \div \frac{100}{1000} \text{ kg} = \frac{20.7}{M} \text{[mol/kg]}$$

これを，**$\Delta t = km$** の式に代入すると，

$$0.62 \text{ K} = 1.85 \text{ K·kg/mol} \times \frac{20.7}{M} \text{[mol/kg]}$$

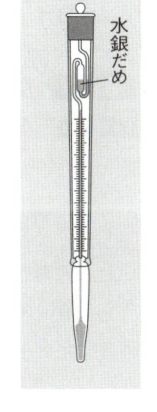

∴　$M \fallingdotseq 62$

答　(1) **a**　(2) **62**

> **＋補足** ベックマン温度計は，測定しようとする温度よりも 3〜4 K 高い温度の水に浸し，水銀柱が水銀だめに達したら，逆向きにして温度計を軽く振って，余分な水銀を水銀だめに分離してから使用する。

TYPE 64 電解質水溶液の沸点上昇・凝固点降下

電離式をもとに，電離後の溶質粒子（分子やイオン）の総物質量を計算する。

着眼 電解質水溶液では，**溶質がイオンに電離する**ため，同じ濃度の非電解質水溶液に比べて溶質粒子の数が多くなる。つまり，電解質水溶液の沸点上昇度・凝固点降下度は，**電離したイオンと未電離の分子を合わせた，溶質粒子の総物質量に比例する**。

したがって，沸点上昇度・凝固点降下度を求めるとき，まず，溶質が非電解質か電解質かを区別し，電解質であれば電離式を書き，溶質粒子の総物質量を求める必要がある。

注意 電解質水溶液の浸透圧も，同様に溶質粒子（分子やイオン）の総物質量を計算する。あとは公式 $\Pi V = nRT$ に代入すればよい。

例題　塩化カリウム水溶液の沸点上昇

塩化カリウム 14.9 g を水 500 g に溶かした水溶液の沸点は何℃か。ただし，水のモル沸点上昇を 0.52 K·kg/mol とし，この水溶液中で塩化カリウムは完全に電離するものとする。式量；KCl = 74.5

解き方 塩化カリウムは強電解質だから，まず電離式を書き，**電離後の溶質粒子の総質量が，電離前の何倍になるかを求める**。電離前，電離後の物質量〔mol〕は，

	KCl	⇄	K^+	+	Cl^-
電離前；	$\dfrac{14.9}{74.5} = 0.20$		0		0
電離後；	0		0.20		0.20

したがって，電離後の溶質粒子の総物質量は電離前の 2 倍となり，溶質粒子全体の質量モル濃度も 2 倍となる。よって，$\Delta t = km$ より，

$$\Delta t = 0.52 \text{ K·kg/mol} \times \left(0.20 \times \dfrac{1000}{500}\right) \text{ mol/kg} \times 2 = 0.416 \text{ K}$$

求める沸点は，$100 + 0.416 \fallingdotseq 100.42$℃

答　100.42℃

類題34 塩化ナトリウム 5.85 g を水 200 g に溶かした水溶液の沸点は何℃か。ただし，水のモル沸点上昇を 0.52 K·kg/mol，塩化ナトリウムの式量を 58.5 とし，この水溶液中で塩化ナトリウムは完全に電離するものとする。　（解答➡別冊 *p.10*）

5. 希薄溶液の性質

例題 凝固点降下度から求める電離度

100 g の水に塩化カルシウム 4.44 g を溶かした水溶液の凝固点は－1.93℃である。水のモル凝固点降下を 1.85 K・kg/mol, 塩化カルシウムの式量を 111 として，この水溶液中での塩化カルシウムの電離度を求めよ。

解き方 塩化カルシウムは強電解質だから，まず，電離式を書き，**電離後の溶質粒子の総物質量が，電離前の何倍になるかを求める。**

溶けた塩化カルシウムの物質量を n〔mol〕，電離度を α とすると，

$$CaCl_2 \rightleftarrows Ca^{2+} + 2Cl^-$$

	$CaCl_2$	Ca^{2+}	$2Cl^-$
電離前；	n	0	0
電離後；	$n(1-\alpha)$	$n\alpha$	$2n\alpha$

電離後の溶質粒子の総物質量……$n(1+2\alpha)$

したがって，溶質粒子の総物質量は，もとの $(1+2\alpha)$ 倍となり，質量モル濃度は，

$$\left\{\frac{4.44}{111} \times \frac{1000}{100} \times (1+2\alpha)\right\} \text{〔mol/kg〕}$$

希薄水溶液の凝固点降下度は，**溶質粒子の総物質量に比例するから**，
$\Delta t = km$ より，

$$1.93 \text{ K} = 1.85 \text{ K·kg/mol} \times \left\{\frac{4.44}{111} \times \frac{1000}{100} \times (1+2\alpha)\right\} \text{〔mol/kg〕}$$

∴ $\alpha \fallingdotseq 0.80$　　**答 0.80**

+補足 本問のように，電解質水溶液の濃度が濃くなると，陽イオンと陰イオンの間にクーロン力がはたらき，個々のイオンが独立してふるまうことが困難になる。したがって，電離度が 1 より小さな値が得られることになるのである。

塩化カルシウムが水溶液中で完全に電離 ($\alpha = 1$) したとすると，

$$CaCl_2 \longrightarrow Ca^{2+} + 2Cl^- \text{（3 倍）}$$

このときの水溶液の凝固点降下度を Δt〔K〕を求めると，

$$\Delta t = 1.85 \times \frac{4.44}{111} \times \frac{1000}{100} \times 3 = 2.22 \text{ K}$$

となり，問題文で与えられた実際の凝固点降下度 1.93 K よりも大きい。

類題35 50 g の水と 0.87 g の硫酸カリウムからなる水溶液の凝固点は，－0.37℃である。この濃度での硫酸カリウムの電離度を求めよ。また，この水溶液と同じ凝固点を示すグルコース水溶液をつくるには，水 500 g に何 g のグルコースを溶かせばよいか。水のモル凝固点降下は 1.85 K・kg/mol とし，硫酸カリウムの式量を 174，グルコースの式量を 180 とする。

(解答➡別冊 p.11)

TYPE 65 溶液の浸透圧と溶質の分子量

$$\Pi V = \frac{w}{M} RT \quad \text{または} \quad M = \frac{wRT}{\Pi V} \quad \text{を利用せよ。}$$

着眼 希薄溶液の浸透圧 Π〔Pa〕は，溶質の種類に関係なく，溶液の体積 V〔L〕，溶質の総物質量 n〔mol〕，絶対温度 T〔K〕を用いて，

$$\Pi V = nRT \quad (R；気体定数)$$

で表される(**ファントホッフの法則**)。また，分子量 M の溶質 w〔g〕の物質量は，$n = \frac{w}{M}$〔mol〕だから，上の関係式が得られる。

!注意 モル濃度 c〔mol/L〕と，絶対温度 T〔K〕がわかっている場合は，$\Pi = cRT$ を用いて計算してもよい。

例題　溶液の浸透圧と溶質の分子量

次の問いにそれぞれ答えよ。気体定数；$R = 8.31 \times 10^3$ Pa・L/(K・mol)

(1) スクロース(分子量 = 342) 0.684 g を水に溶かして 200 mL とした。この水溶液の 27℃における浸透圧は何 Pa か。

(2) ある糖類 2.00 g を水に溶かして 100 mL の水溶液にした。この水溶液の浸透圧は 27℃ で 2.77×10^5 Pa であった。この糖類の分子量を求めよ。

解き方 (1) 気体定数の単位にそろえてから，$\Pi V = \frac{w}{M} RT$ の公式に各数値を代入する。

$$\Pi \text{〔Pa〕} \times \frac{200}{1000} \text{ L} = \frac{0.684 \text{ g}}{342 \text{ g/mol}} \times 8.31 \times 10^3 \text{ Pa・L/(K・mol)} \times 300 \text{ K}$$

∴ $\Pi \fallingdotseq 2.49 \times 10^4$ Pa

(2) 糖類のモル質量を M〔g/mol〕とし，単位に注意して公式に代入すると，

$$2.77 \times 10^5 \text{ Pa} \times \frac{100}{1000} \text{ L} = \frac{2.00 \text{ g}}{M \text{〔g/mol〕}} \times 8.31 \times 10^3 \text{ Pa・L/(K・mol)} \times 300 \text{ K}$$

∴ $M = 180$ g/mol

答 (1) 2.49×10^4 Pa　(2) 180

類題36 グルコース(分子量 = 180)とスクロース(分子量 = 342)の混合物 5.0 g を水に溶かし 1.0 L とした。この水溶液の浸透圧を測ったら，27℃で 5.0×10^4 Pa を示した。混合物中にグルコースは何 g 含まれていたか答えよ。気体定数；$R = 8.3 \times 10^3$ Pa・L/(K・mol)

(解答➡別冊 *p.11*)

TYPE 66 液柱の高さと浸透圧

液柱の圧力(p) ＝ 溶液の浸透圧(Π)
液柱の高さ〔cm〕×溶液の密度〔g/cm³〕
　＝ 水銀柱の高さ〔cm〕×水銀の密度〔g/cm³〕

着眼 図のような装置に溶液を，溶媒の液面とそろえて入れておく。やがて，溶媒が溶液中へ浸透して液面差 h を生じる。このとき，**溶液柱の圧力 p と，この溶液の浸透圧 Π が等しい**。さらに，この溶液柱の圧力を，密度を用いて水銀柱の圧力に換算したのち，1.01×10^5 Pa＝76 cmHg の関係式を用いて，圧力の単位〔Pa〕に直す。すると，**ファントホッフの公式 $\Pi V = nRT$ に代入**でき，浸透圧 Π が求まる。

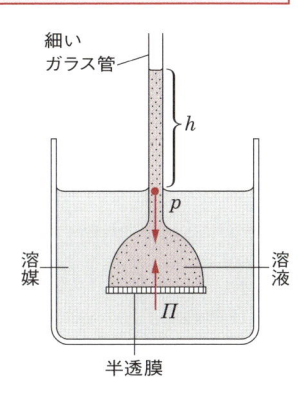

例題では，逆にまず浸透圧を求めたあと，液柱の高さを求める場合を扱う。

例題　グルコース水溶液の液柱の高さ

グルコース(分子量＝180) 0.36 g を含む水溶液 1.0 L を，27℃で上図のような装置で測定した場合，液柱の高さ h は何 cm か。水溶液，水銀の密度をそれぞれ 1.0 g/cm³，13.6 g/cm³，気体定数を $R = 8.31 \times 10^3$ Pa・L/(K・mol) とし，気圧は 1.01×10^5 Pa＝76 cmHg とする。

解き方 グルコース水溶液の浸透圧 Π〔Pa〕は，

Π〔Pa〕× 1.0 L
$= \dfrac{0.36}{180}$ mol × 8.31×10^3 Pa・L/(K・mol)
× 300 K

∴　$\Pi ≒ 5.0 \times 10^3$ Pa

1.01×10^5 Pa＝76 cmHg より，

5.0×10^3 Pa × $\dfrac{76}{1.01 \times 10^5}$ cmHg/Pa ≒ 3.76 cmHg

水銀柱の圧力を溶液柱(h〔cm〕)の圧力に換算すると，

3.76 cm × 13.6 g/cm³ ＝ h〔cm〕× 1.0 g/cm³　∴　$h ≒ 51$ cm

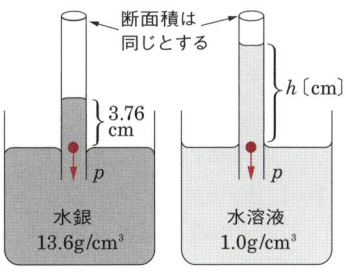

答　51 cm

■練習問題

45 次のア〜オの物質1gを，それぞれ水1kgに溶かしたとき，沸点の最も高い水溶液と凝固点の最も高い水溶液はそれぞれどれか。
ア　塩化ナトリウム（式量58.5）　　イ　塩化バリウム（式量244）
ウ　尿素（分子量60）　　　　　　　エ　エタノール（分子量46）
オ　グルコース（分子量180）

46 0.15 mol/kgのスクロース水溶液と，水500gにグルコース（分子量＝180）を18.0g溶かした水溶液がある。これらの水溶液と純水の蒸気圧曲線は，右図のようである。
(1) X，Y，Zは，それぞれ何の蒸気圧曲線か。
(2) x点とy点の温度差が0.078Kとすると，y点とz点の温度差は何Kになるか。

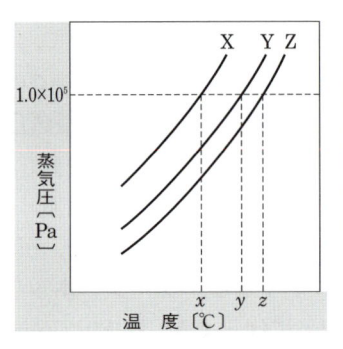

（藤田保健衛生大）

47 ベンゼン100gに酢酸CH_3COOH 0.600gを溶解した溶液の凝固点降下度は0.26Kであった。原子量；H＝1.0, C＝12, O＝16
(1) ベンゼンのモル凝固点降下を5.12 K·kg/molとして，ベンゼン中での酢酸の分子量を整数値で示せ。
(2) 酢酸の真の分子量（原子量から求めた分子量）と(1)の結果から，ベンゼン中の酢酸分子の状態を推定せよ。

（静岡大改）

48 ある糖類1.30gを水100gに溶かした水溶液（密度を1.0 g/mLとする）の浸透圧は，27℃で$9.2×10^4$ Paであった。
(1) この糖類の分子量がいくらか求めよ。気体定数；$R=8.3×10^3$ Pa·L/(K·mol)
(2) この水溶液の凝固点降下度はいくらか。水のモル凝固点降下を1.85 K·kg/molとする。

ヒント
45 塩化ナトリウムや塩化バリウムは強電解質で，すべて完全に電離すると考える。
46 蒸気圧降下により，溶液の蒸気圧曲線は，純水の蒸気圧曲線より下にある。
48 (1) ファントホッフの公式を使うには，モル濃度が必要である。

49 グルコース(分子量=180) 0.36 g を水 100 g に溶かした水溶液がある。水のモル凝固点降下を 1.85 K·kg/mol として，次の問いに答えよ。
(1) この水溶液の凝固点を求めよ。
(2) この水溶液の浸透圧は，27℃で何 Pa か。ただし，溶解による体積変化はなかったものとする。気体定数；$R = 8.3 \times 10^3$ Pa·L/(K·mol)

▶ **61,65**

50 尿素(分子量=60) 3.0 g をベンゼン 200 g に溶かした溶液をかき混ぜながら冷却したところ，凝固点は 4.25℃ であった。この溶液にさらに，非電解質の物質 X 3.6 g を溶かすと，凝固点は 3.50℃ を示した。純ベンゼンの凝固点を 5.50℃ とする。 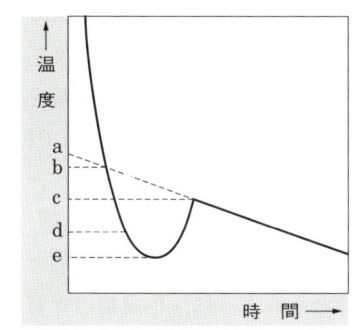
(1) 右図の冷却曲線から溶液の凝固点を求めた。正しい凝固点は，a～e のうちのどれか。
(2) 物質 X の分子量を求めよ。

▶ **63**

51 ヒトの血液の浸透圧は，37℃で 7.6×10⁵ Pa である。水に塩化ナトリウム(式量=58.5) 0.82 g とグルコース $C_6H_{12}O_6$(分子量=180) を溶かして，ヒトの血液と同じ浸透圧の水溶液 100 mL(37℃)をつくるには，グルコース何 g が必要か。ただし，水溶液中では塩化ナトリウムは完全に電離するものとする。気体定数；$R = 8.3 \times 10^3$ Pa·L/(K·mol)

▶ **65**

52 右図に示す断面積 1.0 cm² の U 字管の中央部を半透膜で仕切り，左側に非電解質 X 0.20 g を溶かした水溶液 10 mL を，右側に純水 10 mL を入れる。27℃ で一昼夜放置すると，両液面の差が 5.0 cm となった。
水溶液の密度を 1.0 g/cm³，水銀の密度を 13.6 g/cm³ とすると，X の分子量はいくらか。気体定数；$R = 8.3 \times 10^3$ Pa·L/(K·mol)

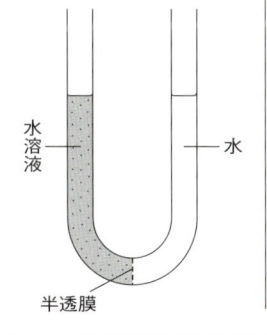

▶ **66**

🔍 **ヒント** **49** (2) ただし書きにより，水溶液の体積は 100 mL とみなせるから，質量モル濃度＝モル濃度として計算することができる。
51 水溶液中での塩化ナトリウムとグルコースの溶質粒子の総物質量を考えればよい。

5 物質の変化（その2）

1 反応熱と熱化学方程式

1 反応熱

物質が化学変化をするとき，熱の出入りを伴う。この熱量を**反応熱**という。反応熱は，**着目する物質 1 mol** あたりの熱量を，**kJ/mol** の単位で表し，ふつう 25℃，1.01×10^5 Pa での値が用いられる。

熱を発生しながら進む反応を**発熱反応**，熱を吸収しながら進む反応を**吸熱反応**という。右図でわかるように，生成物の保有するエネルギーが，反応物の保有するエネルギーより小さくなる場合，その差のエネルギーが熱として外部へ放出されるから，発熱反応となる。その逆の場合では，吸熱反応となる。

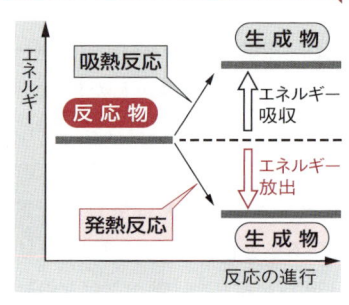

▲発熱反応と吸熱反応

2 反応熱の種類

反応熱は，反応の種類により固有の名称でよばれるものがある。下表の赤文字で示したのが着目する物質であり，反応熱とはこれらの物質 1 mol あたりの熱量である。

反応熱	意味	反応の例
燃焼熱	物質 1 mol が完全燃焼するときの発熱量	C（黒鉛）＋ O_2 ＝ CO_2 ＋ 394 kJ（発熱） CH_4 ＋ $2O_2$ ＝ CO_2 ＋ $2H_2O$（液）＋ 891 kJ（発熱）
生成熱	化合物 1 mol をその成分元素の単体から生じるときの反応熱	H_2 ＋ $\frac{1}{2}O_2$ ＝ H_2O（気）＋ 242 kJ（発熱） 2C（固）＋ H_2 ＝ C_2H_2 － 220 kJ（吸熱）
溶解熱	物質 1 mol が多量の水に溶解するときの反応熱	H_2SO_4 ＋ aq ＝ H_2SO_4aq ＋ 95 kJ（発熱） $Na_2S_2O_3 \cdot 5H_2O$ ＋ aq 　　　　＝ $Na_2S_2O_3$aq ＋ $5H_2O$ － 46 kJ（吸熱）
中和熱	酸と塩基の水溶液が反応して水 1 mol を生じるときの発熱量	HClaq ＋ NaOHaq 　　　　＝ NaClaq ＋ H_2O ＋ 56 kJ（発熱） （H^+ ＋ OH^- ＝ H_2O ＋ 56 kJ）

＋補足 化学変化だけでなく，物質の状態変化の際にも熱の出入りがある。この熱量は，厳密には反応熱とはいえないが，広い意味で反応熱と同様に扱う。

① **蒸発熱** 物質 1 mol が，液体から気体になるときに吸収する熱量。
② **融解熱** 物質 1 mol が，固体から液体になるときに吸収する熱量。
③ **昇華熱** 物質 1 mol が，固体から気体になるときに吸収する熱量。

3 熱化学方程式のつくり方

化学反応式に反応熱を書き加え，物質の変化と熱の出入りを同時に表した式を**熱化学方程式**という。つくり方は次のとおり（→ **TYPE 68**）。

① 反応熱は，**発熱反応**は＋，**吸熱反応**は－の符号をつけて右辺に示し，両辺を**等号＝**で結ぶ。
② 反応熱は着目する**物質 1 mol** についての値で書くから，その物質の係数を 1 とする。他の物質の係数が分数になっても構わない。
③ 同一の反応でも，物質の状態により反応熱が異なるので，物質の状態を（気），（液），（固）のように付記する（状態が明らかな場合は省略してよい）。

4 ヘスの法則

「物質が変化する際に発生または吸収する熱量の総和は，反応前の物質の状態と，反応後の物質の状態だけで決まり，変化の経路や方法には無関係である。」これを**ヘスの法則**（**総熱量保存の法則**）という。

例 二酸化炭素の生成

$$\begin{cases} C(黒鉛) + O_2 = CO_2 + 394 \text{ kJ} & \cdots ① \\ C(黒鉛) + \frac{1}{2}O_2 = CO + 111 \text{ kJ} & \cdots ② \\ CO + \frac{1}{2}O_2 = CO_2 + 283 \text{ kJ} & \cdots\cdots ②' \end{cases}$$

この関係は右上図で示される。どちらの反応経路でも，最初と最後の状態が同じなので，反応熱の総和は 394 kJ で等しい。

＋補足 物質のもつエネルギーの相対的な大きさを図に表したものを**エネルギー図**という（右図）。下向きへの反応が発熱反応，上向きへの反応が吸熱反応を表す。

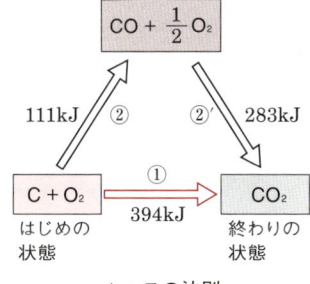

▲ヘスの法則

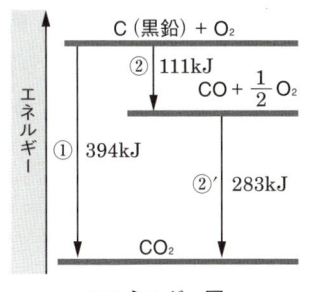

▲エネルギー図

5 熱化学方程式を使った反応熱の計算

① 問題に与えられた反応熱を，すべて熱化学方程式で表す。
② 求める反応熱を Q [kJ/mol] として，対応する熱化学方程式を書く。(熱化学方程式の中では，熱量の単位は kJ/mol ではなく kJ と書く)
③ ①の方程式から必要なものを選び出し，**残す物質とその係数に着目して**，②の方程式を組み立てていく（**組み立て法**）。
④ ③で決めた方法にしたがい，**反応熱の部分だけを計算して** Q を求める。

熱化学方程式中の化学式は，物質の種類だけでなく，物質 1 mol の保有するエネルギー量も表しているので，反応熱を含めて，数学の方程式のように**移項したり，四則計算をすることができる**。したがって，実測困難な反応熱を，すでにわかっている反応熱から計算によって求めることができる（→ **TYPE 69**）。

6 結合エネルギー

気体分子間の共有結合 1 mol を切断して，ばらばらの原子にするのに必要なエネルギーを，その結合の**結合エネルギー**（単位；**kJ/mol**）という。

例 H_2 分子内の H−H 共有結合 1 mol を切断するのに 432kJ のエネルギーが必要。

$H_2 = 2H - 432$ kJ

このとき，H−H の結合エネルギーは 432 kJ/mol である。

結合状態	結合エネルギー [kJ/mol]	結合状態	結合エネルギー [kJ/mol]
H−H	432	Cl−Cl	239
C−H	411	C=O	799
C−C	368	O=O	494
O−H	459	N≡N	945

▲結合エネルギーの概数値

7 結合エネルギーと反応熱

化学反応を，反応物の結合が切れて生成物の新しい結合ができる変化だとすると，反応熱は，化学反応で組み換えられた結合エネルギーの過不足によると考えられる。気体では物質がもつエネルギーはほぼ結合エネルギーに等しいので，次式が成り立つ。

（反応熱）＝（生成物の結合エネルギーの和）
　　　　－（反応物の結合エネルギーの和）

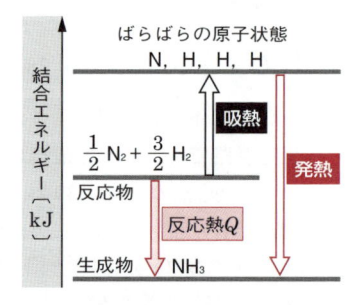

▲結合エネルギーのエネルギー図

1. 反応熱と熱化学方程式　137

TYPE 67 比熱と発熱量　重要度 B

> 発熱量 Q は，
> 比熱 C ×物質の質量 m ×温度変化 Δt　より求める。

🔍着眼　物質 1 g の温度を 1 K 上昇させるのに必要な熱量を**比熱**（記号 C ）といい，単位は J/(g·K) を用いる。比熱を C [J/(g·K)]，物質の質量を m [g]，温度変化を Δt [K] とすると，このときの発熱量は，

　　発熱量 Q [J] ＝ 比熱 C [J/(g·K)] ×質量 m [g] ×温度変化 Δt [K]

の関係がある。

➕補足　温度を表すときは単位 [℃] を用いるが，温度差を表すときは単位 [K] を用いる。

例題　温度変化のグラフと発熱量

断熱容器に水 50 g を入れ，次に水酸化ナトリウムの結晶 2.0 g を測りとって加えた。水溶液をかき混ぜながらその温度を測り，横軸に時間 [分] をとり，縦軸に液温の変化を表したのが右のグラフである。この実験での発熱量は何 kJ か。ただし，水溶液の比熱を 4.2 J/(g·K) とする。

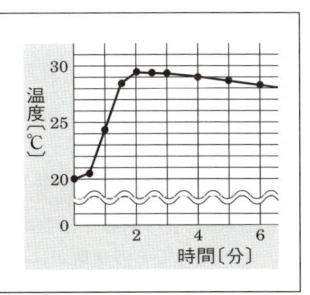

解き方　A 点 ($t=0$) で溶解を開始し，B 点 ($t=2$) で溶解が終了している。しかし，B 点の温度は真の最高温度ではない。なぜなら，測定中の B 点ではすでに周囲への放冷がはじまっているからである。そこで，放冷のはじまっていない真の最高温度は，右図のように**放冷を示す直線 BD を左にのばして（外挿という）**，投入時の $t=0$ と交わった C 点の温度である。よって，温度変化は，$\Delta t = 30 - 20 = 10$ K

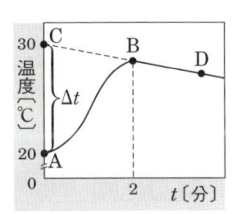

発熱量＝比熱×溶液の質量×温度変化　の関係より，

$Q = 4.2$ J/(g·K) $\times (50 + 2.0)$ g $\times 10$ K $= 2184$ J

答　**2.2 kJ**

類題37　常温で NaOH 4.0 g を水 200 g に溶かして水溶液をつくると，液温は何 K 上昇するか。ただし，水溶液の比熱を 4.2 J/(g·K) とし，NaOH の溶解熱を 44 kJ/mol とする。原子量；H＝1.0，O＝16，Na＝23　　（解答 ➡ 別冊 *p.11*）

TYPE 68 熱化学方程式の書き方

反応熱は，中心となる物質 1 mol あたりの値なので，熱化学方程式中で中心となる物質の係数は，必ず 1 とする。

着眼 熱化学方程式は，化学反応式の右辺に反応熱(25℃，1.0×10^5 Pa での値)を書き加え，両辺を等号＝で結んでつくる。反応熱には，**発熱反応に＋，吸熱反応に－の符号をつける**とともに，化学式の後には物質の状態も付記する。たとえば，メタンの燃焼熱を表す熱化学方程式は，

$$CH_4(気) + 2O_2(気) = CO_2(気) + 2H_2O(液) + 890 \text{ kJ}$$

のように書き表される。

また，最も重要なことは，**中心となる物質が何であるかをしっかり見きわめ，その係数を 1 とする**ことである。

たとえば，水素の燃焼熱を表す熱化学方程式は，水素 H_2 の係数が 1 となるように表すので次のとおりである。

$$H_2(気) + \frac{1}{2}O_2(気) = H_2O(液) + 286 \text{ kJ}$$

!注意 物質の状態は化学式の後に(固)，(液)，(気)などの略号をつけて表す(25℃，1.01×10^5 Pa でその状態がはっきりしているときは省略してもよい)。特に H_2O は(液)と(気)の区別をしっかりつけておくこと。また，同素体をもつ単体では，下の C(黒鉛)，C(ダイヤモンド)の反応式のように，同素体の種類を区別しなければならない。

$$C(黒鉛) + O_2 = CO_2 + 394 \text{ kJ}$$
$$C(ダイヤモンド) + O_2 = CO_2 + 396 \text{ kJ}$$

例題　熱化学方程式の記述

次の反応を，熱化学方程式で表せ。原子量；H＝1.0，C＝12，O＝16，Na＝23
(1) 黒鉛 1 g が完全燃焼すると，32.8 kJ の熱が発生する。
(2) 水素と塩素から，標準状態で 3.0 L の塩化水素をつくると，12.4 kJ の熱が発生する。
(3) アンモニアの生成熱は，46 kJ/mol である。
(4) 水酸化ナトリウム 2.0 g を多量の水に溶かすと，2.3 kJ の熱が発生する。
(5) 1.0 mol/L の塩酸 500 mL と 0.20 mol/L の水酸化ナトリウム水溶液 1.0 L を混合すると，11.2 kJ の熱が発生する。

解き方 まず，中心となる物質を見きわめ，その**物質 1 mol** あたりの反応熱を求める。次に，熱化学方程式に書き加えるときは，**中心となる物質の係数が 1** になっているかを確かめ，符号に注意して行うこと。

(1) 黒鉛 1 mol（= 12 g）あたりの熱量に換算すると，

$$32.8 \text{ kJ} \times \frac{12 \text{ g}}{1 \text{ g}} \fallingdotseq 394 \text{ kJ} \quad \therefore \quad \text{C（黒鉛）} + \text{O}_2 = \text{CO}_2 + 394 \text{ kJ} \quad \cdots \text{答}$$

(2) 塩化水素 1 mol（= 22.4 L，標準状態）あたりの熱量に換算すると，

$$12.4 \text{ kJ} \times \frac{22.4 \text{ L}}{3.0 \text{ L}} \fallingdotseq 92.6 \text{ kJ}$$

反応式は $\text{H}_2 + \text{Cl}_2 \longrightarrow 2\text{HCl}$ であるが，中心となる物質の HCl の係数を 1 とした式をつくる。

$$\frac{1}{2}\text{H}_2 + \frac{1}{2}\text{Cl}_2 \longrightarrow \text{HCl} \quad \text{この右辺へ反応熱 92.6 kJ を書く。}$$

$$\therefore \quad \frac{1}{2}\text{H}_2 + \frac{1}{2}\text{Cl}_2 = \text{HCl} + 92.6 \text{ kJ} \quad \cdots \text{答}$$

(3) **生成熱**とは，**化合物 1 mol** をその成分元素の単体からつくるときの反応熱である。アンモニア NH_3 の成分元素は，窒素と水素で，その単体は N_2，H_2 である。化学反応式を書くと，

$$\text{N}_2 + 3\text{H}_2 \longrightarrow 2\text{NH}_3$$

生成物の NH_3 の係数が 1 となるように変形して，右辺へ反応熱 46 kJ を書く。

$$\therefore \quad \frac{1}{2}\text{N}_2 + \frac{3}{2}\text{H}_2 = \text{NH}_3 + 46 \text{ kJ} \quad \cdots \text{答}$$

(4) NaOH 1 mol（= 40 g）あたりの熱量に換算すると，

$$2.3 \times \frac{40 \text{ g}}{2.0 \text{ g}} = 46 \text{ kJ}$$

熱化学方程式では，多量の水は aq，水溶液は（化学式）aq で表す。

$$\therefore \quad \text{NaOH（固）} + \text{aq} = \text{NaOHaq} + 46 \text{ kJ} \quad \cdots \text{答}$$

(5) 中和反応は，$\text{H}^+ + \text{OH}^- \longrightarrow \text{H}_2\text{O}$ で表される。
　　　　　　0.50 mol　0.20 mol　　　 0.20 mol

OH^- の物質量のほうが少ないので，実際に中和反応して生成した H_2O は 0.20 mol だけである。H_2O 1 mol あたりの熱量に換算すると，

$$11.2 \text{ kJ} \times \frac{1.0 \text{ mol}}{0.20 \text{ mol}} = 56.0 \text{ kJ}$$

$$\therefore \quad \text{HClaq} + \text{NaOHaq} = \text{NaClaq} + \text{H}_2\text{O} + 56.0 \text{ kJ} \quad \cdots \text{答}$$

+補足 中和反応は，酸・塩基ともに水溶液の状態で反応させている。

TYPE 69 ヘスの法則(総熱量保存の法則) 重要度 A

最初と最後の物質の状態が決まれば，途中の反応経路が異なっても，反応熱の総和は一定である。

着眼 熱化学方程式に書かれた化学式は，その物質 1 mol の保有するエネルギー量も表す。すなわち，**熱化学方程式はエネルギーに関する等式である**から，数学の方程式のように四則計算をすることができる。その計算の順序は次のとおりである。

① 与えられた反応熱の内容を，すべて熱化学方程式で表す。
② 求める反応熱を Q で表した熱化学方程式を書く。
③ ①の方程式のなかから，**②の方程式に含まれる物質とその係数に着目**して，②の方程式を組み立てる。
④ ③の方法にしたがい，反応熱の部分だけを計算して Q の値を求める。

③のように方程式を組み立てられるのは，ヘスの法則が成り立つからである。

例題　熱化学方程式を利用したメタンの生成熱の算出

次の熱化学方程式を用いて，メタン CH_4 の生成熱を求めよ。

$$C(黒鉛) + O_2 = CO_2 + 394 \text{ kJ} \quad \cdots\cdots①$$
$$H_2 + \frac{1}{2}O_2 = H_2O(液) + 286 \text{ kJ} \quad \cdots\cdots②$$
$$CH_4 + 2O_2 = CO_2 + 2H_2O(液) + 891 \text{ kJ} \quad \cdots\cdots③$$

解き方 メタン 1 mol あたりの生成熱を Q として，メタンの構成元素である水素と炭素の単体から，メタンが生成する反応を熱化学方程式で表すと，

$$C(黒鉛) + 2H_2 = CH_4 + Q \text{[kJ]} \quad \cdots\cdots④$$

④式の左辺の C は，①式の左辺にある。　⇨　①式はそのまま
④式の左辺の $2H_2$ は，②式の左辺にある。　⇨　②式×2
④式の右辺の CH_4 は，③式の左辺にある。移項するときに符号が変わるので，あらかじめ③式に(-1)をかけておく。　⇨　③式×(-1)

以上より，求める④式は，①式＋（②式×2）－③式で求められる。
反応熱の部分だけを計算して，Q を求めると，

$$Q = 394 + (286 \times 2) - 891 = 75 \text{ kJ}$$

答 **75 kJ/mol**

例題　熱化学方程式を利用したメタノールの燃焼熱の算出

二酸化炭素，水（液体）およびメタノール（液体）CH_3OH の生成熱は，それぞれ 394，286 および 239 kJ/mol である。メタノール（液体）の燃焼熱を求めよ。

解き方　まず，わかっている反応熱について熱化学方程式を書く。特に，**生成熱の場合は，それぞれの物質の単体の化学式を正しく書くこと。**

$$\begin{cases} C(黒鉛) + O_2 = CO_2 + 394 \text{ kJ} & \cdots\cdots① \\ H_2 + \dfrac{1}{2}O_2 = H_2O(液) + 286 \text{ kJ} & \cdots\cdots② \\ C(黒鉛) + 2H_2 + \dfrac{1}{2}O_2 = CH_3OH(液) + 239 \text{ kJ} & \cdots\cdots③ \end{cases}$$

求める熱化学方程式は，

$$CH_3OH(液) + \dfrac{3}{2}O_2 = CO_2 + 2H_2O(液) + Q \text{ [kJ]} \cdots\cdots④$$

④式の右辺の CO_2 は，①式の右辺にある。　⇨　①式はそのまま
④式の右辺の $2H_2O$ は，②式の右辺にある。　⇨　②式×2
④式の左辺の CH_3OH は，③式の右辺にあり，移項するときに符号が変わるので，あらかじめ③式に（-1）をかけておく。　⇨　③式×（-1）
よって Q は，①式＋（②式×2）－③式で求められる。

$$Q = 394 + (286 \times 2) - 239 = 727 \text{ kJ/mol}$$

答　727 kJ/mol

＋補足　方程式を組み立てる際，④式の $\dfrac{3}{2}O_2$ の項はまったく考慮しないで計算した。O_2 のように複数の熱化学方程式（ここでは①，②，③式）に出てくる化学式は，それを無視して組み立てても，最後にはうまく残ってくることが多い。心配なら，①式＋②式×2 －③式の熱化学方程式を計算して，$\dfrac{3}{2}O_2$ が残るかを確かめればよい。

類題38　次の熱化学方程式より，アンモニアの生成熱を求めよ。　（解答➡別冊 *p.11*）

$$4NH_3 + 3O_2 = 2N_2 + 6H_2O(液) + 1532 \text{ kJ} \cdots\cdots①$$
$$H_2 + \dfrac{1}{2}O_2 = H_2O(液) + 286 \text{ kJ} \cdots\cdots②$$

類題39　メタン CH_4，アセチレン C_2H_2 および水素 H_2 の燃焼熱は，それぞれ 891，1296 および 286 kJ/mol である。メタンからアセチレン 1 mol を合成するときの反応熱を求めよ。

（解答➡別冊 *p.11*）

TYPE 70 中和反応の発熱量の計算　　重要度 B

（中和反応の発熱量）＝（H⁺（酸）と OH⁻（塩基）のうち，少ないほうの物質量）×（中和熱）で求める。

🔍着眼　**中和熱**は，酸の H⁺ と塩基の OH⁻ が反応して H_2O 1 mol を生じるときの発熱量である。強酸・強塩基による中和熱は，酸・塩基の種類に関係なく，ほぼ一定の値を示す。

$$H^+ + OH^- = H_2O + 56.5 \text{ kJ}$$

ところで，加えた酸の H⁺ の物質量と塩基の OH⁻ の物質量に過不足がある場合，つねに，**物質量の少ないほうが限定条件**となり，生成物の量が決定される。ゆえに，H⁺ と OH⁻ の物質量をそれぞれ計算し，その**少ないほうの物質量に中和熱をかけて，発熱量を求める。**

例題　中和反応の発熱量

0.10 mol/L の水酸化ナトリウム水溶液 100 mL に，0.20 mol/L の塩酸 100 mL を加えて中和したときの発熱量を求めよ。ただし，強酸と強塩基の水溶液の中和熱は，56.5 kJ/mol とする。

解き方　中和熱を表す熱化学方程式は，

$$H^+ + OH^- = H_2O + 56.5 \text{ kJ}$$

酸の出す H⁺ と塩基の出す OH⁻ の物質量はそれぞれ，

$$H^+ ; 0.20 \times \frac{100}{1000} = 0.020 \text{ mol}$$

$$OH^- ; 0.10 \times \frac{100}{1000} = 0.010 \text{ mol}$$

これより，OH⁻ の物質量のほうが少ないので，OH⁻ がすべて中和されるため，中和反応で生じる H_2O は 0.010 mol である。

したがって，0.010 mol 分の中和熱が発生するから，

56.5 kJ/mol × 0.010 mol = 0.565 kJ　　**答** **0.57 kJ**

類題40　強酸と強塩基の水溶液の中和反応に伴う中和熱は，$H^+ + OH^- = H_2O + 56.5$ kJ で表される。いま，0.20 mol/L の水酸化ナトリウム水溶液 100 mL と，0.20 mol/L 硫酸水溶液 100 mL を混合したときに発生する熱量を求めよ。

（解答➡別冊 *p.12*）

TYPE 71 混合気体の発熱量 【重要度 C】

混合気体中の燃える気体について，物質量と熱化学方程式をもとに別々に発熱量を求め，それらを合計する。

着眼 熱化学方程式に書かれた燃焼熱は，反応物 1 mol あたりの発熱量を表している。混合気体の燃焼による発熱量は，まず**燃える気体の物質量を求める**ことが必要である。それに必要な燃焼熱が問題に与えられていないときは，TYPE 69 の方法で熱化学方程式を計算して求める。そして，燃える各気体の発熱量を別々に求め，それらの値を合計すればよい。**燃えない気体については無視してよい。**

例題　混合気体の完全燃焼による発熱量

体積パーセントで，CO；42%，CO_2；4%，H_2；50%，N_2；4%の混合気体がある。標準状態で，この混合気体 1 m³ の完全燃焼による発熱量を求めよ。ただし，CO と H_2 の燃焼熱は，それぞれ 283，286 kJ/mol である。

解き方 混合気体中の**燃える気体**は CO と H_2 である。燃えない気体の CO_2 と N_2 は無視する。混合気体 1 m³（= 1000 L）中の燃える気体の体積は，

CO；$1000\ \text{L} \times \dfrac{42}{100} = 420\ \text{L}$

H_2；$1000\ \text{L} \times \dfrac{50}{100} = 500\ \text{L}$

CO と H_2 の物質量は，標準状態での体積をモル体積 **22.4 L/mol** で割れば求められる。燃焼熱は，各気体 1 mol が完全燃焼するときの発熱量だから，CO 420 L と H_2 500 L がそれぞれ完全燃焼するときの発熱量は，

CO；$283\ \text{kJ/mol} \times \dfrac{420\ \text{L}}{22.4\ \text{L/mol}} \fallingdotseq 5306\ \text{kJ}$

H_2；$286\ \text{kJ/mol} \times \dfrac{500\ \text{L}}{22.4\ \text{L/mol}} \fallingdotseq 6384\ \text{kJ}$

発熱量の合計は，5306 kJ + 6384 kJ = 11690 kJ　　**答　1.17×10^4 kJ**

類題41 エタン C_2H_6 とプロパン C_3H_8 が 2 : 1（物質量の比）の混合気体が 22.4 L（標準状態）ある。これを完全燃焼させたところ，1780 kJ の熱が発生した。エタンの燃焼熱を 1560 kJ/mol として，プロパンの燃焼熱を求めよ。　（解答➡別冊 p.12）

TYPE 72 結合エネルギーと反応熱

**（反応熱）＝（生成物の結合エネルギーの総和）
　　　　－（反応物の結合エネルギーの総和）**

着眼 気体分子中の共有結合 1 mol を切断するのに必要なエネルギーを**結合エネルギー**といい，単位は〔kJ/mol〕で表される。たとえば，H−H の結合エネルギーは 432 kJ/mol である。これは，1 mol の H−H 結合が切断されると 432 kJ の熱が吸収され，逆に，1 mol の H−H 結合が生成されると 432 kJ の熱が発生することを示す。

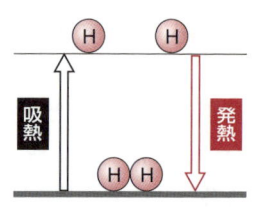

▲結合エネルギーの意味

気体のもつエネルギーのほとんどは，構成原子間の結合エネルギーとして蓄えられたものである。**熱化学方程式は物質のもつエネルギーに関する等式**であるから，**生成物の結合エネルギーの総和と，反応物の結合エネルギーの総和の差が，その反応の反応熱を表す**ことになる。このとき，気体分子中の共有結合の種類と数が必要なので，**構造式を理解しておくこと**が必要である。

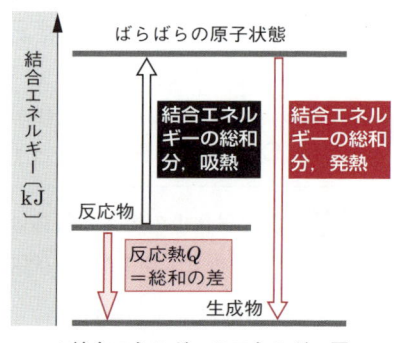

▲結合エネルギーのエネルギー図

＋補足 TYPE の関係式は反応物，生成物が共に気体の場合に限る。それは，(物質のもつエネルギー)≒(その物質の結合エネルギーの総和)となるのは気体の場合だけであり，液体や固体物質では分子間力などの影響が無視できなくなるためである。

例題　結合エネルギーを表す熱化学方程式と反応熱

H−H，Cl−Cl，H−Cl の各共有結合 1 mol を切るのに必要なエネルギー(結合エネルギー)は，それぞれ，432，239，428 kJ/mol である。これについて次の各問いに答えよ。

(1) 各結合エネルギーを表す熱化学方程式を書け。
(2) H_2(気) ＋ Cl_2(気) ⟶ 2HCl(気)の反応熱を求めよ。

解き方 (1) 与えられた結合エネルギーを熱化学方程式で表す。結合を切ると熱が吸収されるので,結合エネルギーの符号は負である。

$$H_2 = 2H - 432 \text{ kJ} \quad \cdots\cdots① $$
$$Cl_2 = 2Cl - 239 \text{ kJ} \quad \cdots\cdots② $$
$$HCl = H + Cl - 428 \text{ kJ} \quad \cdots\cdots③ $$

(2) 一般に,各物質の保有するエネルギーの相対的な大きさを表した図を,**エネルギー図**という。エネルギー図では,保有するエネルギーの大きい物質を上に,小さい物質を下に書く。したがって,**下向きの反応が発熱反応,上向きの反応が吸熱反応**となる。

$$H_2 + Cl_2 = 2HCl + Q \text{ [kJ]}$$

この反応のエネルギー図は右図のようになる。

右図から,反応物の結合エネルギーの総和は,

$$432 + 239 = 671 \text{ kJ}$$

これに対して,生成物の結合エネルギーの総和は,

$$428 \times 2 = 856 \text{ kJ}$$

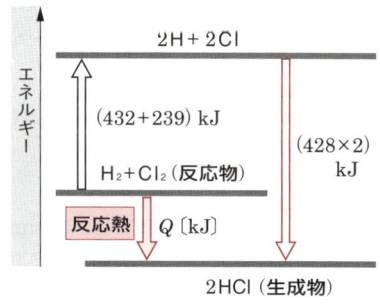

反応熱 Q [kJ] = (生成物の結合エネルギーの総和)
　　　　　　　－(反応物の結合エネルギーの総和)　より,

$$Q = 856 - 671 = 185 \text{ kJ}$$

答 (1) 上の①~③式　(2) **185 kJ/mol**

!注意 結合エネルギーを扱う問題では,上のようなエネルギー図をかくと,各物質がもっているエネルギーの大小関係がよくわかり,計算ミスが減らせる。

〔**別解**〕 **TYPE 69** の方法で解ける。与えられた反応の熱化学方程式は,

$$H_2(気) + Cl_2(気) = 2HCl(気) + Q \text{ [kJ]} \quad \cdots\cdots④$$

④式の H_2 は①式の左辺にある。　　⇨　①式はそのまま
④式の Cl_2 も②式の左辺にある。　　⇨　②式はそのまま
④式の 2HCl は,③式の左辺から移項する。⇨　③式×(-2)

よって,反応熱 Q = ① + ② - ③ × 2 で求められる。

$$Q = -432 - 239 - (-428) \times 2 = 185 \text{ kJ}$$

類題42 H-H,O=O,O-H の各結合エネルギーは,それぞれ 432,494,459 kJ/mol である。これより H_2O(気)の生成熱を求めよ。　　(解答➡別冊 *p.12*)

例題 結合エネルギー，反応熱の算出

(1) 次の熱化学方程式から，エタン分子中の C−C 結合の結合エネルギーを求めよ。ただし，C(黒鉛)の昇華熱 705 kJ/mol，H−H 結合の結合エネルギー 432 kJ/mol，C−H 結合の結合エネルギー 412 kJ/mol とする。

$$2C(黒鉛) + 3H_2 = C_2H_6 + 84 \text{ kJ} \quad \cdots\cdots\cdots ①$$

(2) (1)の結果と，C=C 結合の結合エネルギーが 607 kJ/mol であることを用いて，次の反応の反応熱 Q を求めよ。

$$CH_2=CH_2 + H_2 = CH_3-CH_3 + Q \text{[kJ]} \quad \cdots\cdots\cdots ②$$

解き方　結合エネルギーを使って反応熱を求める問題では，基準となる熱化学方程式を決め，そのエネルギー図をかいていくとよい。

(1) ①式をもとにエネルギー図をかく。ただし，反応の途中にばらばらの原子状態を仮定する。

[エタンの構造式]

```
    H   H
    |   |
H − C − C − H      C−H ; 412 kJ/mol
    |   |          C−C ; x [kJ/mol] とおく。
    H   H
```

エネルギー図：
- 2C(気) + 6H(気)
- $705×2+432×3 = 2706$ kJ
- $x+412×6$ kJ
- 2C(黒鉛) + 3H₂
- 反応熱 84 kJ
- C₂H₆(気)

エタン分子中の結合エネルギーの総和(**解離エネルギー**という)は，左上の構造式より，$(x+412×6)$ [kJ/mol] と表せる。右上のエネルギー図より，以下の式が成り立つ。

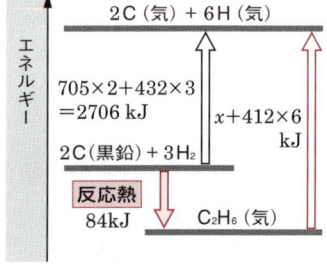

$$705×2 + 432×3 + 84 = x + 412×6$$

$$\therefore \ x = 318 \text{ kJ/mol}$$

(2) 結合エネルギーを使って反応熱を求める場合，次の公式が便利である。ただし，反応物・生成物ともに**気体**の場合しか適用できない。

$$(反応熱) = \begin{pmatrix} 生成物の \\ 結合エネルギーの総和 \end{pmatrix} - \begin{pmatrix} 反応物の \\ 結合エネルギーの総和 \end{pmatrix}$$

```
    H       H                     H   H
     \     /                      |   |
      C = C     +  H − H  =   H − C − C − H    + Q [kJ]
     /     \                      |   |
    H       H                     H   H
   412 607              432           2790           kJ
```

(反応熱) $Q = 2790 - (412×4 + 607 + 432) = 103$ kJ

答　(1) **318 kJ/mol**　(2) **103 kJ**

■練習問題

解答→別冊 p.34

53 塩化亜鉛の生成熱は 415 kJ/mol，その溶解熱は 73 kJ/mol である。また，塩化水素の生成熱は 92 kJ/mol，その溶解熱は 75 kJ/mol である。これらの反応熱の値を用いて，亜鉛 1 mol を希塩酸に溶かすときの変化を熱化学方程式で示せ。 （神戸大）

TYPE
→ 69

54 二酸化炭素，水（液）およびプロパン C_3H_8 の生成熱を，それぞれ 394，286，106 kJ/mol として，プロパンの燃焼熱を求めよ。また，200 L の水の温度を 20℃ から 50℃ に上げるのに，標準状態のプロパンが何 L 必要か。ただし，水の比熱を 4.2 J/(g·K)，水の密度を 1.0 g/cm³ とする。 （熊本大）

→ 67, 69

55 25℃ に保たれた右図のような保温容器がある。A には 0.10 mol/L の硫酸 2.0 L が入っている。B から固体の KOH 5.6 g を投入し，よくかき混ぜて温度計の目盛りが一定になるのを確認した。下式を用いて，溶液の温度が何 K 上昇したかを計算せよ。ただし，KOH の式量は 56，水溶液の比熱は 4.2 J/(g·K)，溶液の密度は 1.0 g/cm³ とする。

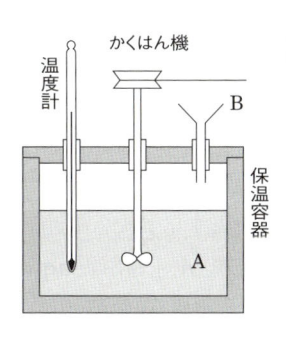

KOH（固） + aq = K⁺aq + OH⁻aq + 54.5 kJ
H⁺aq + OH⁻aq = H₂O（液） + 56.5 kJ （東京工業大）

→ 67, 70

56 アンモニアの合成反応は，$N_2 + 3H_2 = 2NH_3 + 92$ kJ と表される。N≡N および H–H の結合エネルギーをそれぞれ 942，432 kJ/mol として，アンモニア分子中の N–H の結合エネルギーを求めよ。

→ 72

57 右表の結合エネルギーの数値〔kJ/mol〕のうち

C–C	368	O–H	459	O=O	494
C–H	411	C=C	718	C=O	799

必要なものを使って，エチレン $CH_2=CH_2$ とエタン C_2H_6 の燃焼熱をそれぞれ求めよ。ただし，生成する水は，すべて気体とする。

→ 72

> **ヒント** 55 固体の KOH はまず水に溶解して熱を発生する。さらに，硫酸と中和反応して熱を発生する。これらの発熱量の合計で溶液の温度が何 K 上昇するかを考えよ。

2 電池と電気分解

1 電池の原理

酸化還元反応に伴って放出されるエネルギーを電気エネルギーに変換する装置を **電池** という。イオン化傾向(→p.152)の異なる2種類の金属を電解質水溶液に浸すと電池ができる。**イオン化傾向が大きいほうが負極，小さいほうが正極** となる。

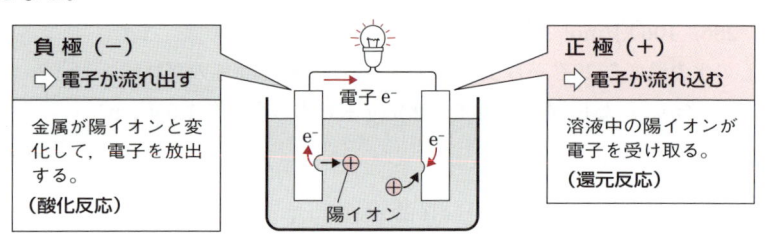

負極(−)
⇨ 電子が流れ出す
金属が陽イオンと変化して，電子を放出する。
(酸化反応)

正極(+)
⇨ 電子が流れ込む
溶液中の陽イオンが電子を受け取る。
(還元反応)

電池の両電極間に生じる電位差(電圧)を，電池の **起電力** という。イオン化傾向の差が大きいほど起電力が大きい。

2 電池式と活物質

電池の構成を表す化学式を **電池式** といい，次のように表される。

$$(-) 金属 M_1 | 電解質 aq | 金属 M_2 (+) \quad (イオン化傾向 M_1 > M_2)$$

- 電子を与える物質(還元剤)…**負極活物質**
- 電子を受け取る物質(酸化剤)…**正極活物質**

3 ダニエル電池

電池式；$(-)Zn | ZnSO_4 aq | CuSO_4 aq | Cu(+)$
起電力；1.1V

- 負極；$Zn \longrightarrow Zn^{2+} + 2e^-$ 　負極活物質；Zn
- 正極；$Cu^{2+} + 2e^- \longrightarrow Cu$ 　正極活物質 ；$CuSO_4(Cu^{2+})$

・全体の反応；$Zn + Cu^{2+} \longrightarrow Zn^{2+} + Cu$

電池から電流を取り出すことを **放電** という。

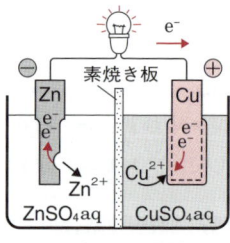

▲ダニエル電池

4 鉛蓄電池

電池式；$(-)Pb | H_2SO_4 aq | PbO_2 (+)$ 　起電力；2.0 V

- 負極$(-)$；$Pb + SO_4^{2-} \longrightarrow PbSO_4 + 2e^-$
- 正極$(+)$；$PbO_2 + 4H^+ + SO_4^{2-} + 2e^- \longrightarrow PbSO_4 + 2H_2O$

全体の反応；Pb + PbO$_2$ + 2H$_2$SO$_4$ $\underset{充電}{\overset{放電}{\rightleftarrows}}$ 2PbSO$_4$ + 2H$_2$O

鉛蓄電池を**放電**すると，両電極は水に不溶の硫酸鉛(Ⅱ)PbSO$_4$でおおわれ，希硫酸の濃度は減少し，起電力が低下する(**電池の分極**)。そこで，放電と逆向きの電流を流すと逆反応が起こり，起電力が回復する。この操作を**充電**という。

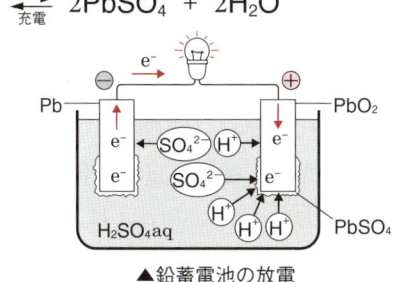

▲鉛蓄電池の放電

5 燃料電池

物質を燃焼させて熱エネルギーを得るかわりに，直接電気エネルギーを取り出す装置を**燃料電池**という。たとえば，白金触媒をつけた多孔性の炭素板を電極，リン酸水溶液を電解液，負極活物質(還元剤)に水素，正極活物質(酸化剤)に酸素を用いたものが実用化されている。
電池式；(−)Pt・H$_2$ | H$_3$PO$_4$aq | O$_2$・Pt(+)
起電力；1.2 V

$\begin{cases} 負極(−)；H_2 \longrightarrow 2H^+ + 2e^- \\ 正極(+)；O_2 + 4H^+ + 4e^- \longrightarrow 2H_2O \end{cases}$

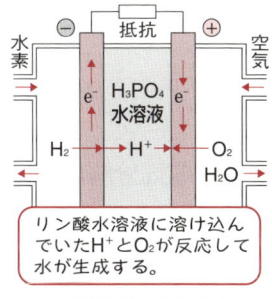

リン酸水溶液に溶け込んでいたH$^+$とO$_2$が反応して水が生成する。

▲燃料電池のしくみ

6 実用電池

一次電池…充電ができない，使い切りの電池。
二次電池…充電でき，繰り返し使える電池。蓄電池ともいう。

▼さまざまな実用電池

	電池の名称	電池の構成			起電力〔V〕
		負極活物質	電解質	正極活物質	
一次電池	マンガン乾電池	Zn	ZnCl$_2$, NH$_4$Cl	MnO$_2$	1.5
	アルカリマンガン乾電池	Zn	KOH	MnO$_2$	1.5
	酸化銀電池	Zn	KOH	Ag$_2$O	1.55
	リチウム電池	Li	リチウム塩	MnO$_2$	3.0
	空気電池	Zn	KOH	O$_2$	1.3
二次電池	ニッケル・カドミウム電池	Cd	KOH	NiO(OH)	1.3
	ニッケル・水素電池	MH*	KOH	NiO(OH)	1.35
	リチウムイオン電池	Liを含む黒鉛	リチウム塩	LiCoO$_2$	4.0

*MHは，条件により水素を吸収・放出する水素吸蔵合金である。

7 電気分解とは

電解質の水溶液や融解液に電極を入れて直流電流を通じると，電極上で化学変化が起こる。これを**電気分解（電解）**といい，電源の正極につないだ電極を**陽極**，負極につないだ電極を**陰極**という。たとえば，右図のように，塩化銅（Ⅱ）水溶液に炭素電極を入れて電気分解すると，陰極と陽極では，次の反応が起こる。

陰極；陽イオンが電極に引きつけられて，電子を受け取る。銅が析出。

$$Cu^{2+} + 2e^- \longrightarrow Cu （還元反応）$$

陽極；陰イオンが電極に引きつけられて，電子を放出する。塩素が発生。

$$2Cl^- \longrightarrow Cl_2 + 2e^- （酸化反応）$$

▲ $CuCl_2$ 水溶液の電気分解

8 電気分解における生成物

1 陰極での生成物 ① イオン化傾向が H^+ より小さい（Cu^{2+}, Ag^+ など）場合 ⇨ これらの陽イオンが還元され，**金属が析出**。

② イオン化傾向が大きい（K^+, Na^+ など）場合 ⇨ 水分子（酸性溶液では H^+）が還元され，H_2 が発生。　　$2H_2O + 2e^- \longrightarrow H_2\uparrow + 2OH^-$

＋補足 イオン化傾向が中程度の金属イオン（Zn^{2+}, Fe^{2+}, Ni^{2+} など）の場合，条件によっては H_2 の発生と金属の析出が同時に起こることがある。

2 陽極での生成物 ① 極板が変化しない物質（Pt, C）の場合

⇨ (a) ハロゲン化物イオンが存在するとき…ハロゲン化物イオンが酸化され，**ハロゲンの単体**（Cl_2, Br_2, I_2）を生成。
(b) SO_4^{2-}, NO_3^- などが存在するとき…水分子（塩基性溶液では OH^-）が酸化され **O_2 が発生**。　　$2H_2O \longrightarrow O_2\uparrow + 4H^+ + 4e^-$

② 極板が変化する物質（Ag, Cu など）の場合 ⇨ 極板自身が陽イオンとなって溶け出し，**気体は発生しない**。　**例** $Cu \longrightarrow Cu^{2+} + 2e^-$

！注意 おもな物質の電解生成物　（　）は電極の物質,（　）がないものは白金電極

電解液	陽極	陰極	電解液	陽極	陰極
HCl 水溶液	(C)Cl_2	H_2	Na_2SO_4 水溶液	O_2	H_2
H_2SO_4 水溶液	O_2	H_2	NaCl 水溶液	(C)Cl_2	H_2, NaOH
NaOH 水溶液	O_2	H_2	$CuSO_4$ 水溶液	(Cu)Cu^{2+}	Cu

9 電気分解の法則

1 電気分解の法則（ファラデーの法則）
① 各電極で変化する物質の量は，**通じた電気量に比例する**。
② 同じ電気量で変化するイオンの物質量は，イオンの種類には関係なく，**イオンの価数に反比例する**。

2 電気量の単位
① **1 クーロン〔C〕**…1 アンペア〔A〕の電流が 1 秒間流れたときの電気量。

$$\text{電気量〔C〕} = \text{電流〔A〕} \times \text{時間〔s〕}$$

② **ファラデー定数 F**…1 mol の電子がもつ電気量。

$$F = 9.65 \times 10^4 \text{ C/mol}$$

＋補足 i〔A〕の電流が t〔s〕間流れたときの電子の物質量は，次式のとおり。

$$\text{電子の物質量〔mol〕} = \frac{\text{電気量}}{\text{ファラデー定数}} = \frac{it\text{〔C〕}}{9.65 \times 10^4 \text{ C/mol}}$$

3 電気分解における電気量と物質の変化量の関係
次のようなイオン反応式の係数比から読み取る。

例 Cu^{2+} + $2e^-$ ⟶ Cu　　　$2H_2O$ ⟶ $4H^+$ + $O_2\uparrow$ + $4e^-$
　　　(1 mol)　$\left(\dfrac{1}{2}\text{ mol}\right)$　　　　　　　　　$\left(\dfrac{1}{4}\text{ mol}\right)$　(1 mol)

10 電解槽と直列・並列接続

1 直列接続
右図のように，各電解槽を流れる電流はどこも同じである。したがって，**回路全体を流れる電気量もすべて等しい**。

$$\text{電気量 } Q_\text{I} = \text{電気量 } Q_\text{II}$$

▲直列につないだ電解槽

2 並列接続
右図のように，各電解槽を流れる電流の和が，電池から流れ出た電流となる。したがって，**各電解槽を流れる電気量の和が全電気量と等しい**。

$$\text{全電気量 } Q = Q_\text{I} + Q_\text{II}$$

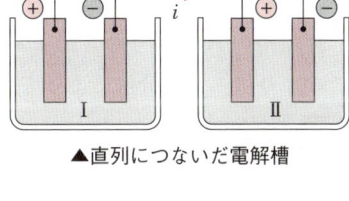

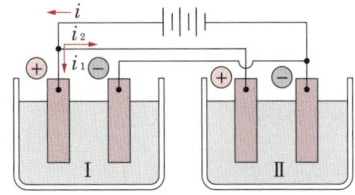

▲並列につないだ電解槽

！注意 通じた電気量の何％が目的とする電気分解に使われたかを表したものを**電流効率**という。特に指示がなければ，電流効率が100％と考えて計算してよい。

11 アルミニウムの融解塩電解

アルミニウムは，ボーキサイトから取り出した**酸化アルミニウム（アルミナ）**に，融点降下剤として**氷晶石** Na_3AlF_6 を加え，炭素電極を用いて**融解塩電解**によって得られる。

$$Al_2O_3 \rightleftarrows 2Al^{3+} + 3O^{2-}$$

陰極 ; $Al^{3+} + 3e^- \longrightarrow Al$
陽極 ; $C + O^{2-} \longrightarrow CO + 2e^-$
　　　$C + 2O^{2-} \longrightarrow CO_2 + 4e^-$

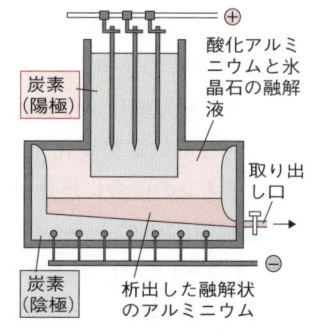

▲アルミニウムの融解塩電解

!注意 イオン化傾向の大きな Al^{3+} を含む水溶液を電気分解しても，H_2 が発生するのみ。

12 銅の電解精錬

鉱石の**黄銅鉱** $CuFeS_2$ を還元して，**粗銅（Cu 約 99 %）** をつくる。**陽極に粗銅，陰極に純銅（Cu 約 99.99 %）** を用い，硫酸酸性の $CuSO_4$ 水溶液を電気分解すると，各電極で次のような反応が起こる。

陰極 ; $Cu^{2+} + 2e^- \longrightarrow Cu$（還元）
　　　粗銅から溶解した Fe^{2+}，Ni^{2+} などは陰極には析出しない。
陽極 ; $Cu \longrightarrow Cu^{2+} + 2e^-$（酸化）

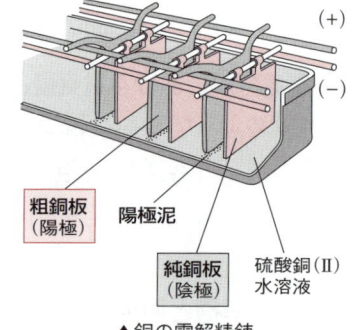

▲銅の電解精錬

粗銅中の Ag，Au などはイオン化せず，陽極の下に**陽極泥**となり沈殿する。このように，電気分解によって純粋な金属を得る方法を**電解精錬**という。

13 金属のイオン化傾向とイオン化列

金属が水溶液中で陽イオンとなり溶け出す性質を，**金属のイオン化傾向**といい，金属をイオン化傾向の順に並べたものを**イオン化列**という。

イオン化列	Li	K	Ca	Na	Mg	Al	Zn	Fe	Ni	Sn	Pb	(H)	Cu	Hg	Ag	Pt	Au
水との反応	常温で反応				熱水と反応	高温の水蒸気と反応			反応しない								
空気中での反応	常温で内部まで酸化				常温で酸化被膜をつくる								酸化されない				
酸との反応	塩酸や希硫酸と反応して水素を発生												酸化力のある酸と反応			王水と反応	

TYPE 73 ダニエル電池 【重要度 A】

極板の質量は，負極では酸化反応が起こって減少，正極では還元反応が起こって増加する。

着眼 右図のような電池を，**ダニエル電池**という。

$\begin{cases} 負極；Zn \longrightarrow Zn^{2+} + 2e^- \\ 正極；Cu^{2+} + 2e^- \longrightarrow Cu \end{cases}$

一般に，**イオン化傾向の大きい金属が負極**となり，**酸化反応**が起こる。**イオン化傾向の小さい金属が正極**となり，**還元反応**が起こる。したがって，負極にはより酸化されやすい金属，正極にはより還元されやすい金属を用いたほうが，電池の起電力は大きくなる。いいかえると，両電極の**イオン化傾向の差が大きいほど，電池の起電力は大きくなる**。例題では，ダニエル電池と同じしくみで極板や電解液が異なるダニエル型電池を扱う。

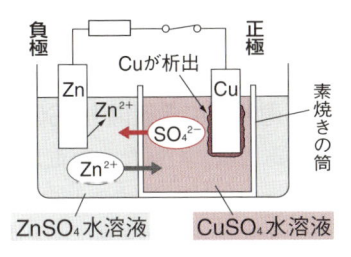

例題　ダニエル型電池の負極の質量の増減

上図のような装置の一方の室に，1 mol/L の硝酸銀水溶液 500 mL と銀板を入れ，他方の室には 0.5 mol/L の硝酸亜鉛水溶液 500 mL と亜鉛板を入れて，ダニエル型電池をつくった。この両電極に豆電球をつなぎ，放電を続けた後，正極を取り出してその質量を測ると，放電前よりも 162 mg 質量が増加していた。このときの負極の質量の増減量を答えよ。原子量；Zn = 65，Ag = 108

解き方　このダニエル型電池では，以下のような反応が起こる。

$\begin{cases} 負極；Zn \longrightarrow Zn^{2+} + 2e^- \\ 正極；Ag^+ + e^- \longrightarrow Ag \end{cases}$

したがって，**負極（亜鉛板）の質量は減少する**ことがわかる。上の反応式より，流れた電子の物質量は，析出した Ag（原子量＝108）の物質量と等しいので，

$$\frac{162 \times 10^{-3} \text{g}}{108 \text{ g/mol}} = 1.5 \times 10^{-3} \text{ mol}$$

電子 2 mol が流れると，Zn 1 mol が溶けるから，溶けた Zn（原子量＝65）の質量は，

$$1.5 \times 10^{-3} \text{ mol} \times \frac{1}{2} \times 65 \text{ g/mol} \fallingdotseq 49 \times 10^{-3} \text{ g}$$

答　49 mg の減少

TYPE 74 鉛蓄電池

重要度 A

流れた電子の物質量をつかむこと。希硫酸の濃度変化は，鉛蓄電池の放電反応を1つの反応式にまとめて考えよ。

鉛蓄電池は右図のように，**負極に鉛 Pb，正極に酸化鉛(Ⅳ)PbO$_2$** を，電解液に**希硫酸 H$_2$SO$_4$** を用いている。鉛蓄電池は，いったん起電力が低下しても，逆向きの電流を流すことによって起電力を回復することができる。この操作を**充電**という。鉛蓄電池のように，充電によって繰り返し使用することのできる電池を，**二次電池**（**蓄電池**）という。これに対して，マンガン乾電池や酸化銀電池のように，充電できずに使いきりの電池を**一次電池**という。

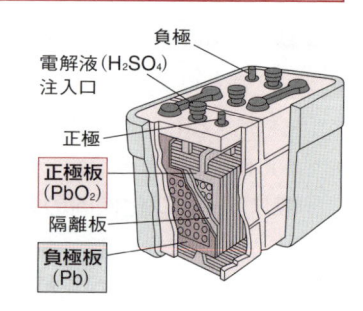

また，鉛蓄電池の放電時の両極での変化は，それぞれ次のように表される。

$$\begin{cases} 負極；Pb + SO_4^{2-} \longrightarrow PbSO_4 + 2e^- \\ 正極；PbO_2 + 4H^+ + 2e^- + SO_4^{2-} \longrightarrow PbSO_4 + 2H_2O \end{cases}$$

上の2式を辺々加えて1つにまとめると，

$$Pb + PbO_2 + 2H_2SO_4 \xrightarrow{2e^-} \underline{PbSO_4}_{(正極)} + \underline{PbSO_4}_{(負極)} + 2H_2O$$

つまり，2 mol の電子が移動すると，負極では Pb 1 mol が PbSO$_4$ 1 mol に変化する一方，正極では PbO$_2$ 1 mol が PbSO$_4$ 1 mol に変化する。また，電解液は，H$_2$SO$_4$ が 2 mol 消費され，H$_2$O が 2 mol 生成する。

したがって，鉛蓄電池を放電し続けると，**両極の質量は増加し，硫酸の濃度（密度）は減少する。**

+補足 鉛蓄電池を充電するときは，電源と充電する電池の同極どうしを接続すればよい。これは放電時に負極から電子が失われているので，起電力を回復するには，負極に電子を与える必要があるためである。
充電時には，以下のような反応が起こる。

$$\begin{cases} 負極；PbSO_4 + 2e^- \longrightarrow Pb + SO_4^{2-} & （還元反応）\\ 正極；PbSO_4 + 2H_2O \longrightarrow PbO_2 + 4H^+ + 2e^- + SO_4^{2-} & （酸化反応）\end{cases}$$

2. 電池と電気分解　155

> **例 題**　鉛蓄電池における極板の質量，電解液の濃度変化
>
> 鉛蓄電池は，正極に酸化鉛(Ⅳ) PbO_2，負極に鉛 Pb，電解液に希硫酸を用いた実用的な二次電池である。放電前の希硫酸の濃度は 33％，その質量を 1000 g とし，0.20 mol の電子が負極から正極へ移動したとする。
> 原子量；H = 1.0, O = 16, S = 32, Pb = 207
> (1) 正極，負極の質量は，それぞれ何 g 増減したか。
> (2) 放電後の希硫酸の濃度は何％になるか。

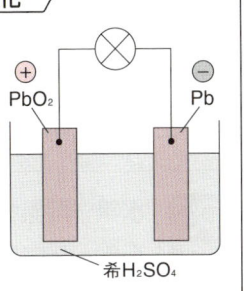

解き方　(1) 正極，負極の放電時の反応式は次のとおり。

正極；$\underline{PbO_2}$ + 4H$^+$ + $\underline{2e^-}$ + SO$_4^{2-}$ ⟶ $\underline{PbSO_4}$ + 2H$_2$O
　　　1 mol (= 239 g)　　**2 mol**　　　　　　　1 mol (= 303 g)
　　　　　　　　　　　64 g 増加

負極；$\underline{Pb}$ + SO$_4^{2-}$ ⟶ $\underline{PbSO_4}$ + $\underline{2e^-}$
　　　1 mol (= 207 g)　　1 mol (= 303 g)　**2 mol**
　　　　　　　　96 g 増加

反応式より，正極・負極ともに，極板の質量が 1 mol ずつ変化するのに対して，電子 2 mol が必要であることがわかる。よって，0.20 mol の電子が流れると，極板の質量が 0.10 mol ずつ変化するので，

　　正極；64 g×0.10 = 6.4 g　増加する。　　負極；96 g×0.10 = 9.6 g　増加する。

(2) 希硫酸の濃度変化については，**正極と負極をあわせた反応式を利用**する。

　　Pb + PbO$_2$ + 2H$_2$SO$_4$ $\xrightarrow{2e^-}$ 2PbSO$_4$ + 2H$_2$O

この電解液中に含まれる H$_2$SO$_4$ の質量は，

　　1000 g×0.33 = 330 g

上式より，**1 mol の電子が流れると，H$_2$SO$_4$（溶質）1 mol が消失し，H$_2$O（溶媒）1 mol が生成する**。よって，放電後の希硫酸の濃度は，

$$\frac{溶質}{溶液}\times100 = \frac{330\ g - 98\ g/mol \times 0.20\ mol}{1000\ g - 98\ g/mol \times 0.20\ mol + 18\ g/mol \times 0.20\ mol}\times100$$
　　≒ 31.5％

答　(1) 正極；**6.4 g 増加**，負極；**9.6 g 増加**　(2) **31.5％**

類題43　放電前に密度 1.24 g/cm³ であった希硫酸が，放電により，密度が 1.12 g/cm³ になった鉛蓄電池がある。この放電で移動した電子の物質量を求めよ。ただし，希硫酸の体積は，つねに 500 mL で変化しなかったものとする。原子量；H = 1.0, O = 16, S = 32, Pb = 207

（解答➡別冊 *p.12*）

TYPE 75 燃料電池

水素－酸素型の燃料電池では，H_2 1 mol が完全に反応すると，2 mol の電子が移動する。

着眼 **水素－酸素型の燃料電池**では，水素の燃焼熱 286 kJ/mol を熱エネルギーの形で得るかわりに，水素（還元剤）の酸化反応と，酸素（酸化剤）の還元反応をそれぞれ別の場所で行わせ，その間に継続的な電子の流れ（電流）をつくり出し，効率よく電気エネルギーを取り出している。

すなわち，白金触媒をつけた多孔質の炭素電極の一方の電極に H_2 を，他方の電極に O_2 を一定の速度で吹きつけると，各電極では次のような反応が起こる。

〔負極での反応〕

H_2 が電子を放出する還元剤（**負極活物質**）としてはたらく。

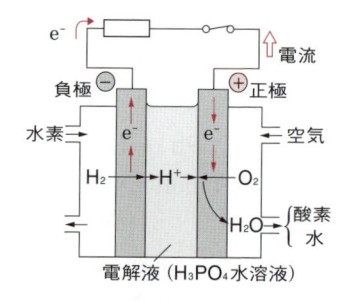

$$H_2 \longrightarrow 2H^+ + 2e^- \text{（酸化反応）} \quad \cdots\cdots① $$

〔正極での反応〕

O_2 が電子を取り込む酸化剤（**正極活物質**）としてはたらく。

$$\frac{1}{2}O_2 + 2e^- + 2H^+ \longrightarrow H_2O \text{（還元反応）} \quad \cdots\cdots② $$

負極で生成した H^+ が移動して正極で消費されるので，電解液の濃度は一定に保たれる。

また，①＋②より，$H_2 + \frac{1}{2}O_2 \xrightarrow{2e^-} H_2O$（液体）

これより，**水素 1 mol と酸素 $\frac{1}{2}$ mol が完全に反応すると，取り出される電子は 2 mol** である。

＋補足 燃料のもつ化学エネルギーを熱エネルギー ⟶ 運動エネルギー ⟶ 電気エネルギーと変換していく火力発電に比べて，燃料電池では，燃料のもつ化学エネルギーを直接電気エネルギーに変換している。化学エネルギーのうち，電気エネルギーに変換された割合をエネルギー効率といい，火力発電が 25 ～ 30% であるのに対して，燃料電池では 40 ～ 45% と高くなる。

例題　水素-酸素型燃料電池の反応とエネルギー効率

電解液に水酸化カリウム水溶液を用いた，水素-酸素型の燃料電池がある。いま，0℃，1.01×10^5 Pa において，毎分あたり負極に水素 448 mL，正極に酸素 224 mL の割合で反応させた。次の各問いに答えよ。

(1) 負極・正極で起こる変化を，電子 e^- を用いた反応式で示せ。
(2) この電池を 1 時間運転したとき，得られる電気量は何 C か。電子 1 mol がもつ電気量を 9.65×10^4 C/mol とする。
(3) 放電時の平均電圧を 0.70 V とすると，電気エネルギー〔J〕= 電気量〔C〕× 電圧〔V〕の関係より，(2)で得られた電気エネルギーは何 kJ か。
(4) 水素の燃焼熱を 286 kJ/mol として，この電池のエネルギー効率〔%〕を求めよ。

解き方　(1) 負極では，H_2 が電子を放出し，生じた H^+ が直ちに水酸化カリウム水溶液中の OH^- と反応して，H_2O が生成する。

$$H_2 + 2OH^- \longrightarrow 2H_2O + 2e^- \quad \cdots\cdots ①$$

正極では，O_2 が電子を受け取り O^{2-} となり，直ちに水酸化カリウム水溶液中の H_2O と反応して OH^- となる（負極で消費された OH^- が再生される）。

$$\frac{1}{2}O_2 + 2e^- + H_2O \longrightarrow 2OH^- \quad \cdots\cdots ②$$

(2) 両極の反応を 1 つにまとめた反応式は，①+②より，

$$H_2 + \frac{1}{2}O_2 \xrightarrow{2e^-} H_2O \quad \cdots\cdots ③$$

0℃，1.01×10^5 Pa で 448 mL の H_2 の物質量は，$\dfrac{448 \text{ mL}}{22400 \text{ mL/mol}} = 0.020$ mol

③式より，**0.020 mol の H_2 が反応すると，0.040 mol の電子が移動するから**，この電池を 1 時間運転したときに得られる電気量は，

0.040 mol/min × 60 min × 9.65×10^4 C/mol ≒ 2.32×10^5 C

(3) 問題に与えられた公式を用いて電気エネルギーを求めると，

2.32×10^5 C × 0.70 V ≒ 1.62×10^5 J

1 kJ = 1000 J より，1.62×10^5 J = 162 kJ

(4) 水素を燃焼して得られる熱エネルギーをすべて電気エネルギーに変換できれば，エネルギー効率は 100% である。1 時間で供給した H_2 の燃焼で得られるのは，

0.020 mol/min × 60 min × 286 kJ/mol ≒ 343 kJ

上の熱エネルギーと，(3)で求めた電気エネルギーより，$\dfrac{162}{343} \times 100 ≒ 47\%$

答　(1) 負極；①式，正極；②式　(2) **2.32×10^5 C**　(3) **162 kJ**　(4) **47%**

TYPE 76 電気分解の電気量と物質の生成量 【重要度 A】

まず，電解槽に流れた電気量から，電子の物質量を求める。
次に，各電極の反応式を書き，係数比に着目。

着眼 電解槽に流れた<u>電気量</u>は<u>電流値と時間の積</u>で求める。これを電子 1 mol のもつ電気量を表す**ファラデー定数** $F = 9.65 \times 10^4$ C/mol で割ると，電気分解に関係した電子の物質量がわかる。

$$電子の物質量 [mol] = \frac{電流 [A] \times 時間 [s]}{9.65 \times 10^4 \text{C/mol}}$$

次に，各電極での反応式を正しく書き，**目的の物質と電子 e^- の係数比に着目**すれば，その生成量が求められる。

例題　電気分解の電気量と物質の生成量

硫酸銅(Ⅱ)水溶液に白金電極を浸し，1.0 A の直流電流を 32 分 10 秒間流して，電気分解を行った。原子量；Cu = 64，ファラデー定数；$F = 9.65 \times 10^4$ C/mol
(1) 陰極で析出する物質は何 g か。
(2) 陽極で発生する気体の体積は，標準状態で何 L か。

解き方 (1) 流れた電気量は，$Q[C] = 1.0 \text{ A} \times (32 \times 60 + 10) \text{ s} = 1930$ C である。電子 1 mol のもつ電気量は，ファラデー定数 $F = 9.65 \times 10^4$ C/mol だから，反応した電子の物質量は，

$$\frac{1930 \text{ C}}{9.65 \times 10^4 \text{ C/mol}} = 0.020 \text{ mol}$$

陰極の反応　$Cu^{2+} + 2e^- \longrightarrow Cu$　より，電子 2 mol で Cu 1 mol が析出する。

$$0.020 \text{ mol} \times \frac{1}{2} \times 64 \text{ g/mol} = 0.64 \text{ g}$$

(2) 陽極の反応　$2H_2O \longrightarrow 4H^+ + O_2 + 4e^-$　より，電子 4 mol で O_2 1 mol が発生する。

$$0.020 \text{ mol} \times \frac{1}{4} \times 22.4 \text{ L/mol} = 0.112 \fallingdotseq 0.11 \text{ L}$$

答 (1) **0.64 g**　(2) **0.11 L**

類題 44 陰極と陽極に炭素棒を用いて，塩化銅(Ⅱ)水溶液を電気分解したところ，陰極に銅が 2.56 g 析出した。陽極で発生する塩素は，標準状態で何 mL か。ただし，塩素は水に溶けないものとする。原子量；Cu = 64　　(解答 → 別冊 p.13)

TYPE 77 直列接続の電気分解 　　重要度 B

各電解槽に流れる電気量は，すべて同じである。

> **着眼**　複数の電解槽を直列につなぐと，どの電解槽にも同じ強さの電流が同じ時間だけ流れるので，**各電解槽を流れる電気量はすべて等しい。**

例題　直列接続の電気分解

電解槽 X, Y にはそれぞれ 1 mol/L の硫酸銅(Ⅱ)水溶液，硝酸銀水溶液を入れ，図のようにそれぞれの電極を接続し，0.50 A の一定電流で，ある時間電気分解を行ったら，Y 槽の陰極の質量が 2.7 g 増加した。原子量；Cu = 64，Ag = 108，ファラデー定数；$F = 9.65 \times 10^4$ C/mol

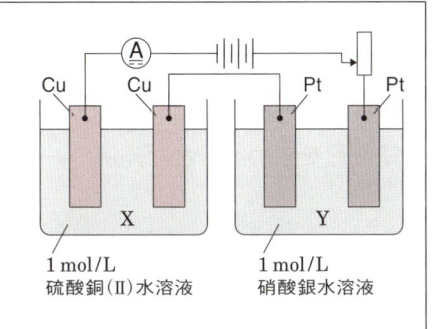

(1) 電気分解した時間は何分間か。
(2) X 槽の陽極の質量の変化を，増加・減少を含めて示せ。
(3) Y 槽で発生する気体の体積は，標準状態で何 L となるか。

解き方　直列接続の電解槽だから，X, Y 槽に流れる電気量は等しい。

(1) Y 槽の陰極では，$Ag^+ + e^- \longrightarrow Ag$ の反応が起こる。反応式より，析出した Ag と電子の物質量は等しく，$\dfrac{2.7 \text{ g}}{108 \text{ g/mol}} = 0.025$ mol。

　電気量 Q は，ファラデー定数 $F = 9.65 \times 10^4$ **C/mol** より，

　　$Q = 0.025$ mol $\times 9.65 \times 10^4$ C/mol $= 2412.5$ C

　求める時間を t〔s〕とすると，**電気量〔C〕= 電流〔A〕× 時間〔s〕**より，

　　0.50 A $\times t$〔s〕$= 2412.5$ C　　∴　$t = 4825$ s ≒ 80 分

(2) X 槽の陰極では $Cu^{2+} + 2e^- \longrightarrow Cu$ のように**銅が析出**する一方，陽極では $Cu \longrightarrow Cu^{2+} + 2e^-$ のように**銅が溶解**するから，

　　0.025 mol $\times \dfrac{1}{2} \times 64$ g/mol $= 0.80$ g（減少する）

(3) $2H_2O \longrightarrow 4H^+ + O_2 + 4e^-$ より，0.025 mol $\times \dfrac{1}{4} \times 22.4$ L/mol $= 0.14$ L

答 (1) **80 分**　(2) **0.80 g 減少**　(3) **0.14 L**

TYPE 78 並列接続の電気分解 【重要度 B】

全電気量は，各電解槽に流れた電気量の和に等しい。
$$Q = Q_1 + Q_2 + \cdots \quad \begin{pmatrix} Q ; \text{全電気量} \\ Q_n ; \text{各電解槽に流れた電気量} \end{pmatrix}$$

🔍着眼 電解槽を並列につなぐと，電源を流れ出た全電流 I，各電解槽を流れる電流 i_1, $i_2 \cdots$ には，$I = i_1 + i_2 + \cdots$ という関係が成り立つ。このとき，各電解槽には同じ時間だけ電流が流れるので，並列接続では，全電気量は各電解槽を流れた電気量の和に等しい。この **TYPE** の問題では，**各電解槽を流れる電気量を求めることが先決**である。

例題　並列接続の電気分解

右図のように2つの電解槽を並列につなぎ，A槽に希硫酸，B槽に硫酸銅(Ⅱ)水溶液を入れ，電極にいずれも白金 Pt を用い，0.40 A の電流で 48 分 15 秒間電解を行った。ファラデー定数；$F = 9.65 \times 10^4$ C/mol

(1) 回路全体を流れた電気量は何Cか。
(2) A槽の陰極に発生した気体の体積は，標準状態で 89.6 mL であった。A槽を流れた電気量は何Cか。
(3) B槽の陽極に発生した気体の体積は，標準状態で何 mL か。
(4) B槽の硫酸銅(Ⅱ)水溶液は，最初 0.40 mol/L で 100 mL であったとすれば，電解後の硫酸銅(Ⅱ)水溶液の濃度は何 mol/L になるか。ただし，電解による水溶液の体積変化はなかったものとする。

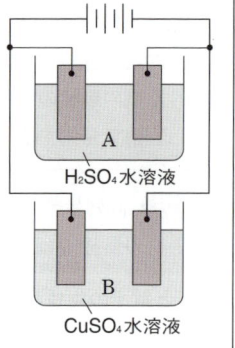

解き方 (1) この回路を流れた全電気量は，0.40 A の電流を 48 分 15 秒間流したのだから，電気量〔C〕＝電流〔A〕×時間〔s〕より，

$0.40 \text{ A} \times (48 \times 60 + 15) \text{s} = 1158 ≒ 1.2 \times 10^3$ C

(2) A槽では，次のような変化が起こり，**陽極に O_2，陰極に H_2 が発生する。**

陽極；$2H_2O \longrightarrow 4H^+ + O_2 + 4e^-$
陰極；$2H^+ + 2e^- \longrightarrow H_2$

陰極では**電子 2 mol で H_2 が 1 mol 発生する**から，流れた電子の物質量は，

$$\frac{89.6 \text{ mL}}{22400 \text{ mL/mol}} \times 2 = 0.0080 \text{ mol}$$

ファラデー定数 $F=9.65\times 10^4$ C/mol より，A 槽に流れた電気量は，

0.0080 mol×9.65×10^4 C/mol＝772 C

(3) 全電気量は，各電解槽に流れた電気量の和に等しいので，

(B 槽に流れた電気量)＝(全電気量)－(A 槽に流れた電気量) より，

1158 C－772 C＝386 C

B 槽の陽極では，SO_4^{2-} は電子を失いにくく，代わりに水分子が酸化される。これより，B 槽(陽極)の反応式は，$2H_2O \longrightarrow 4H^+ + O_2 + 4e^-$ なので，**電子 4 mol から O_2 1 mol が発生する**から，発生した O_2 の体積は，

$$\frac{386 \text{ C}}{9.65\times 10^4 \text{ C/mol}} \times \frac{1}{4} \times 22400 \text{ mL/mol} = 22.4 \text{ mL}$$

(4) B 槽の陰極では，$Cu^{2+} + 2e^- \longrightarrow Cu$ の反応により，

Cu^{2+} が $\dfrac{386}{9.65\times 10^4} \times \dfrac{1}{2} = 0.0020$ mol 減少する。

電解後の $CuSO_4$ 水溶液に残った Cu^{2+} の物質量は，

$0.40 \times \dfrac{100}{1000} - 0.0020 = 0.038$ mol

これが水溶液 100 mL 中に含まれるので，モル濃度は，

$0.038 \text{ mol} \div \dfrac{100}{1000} \text{ L} = 0.38$ mol/L

答 (1) 1.2×10^3 C (2) 772 C (3) 22.4 mL (4) 0.38 mol/L

類題45 硝酸銀水溶液の入った電解槽(Ⅰ)と，硫酸ナトリウム水溶液の入った電解槽(Ⅱ)を右図のように連結した。0.500 A の電流で 1 時間電気分解したところ，(Ⅰ)槽の陰極が 0.432 g 増加した。原子量；Ag＝108　ファラデー定数；$F=9.65\times 10^4$ C/mol

(解答➡別冊 p.13)

(1) 電池から流れ出た全電気量は，何 C か。
(2) (Ⅰ)を流れた電流の平均値は何 A か。
(3) (Ⅱ)の陰極で発生した気体の体積は，標準状態で何 mL か。
(4) (Ⅰ)の硝酸銀水溶液が，電気分解前に，0.200 mol/L で 100 mL とすれば，電気分解終了時における硝酸銀水溶液の濃度は何 mol/L となるか。ただし，電解による溶液の体積変化は無視する。

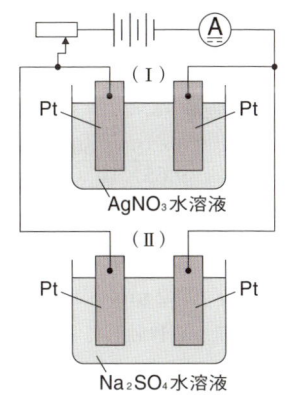

TYPE 79 イオン交換膜法

陽イオン交換膜を用いて NaCl 水溶液を電気分解すると，陰極側で NaOH が得られる。

着眼 塩化ナトリウム水溶液の電気分解では，各電極で次の反応が起こる。

陽極；$2Cl^- \longrightarrow Cl_2 + 2e^-$

陰極；$2H_2O + 2e^- \longrightarrow H_2 + 2OH^-$

陽極付近では，反応しなかった Na^+ がたまり，正電荷が過剰になる。一方，陰極付近では，OH^- が生じて，負電荷が過剰になる。**電荷のつりあいを保つため，イオンが溶液中を移動する。**

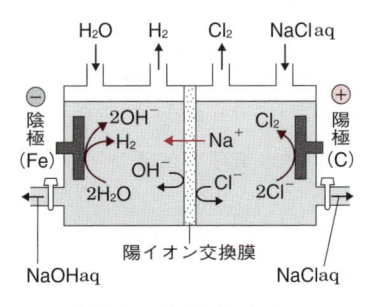

Na^+ は中央の陽イオン交換膜を通過できるが，Cl^- や OH^- は通過できない。したがって，**電気分解を続けると，陰極側では Na^+ と OH^- の濃度が大きくなり，高純度の NaOH が得られる**ことになる。

例題　イオン交換膜法で得られた NaOH 水溶液の濃度

上図のような装置を用いて，2.0 A の電流を 1 時間 36 分 30 秒間流して電気分解を行った。各電解槽の水溶液の体積は 100 L であるとして，電気分解後に得られる水酸化ナトリウム水溶液のモル濃度を求めよ。

ファラデー定数；$F = 9.65 \times 10^4$ C/mol

解き方 電気分解で流れた電子 e^- の物質量は，

$$\frac{2.0 \times (96 \times 60 + 30) \text{ C}}{9.65 \times 10^4 \text{ C/mol}} = 0.12 \text{ mol}$$

陰極では，$2H_2O + 2e^- \longrightarrow H_2 + 2OH^-$ の反応が起こる。

　　　　　2 mol　　2 mol　　1 mol　　2 mol

電子 e^- 0.12 mol が流れると，生成する OH^- も 0.12 mol である。これらの OH^- と陽極側から移動してきた Na^+ が反応して NaOH 水溶液が得られる。

陰極側に生成した 0.12 mol の NaOH が溶液 100 L 中に含まれるから，

モル濃度；$\dfrac{0.12 \text{ mol}}{100 \text{ L}} = 1.2 \times 10^{-3}$ mol/L

答 1.2×10^{-3} mol/L

TYPE 80 電極反応の途中変更

うすい金属塩水溶液の電解では，まず酸化されやすい金属イオンが反応。途中で生成物の種類が変更される。

🔍 着眼 たとえば，$Cu(NO_3)_2$ と $AgNO_3$ の混合溶液を，白金電極を用いて電気分解した場合を考える。陽極では，最初から最後まで O_2 が発生するが，陰極では，**最初はイオン化傾向の小さな Ag^+，続いて Cu^{2+} が反応し，最後には，両極で水の電気分解が起こる**。よって，十分な濃度をもつ金属塩水溶液の場合は，途中で電極反応が変更することはないが，**うすい金属塩水溶液の場合は，電気分解を続けていくと，途中で電極反応が変更される**ので，注意が必要である。なお，電解液の濃度が与えられていない場合は，その電気分解に必要十分な濃度であると考えればよい。

> **例題** うすい硝酸銅(Ⅱ)水溶液の電気分解
>
> 0.020 mol/L 硝酸銅(Ⅱ)水溶液 500 mL を，両極とも白金電極を用いて 1.5 A の電流で 32 分 10 秒間，電気分解を行った。原子量：$Cu = 64$，ファラデー定数；$F = 9.65 \times 10^4$ C/mol
>
> (1) 陰極に析出した物質の質量は何 g か。
> (2) この電気分解で，陰極に発生した気体の体積は，標準状態で何 L か。

解き方 (1) 流れた電気量は，$1.5 \text{ A} \times (32 \times 60 + 10) \text{s} = 2895$ C なので，電子の物質量は，$\dfrac{2895 \text{ C}}{9.65 \times 10^4 \text{ C/mol}} = 0.030$ mol である。

陰極での反応は，$Cu^{2+} + 2e^- \longrightarrow Cu$ より，もし，Cu^{2+} が十分にあれば，0.015 mol の Cu が析出するはずである。実際には，Cu^{2+} は $0.020 \text{ mol} \times \dfrac{500}{1000} \text{ L} = 0.010$ mol しかない。よって，析出する Cu は，$0.010 \text{ mol} \times 64 \text{ g/mol} = 0.64$ g

(2) (1)より，Cu の析出に使われた電子の物質量は，$0.010 \text{ mol} \times 2 = 0.020$ mol

Cu の析出後は，$2H^+ + 2e^- \longrightarrow H_2$ の反応が起こる。

(全電気量) = (Cu の析出に使われた電気量) + (H_2 の発生に使われた電気量) より，H_2 の発生に使われる電子の物質量は，$0.030 \text{ mol} - 0.020 \text{ mol} = 0.010$ mol

したがって，発生した H_2 の体積は，

$$0.010 \text{ mol} \times \dfrac{1}{2} \times 22.4 \text{ L/mol} = 0.112 ≒ 0.11 \text{ L}$$

答 (1) **0.64 g** (2) **0.11 L**

TYPE 81 アルミニウムの融解塩電解 　重要度 B

アルミニウムの単体は融解塩電解によってのみ得られる。陽極では，電極自身が消耗する。

着眼 イオン化傾向の大きな Al^{3+} の水溶液を電気分解しても，H_2 が発生するだけで Al の単体は得られない。そのため，工業的には，アルミナ Al_2O_3 を氷晶石 Na_3AlF_6（融点降下剤）に加え，**融解塩電解**により Al の単体を得ている。

高温状態の融解塩電解では，通じた電気量の一部が発熱のために消費され，**電流効率はかなり低下する**。また，陽極では生成した O_2 がすぐに電極の C と反応し，CO や CO_2 となり**電極自身の消耗が起こる**。

例題　アルミニウムの生成に使われる電子と陽極の量

アルミニウムは，融解した氷晶石中にアルミナ Al_2O_3 を少しずつとかし，炭素を電極として電気分解してつくる。このとき，通じた電気量のうち，電気分解に使われた割合（電流効率）を 83％ として，問いに答えよ。原子量：C = 12，Al = 27
(1) アルミニウム 900 kg をつくるのに必要な電子の物質量を求めよ。
(2) 陽極で発生する気体は一酸化炭素のみであるとすると，消費された電極の炭素は何 kg か。

解き方 (1) 陰極での反応は，$Al^{3+} + 3e^- \longrightarrow Al$ であるから，**Al 1 mol を生成するには，電子 3 mol を必要とする**。

Al（原子量 = 27）の 900 kg の物質量は，$\dfrac{900 \times 10^3 \text{ g}}{27 \text{ g/mol}}$ であるので，

必要な電子の物質量を x〔mol〕とすると，電流効率が 83％ だから，

$$x\text{〔mol〕} \times 0.83 = \dfrac{900 \times 10^3 \text{ g}}{27 \text{ g/mol}} \times 3 \quad \therefore \quad x \fallingdotseq 1.2 \times 10^5 \text{ mol}$$

(2) 陽極での反応は，$C + O^{2-} \longrightarrow CO + 2e^-$ なので，**電子 2 mol で C 1 mol が一酸化炭素 CO に変化する**。

実際に電気分解に使われた電子の物質量は，(1)より 1.2×10^5 mol であるから，

$$1.2 \times 10^5 \text{ mol} \times \dfrac{1}{2} \times 12 \text{ g/mol} = 7.2 \times 10^5 \text{ g} = 7.2 \times 10^2 \text{ kg}$$

答 (1) 1.2×10^5 mol　(2) 7.2×10^2 kg

TYPE 82　銅の電解精錬　重要度 B

陽極泥(Ag，Au の沈殿)の生成には，電子は使われない。
電子は，Cu，Zn，Fe などの溶解に使われる。

着眼　硫酸銅(Ⅱ)水溶液を，粗銅を陽極に，純銅を陰極にして，低電圧で電気分解すると，**陰極に純粋な銅だけが析出**する。このとき，陽極では，Cu と不純物のうちの Zn，Fe などが溶解し，これらの溶解には電子が必要である。一方，不純物のうちの Ag，Au は溶解せず，**陽極泥として沈殿**するので，これらは流れた電子の物質量の計算には含めない。

例題　不純物の質量パーセントと電解精錬の終了時間

銀だけを不純物として含む粗銅 10 g を陽極に，2 g の純銅を陰極として，硫酸銅(Ⅱ)水溶液を用いて電気分解を行う。いま，低電圧で 268 mA の電流を 10 時間流して電気分解したところ，陽極の質量は 3.5 g だけ減少していた。ファラデー定数 $F = 9.65 \times 10^4$ C/mol とする。原子量；Cu = 64，Ag = 108
(1) 粗銅中に含まれる銀の質量パーセントを求めよ。
(2) この電気分解が終了するのは，電気分解をはじめてから何時間後のことか。

解き方　(1) 陽極に流れた電子は Cu ⟶ $Cu^{2+} + 2e^-$ の反応のみに使われ，Ag はイオン化せず，**陽極泥として単体のまま沈殿**する。流れた電子の物質量は，

$$\frac{0.268 \text{ A} \times (10 \times 3600) \text{ s}}{9.65 \times 10^4 \text{ C/mol}} \fallingdotseq 0.10 \text{ mol}$$

電子 2 mol で Cu 1 mol が溶解するから，溶解した Cu の質量は，

$$0.10 \text{ mol} \times \frac{1}{2} \times 64 \text{ g/mol} = 3.2 \text{ g}$$

∴ 粗銅中の銀の質量パーセント = $\frac{3.5 \text{ g} - 3.2 \text{ g}}{3.5 \text{ g}} \times 100 \fallingdotseq 8.6\%$

(2) **陽極の粗銅板がなくなると電気分解は終了する**。粗銅中の Cu の物質量は，

$$\frac{10 \times (1 - 0.086) \text{ g}}{64 \text{ g/mol}} \fallingdotseq 0.143 \text{ mol}$$

この Cu を溶解するのに必要な電子の物質量は，0.286 mol である。電気分解に必要な時間を x〔時間〕とすると，

$$0.286 \text{ mol} \times 9.65 \times 10^4 \text{ C/mol} = 0.268 \text{ A} \times (x \times 3600) \text{ [s]}$$

∴ $x \fallingdotseq 28.6$ 時間

答　(1) **8.6%**　(2) **28.6 時間後**

■練習問題

必要な場合は，ファラデー定数を $F = 9.65 \times 10^4$ C/mol とする。

58 図のように，電解槽の中央を陽イオン交換膜で仕切り，陰極室に 0.10 mol/L の水酸化ナトリウム水溶液，陽極室に 1.0 mol/L の塩化ナトリウム水溶液を 500 mL ずつ入れ，0.50 A の電流で，64 分 20 秒間電気分解を行った。ただし，発生した気体は水に溶けないものとする。

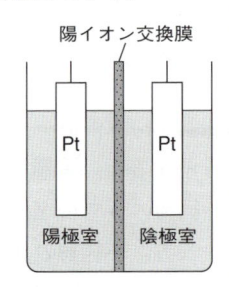

(1) 陽極で発生した気体は標準状態で何 L か。
(2) 陰極で生成した水酸化ナトリウムは何 g か。式量；NaOH = 40

→ 76,79

59 硝酸銀水溶液の電解槽 A と，希薄な水酸化ナトリウム水溶液の電解槽 B と，硫酸ニッケル(Ⅱ)水溶液の電解槽 C を図のように接続する。電極にはいずれも白金を用いた。この装置で 1 時間電気分解を行ったところ，電解槽 B の両極から，標準状態で合計 672 mL の気体が発生した。また，電流の強さは，図の電流計で 4.57 A であった。次の各問いに小数第 2 位までの数値で答えよ。原子量；Ni = 59，Ag = 108

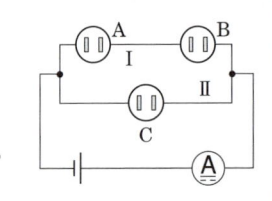

(1) 電解槽 A の陰極に析出した金属の質量は何 g か。
(2) 回路Ⅱに流れた電流の強さは平均何 A か。
(3) 電解槽 C の陽極で発生した気体の体積は標準状態で何 L か。
(4) 電解槽 C の陰極では，最初に金属の析出が，次いで気体が 224 mL（標準状態）発生した。析出した金属の質量は何 g か。 （京都府大 改）

→ 77,78

60 希硫酸を含んだ硫酸銅(Ⅱ)水溶液 1 L に，不純物として銀とニッケルを含んだ粗銅を陽極，純銅を陰極として電気分解を行った。直流電流を一定時間通じると，粗銅は 2.00 g 減少し，純銅は 1.92 g 増加した。また，水溶液中の銅(Ⅱ)イオンの濃度は，0.010 mol/L 減少した。水溶液中に溶け出したニッケルの質量と，陽極泥として沈殿した銀の質量を求めよ。原子量；Ni = 59，Cu = 64，Ag = 108 （センター試験 改）

→ 82

ヒント 60 陽極では Cu と Ni の溶解に電子が使われる。

61 右図のように，3個の電解槽Ⅰ，Ⅱ，Ⅲにそれぞれ，希硫酸，食塩水，硫酸銅(Ⅱ)水溶液を入れる。電極ア，イ，ウ，オは白金板，エは炭素棒，カは銅板である。また，電極ウとエとの間には多孔質の隔膜が置いてある。図のように電池をつないで，電流計で 4.825 A の電流を1時間流したところ，電極アから標準状態で 1.12 L の気体を発生した。

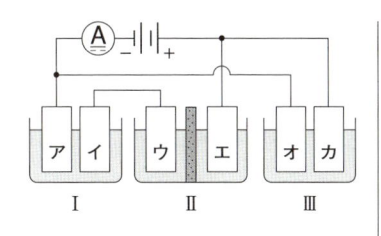

これについて，次の問いに答えよ。原子量：Cu = 63.5

(1) 電極イからは標準状態で何 L の気体が発生したか。
(2) 電解槽Ⅰ，Ⅱ，Ⅲにはそれぞれ何 C の電気量が流れたか。
(3) 電極カの質量は何 g 増加あるいは減少するか。
(4) 電解槽Ⅱの陰極側にある水溶液の全体積は 0.50 L であった。その 50.0 mL を中和するのに 1.00 mol/L の塩酸が何 mL 必要か。

→ 77, 78

62 0.010 mol/L の硝酸銅(Ⅱ)水溶液 500 mL を，両極とも白金電極を用いて，1.2 A の電流で 16 分 5 秒間電気分解を行った。これについて，次の問いに答えよ。ただし，電気分解は電流効率 100 % で行われ，その前後での水溶液の体積変化は無視できるものとする。原子量；H = 1.0，O = 16，Cu = 64

(1) 陽極で発生した酸素は何 g か。
(2) 陰極では，最初に銅が析出し，次いで水素が発生する。析出した銅と発生した水素は，それぞれ何 g か。

→ 80

63 アルミニウムの融解塩電解を行ったところ，陽極に標準状態で 2500 L の気体が発生した。ガス分析の結果，この気体は一酸化炭素と二酸化炭素の混合物(物質量の比 = 2 : 3)であった。これについて，次の問いに答えよ。ただし，電気分解は電流効率 100 % で行われたものとし，答えは有効数字3桁で記せ。原子量；Al = 27

(1) この電気分解において流れた電気量は何 C か。
(2) この電気分解で得られたアルミニウムは何 kg か。

→ 81

💡**ヒント** 61 電解槽Ⅰと電解槽Ⅱは直列接続，これらと電解槽Ⅲは並列接続である。
62 (2) (全電気量) = (Cu の析出に使われた電気量) + (H_2 の発生に使われた電気量)

6 反応速度と化学平衡

1 反応速度

1 活性化エネルギー

　反応が起こるためには，反応分子どうしがある一定以上のエネルギーをもって衝突する必要がある。このとき必要なエネルギーを**活性化エネルギー**という。反応分子どうしが激しく衝突すると，その運動エネルギーを吸収して，エネルギーの高い不安定な状態となる。このような状態を**活性化状態**という。活性化状態では，反応分子どうしが合体した反応中間体(**活性錯体**)ができており，この状態で，**原子の組み換え**が行われると考えられている。このとき，吸収していた活性化エネルギーと反応熱に相当するエネルギーを放出して，新しい分子が生成される。

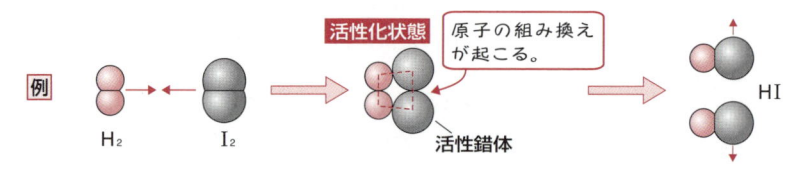

例： H_2 ＋ I_2 → 活性化状態（活性錯体）→ 原子の組み換えが起こる。→ HI

2 活性化エネルギーと反応熱

　活性化エネルギーは，反応の種類によってそれぞれ異なる。活性化エネルギーが小さい反応ほど，**反応速度は大きい**。一方，活性化エネルギーが大きい反応ほど，反応速度は小さくなる。

3 反応速度を変える条件

1 温度　個々の分子はすべて同じ速度で運動しているわけではなく，右図のような速度分布をもつ。温度が高くなると($T_1 → T_2$)，活性化エネルギーを上回るエネルギーをもつ分子の割合が増加するので，反応速度が大きくなる。一般に，「反応速度は，温度が 10 K 上昇するごとに，2〜3 倍になる」ものが多い。

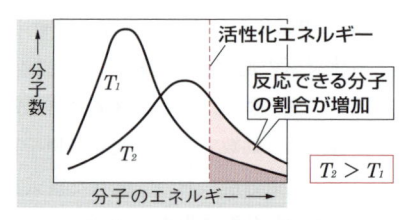

▲温度と分子のエネルギー分布（$T_2 > T_1$）

2 濃度 反応が起こるためには，まず反応分子どうしが衝突する必要がある。この衝突のうち，ある一定の割合が反応を起こすとすると，**反応物の濃度が大きいほど，衝突回数が増え，反応速度は大きくなる**。

3 触媒 反応物に第3の物質を加えると，反応速度が変化することがあるが，その物質自身は変化しない。このようなはたらきをする物質を触媒という。触媒は**活性化エネルギーを小さくして，反応を進みやすくする**。一方，触媒を用いても反応物と生成物のもつエネルギーは変化しないので，反応熱の大きさは変わらない。

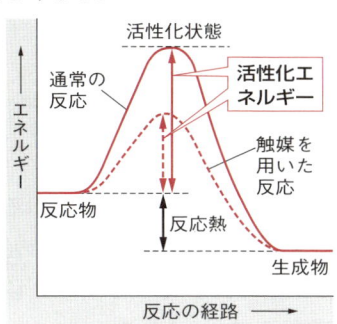

▲活性化エネルギーと触媒

⊕補足 触媒には，MnO_2，Pt のように固体で，その表面付近で反応物とは均一に混じり合わずにはたらく**不均一触媒**と，H^+，OH^-，Fe^{3+} のように，反応物と均一に混じり合ってはたらく**均一触媒**とがある。

4 反応速度($\bar{v}$)の表し方

反応速度は，**単位時間あたりの反応物の濃度の減少量または生成物の濃度の増加量**で表す。いま，A ⟶ 2B の反応を考える。t_1〔s〕における A のモル濃度 $[A]_1$ が t_2〔s〕では $[A]_2$ まで減少した。このとき，t_1〜t_2 における平均の A の分解速度 $\bar{v}_A$ は，

$$\bar{v}_A = -\frac{[A]_2 - [A]_1}{t_2 - t_1} = -\frac{\Delta[A]}{\Delta t}$$

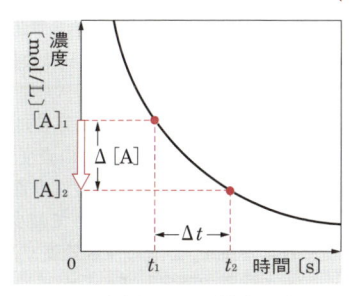

▲反応経過時間と濃度変化

一方，B の生成速度 $\bar{v}_B$ は，反応式の係数より，$\bar{v}_A$ の 2 倍になる。

5 反応速度式

A + B ⟶ C の反応において，A，B のモル濃度をそれぞれ $[A]$，$[B]$ とする。A と B が衝突して C が生成するという単一の反応としたとき，反応速度 v は，$v = k[A][B]$ で表される。この関係式を反応速度式という。k は反応の種類と温度によって決まる比例定数で反応速度定数という。

⊕補足 一定体積の容器に A が m〔個〕，B が n〔個〕あったとする。このとき，両粒子の衝突の組み合わせは ($m \times n$) 通りある。これより，A，B のモル濃度をそれぞれ $[A]$，$[B]$ で表し，比例定数を k とおくと，$v = k[A][B]$ となる。

TYPE 83 反応速度の表し方　　重要度 B

Δt 秒間に，反応物の濃度が $\Delta[A]$ だけ減少したとき，平均の反応速度 $\bar{v}$ は，

$$\bar{v} = \frac{濃度変化}{時間変化} = -\frac{\Delta[A]}{\Delta t} \quad (\Delta は変化量を表す記号)$$

着眼 $A \longrightarrow 2B$ と表される反応がある。この反応の Δt 秒間の反応物の濃度変化を $\Delta[A]$ とすると，上の式が成り立ち，Δt 秒間の**平均の A の反応速度** $\bar{v}$ が求められる。

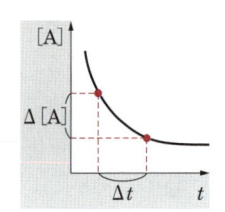

ここで，$\dfrac{\bar{v}}{[A]} = k$（k は一定）になるとき，この反応は $v = k[A]$ で表される **1 次反応**であるといえる。また，この k の値を用いると，ある時刻 t_p，濃度 $[A]_p$ における瞬間の A の反応速度 v が求められる。

➕補足 反応速度を表す場合，反応が進行すると反応物は減少するので，$\Delta[A]$ は負になる。一方 Δt は常に正だから，$\bar{v}$ は負になる。そこで，$\bar{v}$ を正にするために全体に $-$（マイナス）をつけておく。

❗注意 一般に，平均の反応速度 $\bar{v}$ は，**反応式の係数 1 の物質を基準として表される**。$A \rightarrow 2B$ の反応では，A の濃度減少量 $\Delta[A]$ を基準とするが，B の濃度増加量 $\Delta[B]$ で $\bar{v}$ を表す場合は，**A の濃度減少量と B の濃度増加量は等しくないことに注意する**。たとえば，A が 1 mol 反応して減少すると，B は 2 mol 生成して増加する。つまり，A の反応速度 v_A と B の生成速度 v_B の間には $v_A : v_B = 1 : 2$ の関係があるので，濃度変化をどの物質で測定しても $\bar{v}$ が同じ値になるように，濃度変化を各係数で割っておけばよい。

$$\bar{v} = -\frac{\Delta[A]}{\Delta t} = \frac{1}{2} \cdot \frac{\Delta[B]}{\Delta t}$$

例題　1 次反応の反応速度

過酸化水素水に少量の MnO_2 を加えると，$2H_2O_2 \longrightarrow 2H_2O + O_2$ の反応が起こる。この反応で，反応時間 t [min] ごとに過酸化水素のモル濃度を測定した結果が右表である。

t	$[H_2O_2]$
0	2.41
5	1.79
10	1.31
15	0.97

(1) 各時間間隔における平均の H_2O_2 分解速度と，H_2O_2 のモル濃度の平均値を求め，それらの値を用いて $v = k[H_2O_2]$ が成立することを示せ。

(2) $t = 5$ min における H_2O_2 の分解速度および O_2 の生成速度をそれぞれ求めよ。

解き方 (1) まず，$t=0\sim5$ min，$5\sim10$ min，$10\sim15$ min の間における平均の H_2O_2 分解速度 $\bar{v}$ と H_2O_2 のモル濃度の平均値 $[\overline{H_2O_2}]$ を求める。それから，各時間間隔において，$\dfrac{\bar{v}}{[\overline{H_2O_2}]}=k$ (k は一定)となることを確かめる。

$t=0\sim5$ min の場合，次のように計算する。

$$\bar{v}=-\dfrac{1.79-2.41}{5-0}=0.124 \text{ mol/(L·min)} \quad [\overline{H_2O_2}]=\dfrac{2.41+1.79}{2}=2.10 \text{ mol/L}$$

$$k=\dfrac{\bar{v}}{[\overline{H_2O_2}]}=\dfrac{0.124}{2.10}≒0.059/\text{min} \quad \cdots\cdots ①$$

$t=5\sim10$ min の場合，

$$\bar{v}=-\dfrac{1.31-1.79}{10-5}=0.096 \text{ mol/(L·min)} \quad [\overline{H_2O_2}]=\dfrac{1.79+1.31}{2}=1.55 \text{ mol/L}$$

$$k=\dfrac{\bar{v}}{[\overline{H_2O_2}]}=\dfrac{0.096}{1.55}≒0.062/\text{min} \quad \cdots\cdots ②$$

$t=10\sim15$ min の場合，

$$\bar{v}=-\dfrac{0.97-1.31}{15-10}=0.068 \text{ mol/(L·min)} \quad [\overline{H_2O_2}]=\dfrac{1.31+0.97}{2}=1.14 \text{ mol/L}$$

$$k=\dfrac{\bar{v}}{[\overline{H_2O_2}]}=\dfrac{0.068}{1.14}≒0.060/\text{min} \quad \cdots\cdots ③$$

①〜③より，どの時間間隔でもほぼ k の値が一定なので，$\bar{v}=k[\overline{H_2O_2}]$ が成り立つ。

(2) ①〜③を平均すると，$\dfrac{0.059+0.062+0.060}{3}≒0.060$ ∴ $k=0.060/\text{min}$

$t=5$ min における，H_2O_2 の分解速度(瞬間の反応速度) v は，

$v=0.060 /\text{min}\times1.79 \text{ mol/L}≒0.107 \text{ mol/(L·min)}$

O_2 の生成速度 $\bar{v}_{O_2}$ は，係数比より，H_2O_2 の分解速度の $\dfrac{1}{2}$ であるので，

$v_O=0.107\times\dfrac{1}{2}=0.0535 \text{ mol/(L·min)}$

答 (1) 解き方を参照

(2) H_2O_2；**1.07×10^{-1} mol/(L·min)**，O_2；**5.35×10^{-2} mol/(L·min)**

類題46 $A+B \longrightarrow C+D$ からなる反応の反応速度 v は，$v=k[A][B]$ の式で表されるものとする。A，B の最初の濃度は，それぞれ 1.20 mol/L，0.80 mol/L であったが，一定時間が経過した後，A の濃度が 0.60 mol/L となっていた。このときの反応速度は，最初の反応速度の何倍か。 (解答➡別冊 *p.14*)

類題47 体積 2 L の容器に CO 2 mol と O_2 1 mol を入れ，温度一定のもとで，$2CO+O_2 \longrightarrow 2CO_2$ の反応を行ったところ，20 秒後に全圧がはじめの 0.80 倍になった。この間の平均の CO_2 生成速度〔mol/(L·s)〕を求めよ。 (解答➡別冊 *p.14*)

TYPE 84 反応速度と濃度・温度の関係 　　重要度 B

① 反応速度 v と反応物 A と B の濃度 [A], [B] の関係
　$v = k[\text{A}]^x[\text{B}]^y$ 　　（$x+y$；反応の次数）
② 温度が 10 K 上昇すると反応速度が 2 倍になる反応において，10t (K) の温度上昇 ⇨ 反応速度は 2^t 倍

着眼 　$\text{A} + \text{B} \rightleftharpoons 2\text{C}$ において，反応が右へ進行するには，A と B の衝突が起こる必要がある（衝突した A，B 両分子の一部が反応する）。反応物の濃度が大きいほど衝突回数も多くなるので，反応速度も大きくなる。

この反応が 1 段階の反応（**素反応**という）であるとき，**反応速度は反応物のモル濃度の積に比例する**ので，次式のように表される。

　　　正反応の速度；$v_1 = k_1[\text{A}][\text{B}]$ 　　逆反応の速度；$v_2 = k_2[\text{C}]^2$

このような関係式を**反応速度式**という。この比例定数 k_1, k_2 は反応の種類と温度によって決まる定数で**反応速度定数**という。k は，反応分子 A, B が衝突したときに反応する確率を表す数値と考えてよい。

ところで，**多くの化学反応では温度が 10 K 上昇するごとに，k の値が 2〜3 倍となるものが多い**。したがって，濃度が一定の場合でも，反応速度はもとの 2〜3 倍と大きくなっていく。

＋補足 　反応速度式が $v = [\text{A}]^x[\text{B}]^y$ で表されるとき，$x+y$ を**反応の次数**という。反応の次数は，たとえば，実験的に [B] を一定にして [A] を変えたとき，反応速度 v が [A] の何乗に比例するかを調べ，[A] についての反応の次数 x が決められる。

！注意 　1 つの反応式で表される反応でも，数段階に分かれて進行する反応を**多段階反応**という。この場合，各段階の反応（1 段階反応の場合はその反応自体が素反応である）のうち最も遅い段階の反応（**律速段階**）の反応速度が，全体の反応速度を決定する。

例 　五酸化二窒素 N_2O_5 の分解反応 　$2N_2O_5 \longrightarrow 4NO_2 + O_2$
　　　第 1 段階；$N_2O_5 \longrightarrow N_2O_3 + O_2$ （遅い）
　　　第 2 段階；$N_2O_3 \longrightarrow NO_2 + NO$ （速い）
　　　第 3 段階；$N_2O_5 + NO \longrightarrow 3NO_2$ （速い）

このとき，第 1 段階の素反応が最も遅いため，全体の反応速度は第 1 段階の反応速度，つまり反応速度式 $v = k[N_2O_5]$ によって決定されてしまう。また，反応の次数は反応式の係数とは必ずしも一致せず，N_2O_5 の係数が 2 だから，この反応は 2 次反応と考えるのは誤りである。

例題　反応速度と濃度・温度の関係

A + B ⟶ C となる反応がある。A と B の初濃度を変えて生成する C の濃度を測定し，反応速度を求めると右表のようになった。ただし，[A]，[B] は mol/L で表した初濃度を，また，反応速度 v は反応開始直後の C の生成速度を mol/(L·s) で表したものとする。

実験	[A]	[B]	v
1	0.30	1.00	0.018
2	0.30	0.50	0.009
3	0.60	0.50	0.036

(1) この反応速度式は，次のア～オのどの式で表されるか。
　ア　$v=k[A]$　　　　イ　$v=k[A][B]$　　　　ウ　$v=k[A]^2[B]$
　エ　$v=k[A][B]^2$　　オ　$v=k[A]^2[B]^2$

(2) k の値はいくらか。有効数字 2 桁で，単位もつけて答えよ。

(3) この反応は，温度が 10 K 上がるごとに反応速度が 2 倍になった。温度が 20℃ から 100℃ に上昇すると，反応速度はもとの何倍になるか。

(4) [A] = 0.50 mol/L, [B] = 1.50 mol/L の条件で反応を開始した直後の，反応速度 v は何 mol/(L·s) か。

解き方　(1) 本問での反応速度は，単位時間あたりの生成物 C の増加量，すなわち **C の生成速度** で表されていることに留意する。

反応速度は，反応物 A，B の減少にともなって小さくなっていくが，反応開始直後の反応速度を考える限り，反応物の初濃度との関係だけを調べればよい。

実験 1，2 より，[A] = 0.30（一定）で，[B] が 2 倍 ⇨ v も 2 倍になっている。
⇨ v は [B] の 1 乗に比例している。
実験 2，3 より，[B] = 0.50（一定）で，[A] が 2 倍 ⇨ v は 4 倍になっている。
⇨ v は [A] の 2 乗に比例している。
したがって，v は $[A]^2$ と [B] に比例している。　∴　$v=k[A]^2[B]$

(2) $v=k[A]^2[B]$ に実験 1 の結果を代入すると，
　　$0.018\ \text{mol/(L·s)} = k \times (0.30)^2 (\text{mol/L})^2 \times 1.00\ \text{mol/L}$
　　∴　$k = 2.0 \times 10^{-1}\ \text{L}^2/(\text{mol}^2·\text{s})$

(3) 温度が 20℃ から 100℃ へと 80 K（10 K×8）上昇すると，**TYPE** の②より，反応速度は $2^8 = 256$ 倍になる。

(4) (2)で求めた k の値を使って，
　　$v = 2.0 \times 10^{-1}\ \text{L}^2/(\text{mol}^2·\text{s}) \times (0.50)^2 (\text{mol/L})^2 \times 1.50\ \text{mol/L}$
　　　$= 7.5 \times 10^{-2}\ \text{mol/(L·s)}$

答　(1) ウ　(2) $2.0 \times 10^{-1}\ \text{L}^2/(\text{mol}^2·\text{s})$　(3) 256 倍　(4) $7.5 \times 10^{-2}\ \text{mol/(L·s)}$

TYPE 85 活性化エネルギーと反応熱

反応熱＝（反応物のエネルギー）－（生成物のエネルギー）
　　　＝（逆反応の活性化エネルギー）
　　　　　　　－（正反応の活性化エネルギー）
反応熱の大きさは，触媒を用いても変わらない。

着眼 反応が起こるためには，反応分子どうしが衝突して**エネルギーの高い活性化状態**となり，**反応中間体(活性錯体)をつくる**ことが必要である。反応物を活性化状態にするために外部から与えられるエネルギーを**活性化エネルギー**という。たとえば左下図は，$H_2 + I_2 \longrightarrow 2HI$ の反応進行にともなうエネルギー変化を示す。

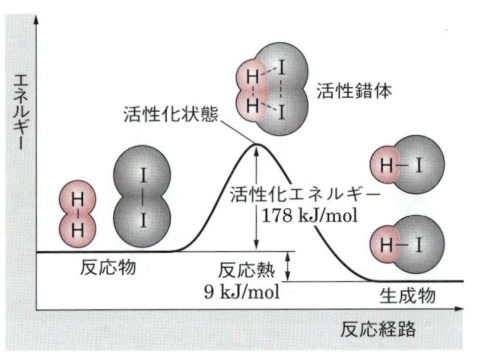

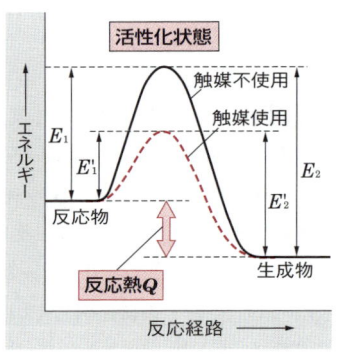

右上の図では，E_1，E_2 は，それぞれ触媒を用いないときの正反応の活性化エネルギーと，逆反応の活性化エネルギーを表し，**これらの差が反応熱 Q に等しい。**

$$Q = E_2 - E_1 \quad (E_2 - E_1 > 0 \Rightarrow 発熱, \quad E_2 - E_1 < 0 \Rightarrow 吸熱)$$

また，触媒を用いたときは，右上図中の破線の曲線になり，正・逆反応の活性化エネルギーが等しく減少して，それぞれ E_1'，E_2' となる。よって，その分だけ反応速度は大きくなる。しかし，**反応熱 Q の大きさは変わらない。**

!注意 $H_2 + I_2 \rightleftarrows 2HI$ のように，どちらの方向にも進む反応を**可逆反応**といい，$\rightleftarrows$ の記号で表す。右向きに進む反応を**正反応**，左向きに進む反応を**逆反応**という。
　　また，$CH_4 + 2O_2 \longrightarrow CO_2 + 2H_2O$ のように，一方向だけに進む反応を**不可逆反応**という。

例題　HI分解反応における活性化エネルギーと反応熱

右図は，$2HI \rightleftarrows H_2 + I_2$ の反応におけるエネルギー図を表したものである。

これについて，次の(1)〜(3)の問いにそれぞれ答えよ。

(1) この反応で，触媒を使用しない場合の活性化エネルギーはいくらか。
(2) 白金触媒を使用した場合，反応熱はいくらか。
(3) 触媒を使用しない場合，HIの生成反応（逆反応）の活性化エネルギーを求めよ。

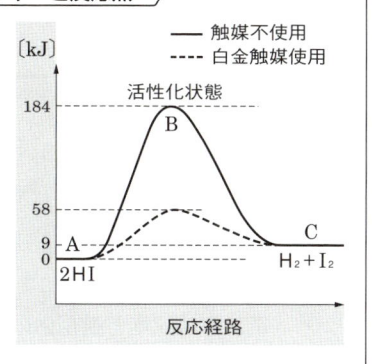

解き方　(1) 活性化エネルギーは，反応物Aと活性化状態Bのエネルギー差である。エネルギー図より，反応物Aのエネルギーは0 kJ，活性化状態Bのエネルギーは184 kJなので，

184 kJ − 0 kJ = 184 kJ

(2) 触媒を使用したとき，この反応の活性化エネルギーは58 kJで，触媒を使用しないときと比べて小さくなる。

反応熱は，反応物Aと生成物Cのエネルギー差，すなわち 0 kJ − 9 kJ = − 9 kJ である。この値は，**触媒を使用しないときの反応熱**と同じである。

(3) HIの生成反応とは，CからAへの反応，つまり**逆反応**のことである。
このときの活性化エネルギーは，生成物Cと活性化状態Bのエネルギー差である。

184 kJ − 9 kJ = 175 kJ

答　(1) **184 kJ/mol**　(2) **−9 kJ/mol**　(3) **175 kJ/mol**

!注意　活性化エネルギーは，活性錯体1 molあたりを基準として表すという約束があるので，反応物Aや生成物Cの係数とは無関係で，単位〔kJ/mol〕で表されることに留意すること。

類題48　右図は，$A + B \rightleftarrows C$ の反応におけるエネルギー変化を表したものである。次の各問いに答えよ。　（解答➡別冊 *p.14*）

(1) 正反応の活性化エネルギーを求めよ。
(2) 正反応の反応熱を求めよ。
(3) 逆反応の活性化エネルギーを求めよ。
(4) 逆反応の反応熱を求めよ。

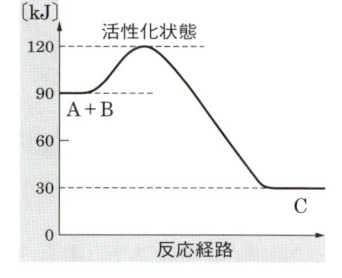

2 化学平衡

1 化学平衡

　密閉容器中に H_2 と I_2 を入れ，約 450℃ に保つと，最初は HI の生成（正反応）の反応速度のほうが，HI の分解（逆反応）の反応速度よりも速いので，容器内では正反応のみが起こっているように見える。ところが，時間がたつと，正反応の速度と逆反応の速度が等しくなり，**見かけ上，反応が停止したような状態**になる。このような状態を**化学平衡の状態（平衡状態）**といい，このとき容器内では，反応物（H_2，I_2）と生成物（HI）がある一定の割合で共存した状態になっている。

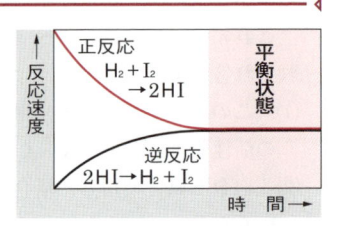

▲反応の速さと平衡状態

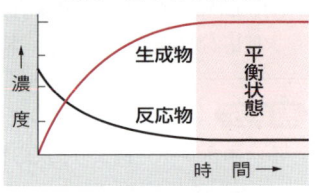

▲平衡状態の量的関係

> **！注意** 下図のように状態Ⅰ（H_2 1 mol，I_2 1 mol とする），状態Ⅱ（HI 2 mol とする）のどちらから反応を開始しても，同じ条件ならば，到達する平衡状態は全く同じである。たとえば約 450℃ で平衡状態に達したとき，どちらからでも H_2 0.20 mol，I_2 0.20 mol，HI 1.6 mol の割合になっている。

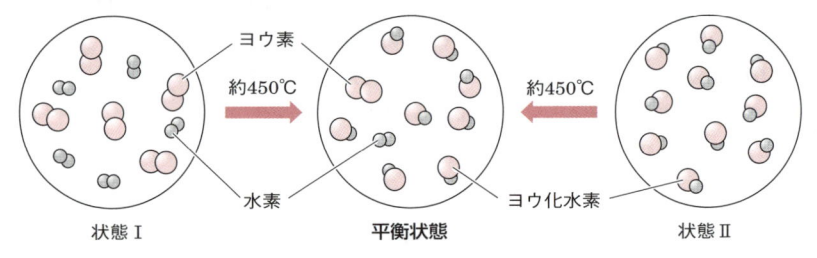

状態Ⅰ　　　　平衡状態　　　　状態Ⅱ

2 化学平衡の法則

　$aA + bB \rightleftarrows cC + dD$（$a$, b, c, d；係数）で表される可逆反応が，一定温度で平衡状態にあるとき，**生成物の濃度の積と反応物の濃度の積の比は一定**である。
　このような関係を**化学平衡の法則（質量作用の法則）**という。

$$\frac{[C]^c[D]^d}{[A]^a[B]^b} = \frac{k_1}{k_2} = K \quad (K；平衡定数)$$

> **！注意** K の値が大きいほど，平衡状態での生成物の濃度が反応物の濃度に比べて大きい。

3 平衡定数

平衡定数はそれぞれの反応で固有の値をとる。**平衡定数は，濃度，圧力によらず一定で，温度によって変化する。**

例 $H_2 + I_2 \rightleftarrows 2HI$　　$N_2 + 3H_2 \rightleftarrows 2NH_3$

$$K = \frac{[HI]^2}{[H_2][I_2]} \qquad K = \frac{[NH_3]^2}{[N_2][H_2]^3}$$

!注意 平衡定数は反応物の濃度を分母に，生成物の濃度を分子に書く約束がある。

4 圧平衡定数 K_p

気体の反応では，各成分気体について，気体の状態方程式が成り立つ。温度一定ならば，$P = \frac{n}{V}RT$ より，**分圧とモル濃度は比例**するといえる。これより，モル濃度のかわりに分圧を用いて平衡定数を表すことができる（次式）。

$$\frac{P_C{}^c \cdot P_D{}^d}{P_A{}^a \cdot P_B{}^b} = K_p \quad (K_p ; \text{圧平衡定数})$$

+補足 モル濃度を用いて表した平衡定数は，**濃度平衡定数 K_c** ともいい，圧平衡定数と区別する。

5 平衡の移動

ある可逆反応が平衡状態にあるとき，外部から，濃度・温度・圧力を変化させると，その影響を打ち消す（緩和する）方向へ平衡が移動する。この原理を**ルシャトリエの原理(平衡移動の原理)**という。

この原理は，化学平衡だけでなく，気液平衡，溶解平衡など物理変化の平衡にも適用できる。

条件の変化		平衡移動の方向	**例** $N_2 + 3H_2 = 2NH_3 + 92\ kJ$
濃度	増加	濃度を減少させる方向	H_2 添加…右へ移動（H_2 濃度減少）
	減少	濃度を増加させる方向	NH_3 除去…右へ移動（NH_3 濃度増加）
圧力	増加	分子の総数を減少させる方向	加圧…右へ移動（総数 4→2）
	減少	分子の総数を増加させる方向	減圧…左へ移動（総数 2→4）
温度	上昇	吸熱反応の方向	加熱…左へ移動（吸熱）
	下降	発熱反応の方向	冷却…右へ移動（発熱）

!注意 触媒を用いると，平衡に達するまでの時間を短縮するが，平衡は移動しない。

!注意 $H_2 + I_2 \rightleftarrows 2HI$ のように，反応の前後で気体分子の数が変わらない反応では，圧力を変えても平衡は移動しない。

TYPE 86 平衡定数と濃度の関係　重要度 A

平衡定数 K の値は，温度が変わらない限り，各物質の濃度が変わっても一定である。

着眼 平衡定数は温度のみによって変わり，反応物質の濃度（混合の割合）を変化させても，つねに一定である。このことから，新たに平衡状態に達した各物質の濃度が求められる。また，各物質を任意に混合したとき，平衡がどちらに移動するかを知ることもできる。

例題　可逆反応における HI の生成量

可逆反応 $H_2 + I_2 \rightleftarrows 2HI$ の平衡定数は，448℃で 48 である。
(1) 水素 1.0 mol，ヨウ素 1.0 mol を 1.0 L の密閉容器に封入し，448℃に保つと，ヨウ化水素は何 mol 生成しているか。（$\sqrt{2}=1.41, \sqrt{3}=1.73, \sqrt{5}=2.24$）
(2) (1)の平衡混合物にさらに水素 1.0 mol を加え，448℃で放置したとき，ヨウ化水素は何 mol 生成しているか。

解き方 (1) H_2, I_2 が x〔mol〕ずつ反応したとすると，

$$\begin{array}{cccc} & H_2 & + & I_2 & \rightleftarrows & 2HI \\ 平衡時； & 1.0-x & & 1.0-x & & 2x \end{array}$$

∴ $K = \dfrac{(2x)^2}{(1.0-x)^2} = 48$

両辺の平方根をとって，

$$\dfrac{2x}{1.0-x} = \pm\sqrt{48} = \pm 4\sqrt{3}$$

∴ $x ≒ 0.78$ mol，1.41 mol…$0 < x < 1.0$ より不適

これより，HI；$2x = 2 \times 0.78 = 1.56$ mol

(2) さらに H_2 1.0 mol を加えたときの平衡は，**初濃度 H_2 2.0 mol，I_2 1.0 mol** から出発したと考えてよい。反応した H_2 を y〔mol〕とすると，

$$\begin{array}{cccc} & H_2 & + & I_2 & \rightleftarrows & 2HI \\ 平衡時； & 2.0-y & & 1.0-y & & 2y \end{array}$$

∴ $K = \dfrac{(2y)^2}{(2.0-y)(1.0-y)} = 48$

$11y^2 - 36y + 24 = 0$ ∴ $y ≒ 0.93$ mol，2.34 mol…$0 < y < 1.0$ より不適

これより，HI；$2y = 2 \times 0.93 = 1.86$ mol

答 (1) **1.6 mol**　(2) **1.9 mol**

類題49 $CH_3COOH + C_2H_5OH \rightleftarrows CH_3COOC_2H_5 + H_2O$ の平衡定数を 4.0 とする。酢酸 2.0 mol，エタノール 1.0 mol，水 2.0 mol を混合して放置すると，何 mol の酢酸エチルを生じ，平衡に達するか。

（解答⇒別冊 *p.14*）

TYPE 87 平衡定数の計算　重要度 A

$$平衡定数\ K = \frac{[C]^c[D]^d}{[A]^a[B]^b} \quad (a,\ b,\ c,\ d;反応式の係数)$$

着眼 平衡定数 K は,「可逆反応が平衡状態に到達したとき, **生成物の濃度の積と, 反応物の濃度の積の比は, 温度が変わらなければ一定である。**」という**化学平衡の法則**に由来する。

この公式に代入する濃度は, 平衡時のモル濃度であることに留意する。したがって, 最初に与えられた物質量から反応した物質量を引き, さらに体積で割って求めること。

また, 平衡定数の式は**反応物の濃度を分母に, 生成物の濃度を分子におく**ことにも注意すること。

例題　平衡定数の計算

一定体積の容器に酢酸 1.0 mol とエタノール 1.8 mol を加え, 一定温度で反応させると, 平衡時には酢酸が 0.20 mol に減少していた。なお, このときの反応式は以下のようになる。

$$CH_3COOH + C_2H_5OH \rightleftarrows CH_3COOC_2H_5 + H_2O$$

(1) 生成した酢酸エチル $CH_3COOC_2H_5$ は何 mol か。
(2) この反応の平衡定数 K はいくらか。

解き方 平衡定数の計算では, 反応式を書き, 平衡状態における各物質の物質量を求めることが先決である。

(1) 生成した酢酸エチルを x [mol] とすると, 化学反応式の係数より, 反応した酢酸の物質量が, 生成した酢酸エチルの物質量に等しいから,

$$CH_3COOH + C_2H_5OH \rightleftarrows CH_3COOC_2H_5 + H_2O$$
$$1.0-x \qquad 1.8-x \qquad\qquad x \qquad\qquad x$$

$1.0 - x = 0.20$ mol より, ∴ $x = 0.80$ mol

(2) 平衡時の各物質のモル濃度は, 反応容器の体積を V [L] とすると,

$$K = \frac{[CH_3COOC_2H_5][H_2O]}{[CH_3COOH][C_2H_5OH]} = \frac{\left(\frac{0.80}{V}\right)^2 [mol/L]^2}{\left(\frac{0.20}{V}\right)[mol/L]\left(\frac{1.0}{V}\right)[mol/L]} = 3.2 (単位なし)$$

答 (1) **0.80 mol** (2) **3.2**

例題　平衡定数と逆反応の化学平衡

10 L の密閉容器に水素 2.0 mol，ヨウ素 2.0 mol を入れ，一定温度に保つと，ヨウ化水素 3.0 mol を生じ，①式が平衡状態になった。

$$H_2(気) + I_2(気) \rightleftarrows 2HI(気) \quad \cdots\cdots\cdots①$$

(1) この温度における①式の平衡定数を求めよ。
(2) 1.0 L の密閉容器に，ヨウ化水素 2.0 mol を入れ(1)と同じ温度に保つと，何 mol の水素を生じて平衡に達するか。

解き方 (1) ヨウ化水素が 3.0 mol 生じたので，化学反応式の係数比より，平衡状態における各物質の物質量は次のようになる。

	H_2	+	I_2	$\rightleftarrows$	$2HI$
反応前	2.0		2.0		0
変化量	-1.5		-1.5		3.0
平衡時	**0.5**		**0.5**		**3.0**

反応容器の体積は 10 L だから，各物質のモル濃度を代入して，

$$K = \frac{[HI]^2}{[H_2][I_2]} = \frac{\left(\frac{3.0}{10}\right)^2}{\left(\frac{0.5}{10}\right) \times \left(\frac{0.5}{10}\right)} = \frac{3.0^2}{0.5^2} = 36$$

(2) H_2 が x [mol] 発生したとすると，平衡時の各物質の物質量は次のようになる。

	$2HI$	$\rightleftarrows$	H_2	+	I_2
反応前	2.0		0		0
変化量	$-2x$		x		x
平衡時	$2.0-2x$		x		x

反応容器の体積は 1.0 L だから，各物質のモル濃度を代入して，

$$K = \frac{[H_2][I_2]}{[HI]^2} = \frac{x^2}{(2.0-2x)^2} = \frac{1}{36}$$

$$\frac{x}{2.0-2x} = \pm\frac{1}{6} \quad \therefore \quad 0<x<1 \text{ より}, \quad x=0.25 \text{ mol}$$

答 (1) **36** (2) **0.25 mol**

類題50 酢酸，エタノール各 1.0 mol を 1.0 L の容器に入れ，一定温度で反応させると，酢酸エチルが $\frac{2}{3}$ mol 生じて平衡状態になった。この反応の平衡定数を求めよ。

(解答➡別冊 *p.14*)

類題51 ある温度における $H_2 + I_2 \rightleftarrows 2HI$ の反応の平衡定数を 16 とする。10 L の密閉容器に水素 1.0 mol，ヨウ素 1.0 mol を入れ平衡状態に到達したとき，ヨウ化水素は何 mol 生成しているか。

(解答➡別冊 *p.15*)

TYPE 88 気体の解離度と平均分子量の関係 【重要度 B】

$A \rightleftharpoons 2B$ において,気体 A,B の分子量を M_A,M_B,混合気体の平均分子量を $\overline{M}$ とすると,

$$\overline{M} = M_A \times \frac{1-\alpha}{1+\alpha} + M_B \times \frac{2\alpha}{1+\alpha} \quad \left(\frac{1-\alpha}{1+\alpha}, \frac{2\alpha}{1+\alpha}; \text{A,B の モル分率}\right)$$

🔍着眼 $A \rightleftharpoons 2B$ の可逆反応において,気体 A 1 mol のうち,α [mol] だけ解離して平衡状態になったとする。このとき,次の関係式が成り立つ。

	A	$\rightleftharpoons$	2B	混合気体の全物質量
平衡時;	$1-\alpha$		2α	$1+\alpha$

この関係と TYPE の式から,α が求められる。

$$A \text{ の解離度} = \frac{\text{解離した A の物質量}\,\alpha\,[\text{mol}]}{\text{解離前の A の物質量 1 mol}} = \alpha\,(0 \leq \alpha \leq 1)$$

➕補足 ある物質が可逆的に分解することを**解離**といい,その割合を**解離度**という。

例題 N_2O_4 の解離度の算出

密閉容器に四酸化二窒素を入れて 20℃ に放置したところ,一部が二酸化窒素に解離して,$N_2O_4 \rightleftharpoons 2NO_2$ のような平衡に達した。
この平衡混合気体の平均分子量を測定すると,73.6 であった。20℃ での四酸化二窒素の解離度を求めよ。原子量;N = 14,O = 16

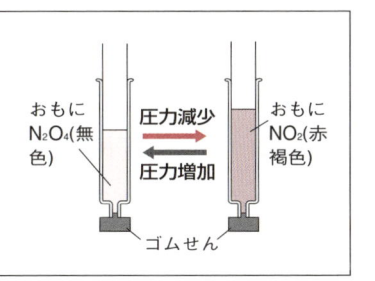

🔑解き方 反応前の N_2O_4 の物質量が不明なので,仮に N_2O_4 を 1 mol 入れ,そのうち α [mol] だけが解離したとすると,

	N_2O_4(無色)	$\rightleftharpoons$	$2NO_2$(赤褐色)	混合気体の全物質量
平衡時;	$1-\alpha$		2α	$1+\alpha$

N_2O_4,NO_2 の分子量は,それぞれ 92,46 である。これらの値を平均分子量 $\overline{M}$ と α の関係式(TYPE の式)に代入して解離度 α を求める。

$$92 \times \frac{(1-\alpha)\,[\text{mol}]}{(1+\alpha)\,[\text{mol}]} + 46 \times \frac{2\alpha\,[\text{mol}]}{(1+\alpha)\,[\text{mol}]} = 73.6 \quad \therefore\ \alpha = 0.25\ \text{mol}$$

$$\text{解離度}\,\alpha = \frac{0.25\ \text{mol}}{1\ \text{mol}} = 0.25$$

答 0.25

TYPE 89 圧平衡定数 K_p と濃度平衡定数 K_c の関係　重要度 C

$P_X V = nRT \Rightarrow P_X = \dfrac{n}{V}RT \Rightarrow P_X = [X]RT$ と変形して，P と $[X]$ の関係を求める。
（P_X；気体 X の分圧，$[X]$；気体 X のモル濃度）

着眼　$aA + bB \rightleftarrows cC + dD$ の気体の平衡で，各成分気体の分圧をそれぞれ p_A, p_B, p_C, p_D，モル濃度を $[A], [B], [C], [D]$ とすると，たとえば気体 A については，$p_A = [A]RT$ の関係があるので，

$$K_p = \dfrac{p_C{}^c \cdot p_D{}^d}{p_A{}^a \cdot p_B{}^b} = \dfrac{([C]RT)^c \cdot ([D]RT)^d}{([A]RT)^a \cdot ([B]RT)^b} = \dfrac{[C]^c[D]^d(RT)^{c+d}}{[A]^a[B]^b(RT)^{a+b}}$$

$K_c = \dfrac{[C]^c[D]^d}{[A]^a[B]^b}$ より，$K_p = K_c \cdot (RT)^{c+d-(a+b)}$

例題　濃度平衡定数と圧平衡定数の算出

1.0 L の密閉容器に 0.10 mol の N_2O_4 の気体を入れ 300 K に保つと，一部が NO_2 に解離して平衡状態に達した。気体定数；$R = 8.3 \times 10^3$ Pa·L/(K·mol)
(1) このときの N_2O_4 の解離度を 0.20 として，濃度平衡定数 K_c を求めよ。
(2) このときの圧平衡定数 K_p を求めよ。

解き方　(1) まず，平衡時の N_2O_4，NO_2 のモル濃度を求める。

	N_2O_4	$\rightleftarrows$	$2NO_2$
平衡時	$0.10 \times (1 - 0.20)$		$2 \times 0.10 \times 0.20$ 〔mol〕
$V = 1.0$ L より	0.080 mol/L		0.040 mol/L

$K_c = \dfrac{[NO_2]^2}{[N_2O_4]} = \dfrac{(0.040)^2}{0.080} = 0.020$ mol/L

(2) 平衡時の N_2O_4，NO_2 の分圧をそれぞれ $p_{N_2O_4}$，p_{NO_2} とおくと，

$p_{N_2O_4}$〔Pa〕$= 0.080$ mol/L $\times 8.3 \times 10^3$ Pa·L/(K·mol) $\times 300$ K

p_{NO_2}〔Pa〕$= 0.040$ mol/L $\times 8.3 \times 10^3$ Pa·L/(K·mol) $\times 300$ K

$K_p = \dfrac{(p_{NO_2})^2}{p_{N_2O_4}} = \dfrac{(0.040)^2 \times 8.3 \times 10^3 \times 300}{0.080} \fallingdotseq 5.0 \times 10^4$ Pa

〔別解〕　$K_p = K_c \cdot (RT)^{2-1}$ より，

$K_p = 0.020$ mol/L $\times 8.3 \times 10^3$ Pa·L/(K·mol) $\times 300$ K $\fallingdotseq 5.0 \times 10^4$ Pa

答　(1) 2.0×10^{-2} mol/L　(2) 5.0×10^4 Pa

■練習問題

64 過酸化水素水に酸化マンガン(Ⅳ)を加えると，酸素が発生する。過酸化水素水の濃度と反応時間との関係を右図に示した。反応開始後 5〜10 分の間の過酸化水素の平均分解速度を求めよ。また，このとき過酸化水素水を 0.50 L 用いたとすると，酸素の平均発生速度はいくらか。

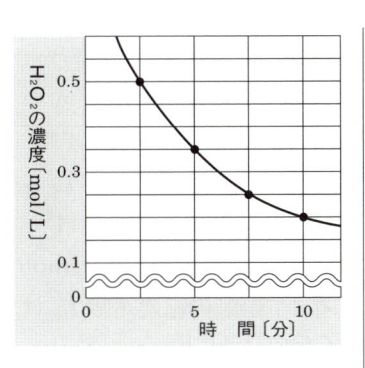

65 ある温度で単体分子 A，B から C を生成する反応におき，A，B の初濃度〔mol/L〕と，反応初期の A の減少速度〔mol/(L·s)〕との関係を右表に示した。また，同じ温度で，A，B 各 1.0 mol/L で反応を開始し，やがて A，B，C の濃度が，0.20，0.20，1.60 mol/L となった。

A の濃度	B の濃度	A の減少速度
1.0	2.0	7.80×10^{-7}
2.0	2.0	1.56×10^{-6}
4.0	1.0	1.56×10^{-6}

(1) この反応の平衡定数 K の値を求めよ。
(2) 正反応の速度定数 k の値を求めよ。
(3) A，B ともに初濃度を 3.0 mol/L としたとき，反応初期の A の減少速度および C の増加速度を求めよ。

66 $SO_2(気) + NO_2(気) \rightleftarrows SO_3(気) + NO(気)$ の反応を 10 L の容器中で行うと，平衡状態では SO_2 8.0 mol，NO_2 1.0 mol，SO_3 6.0 mol，NO 4.0 mol の混合気体となった。この反応の平衡定数はいくらか。また，この状態で，NO_2 の量をさらに 3.0 mol 追加し，新たな平衡状態となったとき，容器中に存在する SO_3 は何 mol か。

67 $N_2O_4 \rightleftarrows 2NO_2$ と表せる平衡関係がある。いま，N_2O_4 0.50 mol を内容積 10 L の真空容器に入れ，67℃ に保ったところ，混合気体の全圧は 2.3×10^5 Pa を示した。この温度での N_2O_4 の解離度を求めよ。また，この平衡状態の混合気体の平均分子量を求めよ。原子量；N = 14，O = 16，気体定数 $R = 8.3 \times 10^3$ Pa·L/(K·mol)

3 電解質水溶液の平衡

1 電離平衡と電離定数

酢酸のような弱酸を水に溶かすと，その一部しか電離せず，電離したイオンと未電離の分子との間で平衡が成立する。このような平衡を特に**電離平衡**といい，この平衡定数を**電離定数**という。

$$CH_3COOH \rightleftarrows CH_3COO^- + H^+$$

この反応について，酢酸の濃度 c [mol/L]，電離度 α とすると，酢酸の電離定数 K_a は，

$$K_a = \frac{[CH_3COO^-][H^+]}{[CH_3COOH]} = \frac{c\alpha \cdot c\alpha}{c(1-\alpha)} = \frac{c\alpha^2}{1-\alpha}$$

この関係を**オストワルトの希釈律**という。
弱酸ではふつう $\alpha \ll 1$ なので，$1-\alpha \fallingdotseq 1$ とみなせる。よって，

$$K_a = c\alpha^2, \quad \alpha = \sqrt{\frac{K_a}{c}}, \quad [H^+] = c\alpha = c\sqrt{\frac{K_a}{c}} = \sqrt{cK_a}$$

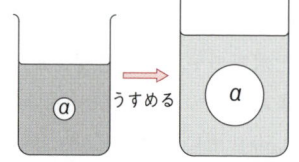

弱酸を水でうすめると，電離度は大きくなる。

▲弱酸の濃度と電離度の関係

弱酸(弱塩基)では，酸(塩基)の濃度がうすくなるほど電離度は大きくなる。

2 緩衝液

弱酸とその塩，または弱塩基とその塩の混合水溶液では，少量の酸，塩基を加えても pH はほとんど変化しない。このような水溶液を**緩衝液**という。

弱酸とその塩の混合水溶液	例 $CH_3COOH + CH_3COONa$ aq (pH 約 4.7)
弱塩基とその塩の混合水溶液	例 $NH_3 + NH_4Cl$ aq (pH 約 9.5)

酢酸と酢酸ナトリウムの混合水溶液中には，酢酸分子 CH_3COOH と，酢酸ナトリウムの電離によって生じた(酢酸の電離によっても少量生じている)酢酸イオン CH_3COO^- が多量に存在している。

この混合水溶液へ，少量の酸 H^+ を加えても，CH_3COO^- と反応し，CH_3COOH が生成するので，H^+ はほとんど増加しない。また，少量の塩基 OH^- を加えても，水溶液中の CH_3COOH と中和して H_2O となるので，OH^- はほとんど増加しない。このようなはたらきを**緩衝作用**という。

酸を加える ➡ $CH_3COO^- + H^+ \longrightarrow CH_3COOH$ により，H^+ が増加しない。
塩基を加える ➡ $CH_3COOH + OH^- \longrightarrow CH_3COO^- + H_2O$ により，OH^- が増加しない。

3 緩衝液の pH の求め方

CH_3COOH と CH_3COONa の混合水溶液（緩衝液）の場合，水溶液中に CH_3COOH や CH_3COO^- が存在する限り，酢酸の電離平衡が成立するので次式が成り立つ．

$$K_a = \frac{[CH_3COO^-][H^+]}{[CH_3COOH]} \quad \Rightarrow \quad [H^+] = K_a \cdot \frac{[CH_3COOH]}{[CH_3COO^-]}$$

緩衝液の pH は，酸の K_a と加えた酸と塩の混合比だけで決定される．

4 塩の加水分解

塩が水と反応して，水溶液が酸性，塩基性を示す現象を塩の加水分解という．

- 弱酸と強塩基の塩…加水分解して塩基性を示す。　例 CH_3COONa
- 強酸と弱塩基の塩…加水分解して酸性を示す。　　例 NH_4Cl

例えば，酢酸ナトリウム CH_3COONa について，水溶液中では，

$$CH_3COO^- + H_2O \rightleftarrows CH_3COOH + OH^-$$

のように加水分解しており，この平衡について次式が成り立つ．

$$K = \frac{[CH_3COOH][OH^-]}{[CH_3COO^-][H_2O]} \quad \Rightarrow \quad \frac{[CH_3COOH][OH^-]}{[CH_3COO^-]} = K_h$$

$[H_2O]$ はほぼ一定なので右のようになり，このときの $K_h(= K \times [H_2O])$ を加水分解定数といい，温度一定のもとで一定の値を示す．

5 溶解平衡

結晶が存在する飽和溶液では，溶解する速さと析出する速さが等しく，溶解も析出も起こっていないように見える．この状態を溶解平衡という．

溶解平衡にある溶液に，同種類のイオンを加えると，そのイオンが減少する向きに平衡移動するため，溶解度が減少する．これを共通イオン効果という．

6 溶解度積 K_{sp}

$AgCl$ のような水に溶けにくい塩を含む水溶液では溶解平衡が成立し，温度一定のときには，各イオンの濃度の積は一定の値をとる．この値を溶解度積 K_{sp} という．

例 溶解平衡　　$AgCl(固) \rightleftarrows Ag^+aq + Cl^-aq$

　　溶解度積　$K_{sp} = [Ag^+][Cl^-] = $ 一定

（水溶液に Ag^+ または Cl^- を加えたとき）
- $[Ag^+][Cl^-] > K_{sp}$　　$AgCl$ の沈殿が生じる
- $[Ag^+][Cl^-] \leq K_{sp}$　　$AgCl$ の沈殿は生じない

TYPE 90 電離定数を用いた弱酸の pH 計算　　重要度 A

$$[\text{H}^+] = c\alpha = c\sqrt{\dfrac{K_a}{c}} = \sqrt{cK_a} \text{ を使え。}$$

(c；酸のモル濃度，α；電離度，K_a；酸の電離定数)

着眼 弱酸は，電離度 α が1に比べて非常に小さく，水溶液中では溶質のごく一部しか電離しない。たとえば，c [mol/L] の酢酸水溶液の電離度を α とすると，次のような電離平衡の状態にある。

$$\text{CH}_3\text{COOH} \rightleftarrows \text{CH}_3\text{COO}^- + \text{H}^+$$

平衡時　　$c(1-\alpha)$　　　　$c\alpha$　　　$c\alpha$

よって，酢酸の電離定数を K_a とすると，

$$K_a = \dfrac{[\text{H}^+][\text{CH}_3\text{COO}^-]}{[\text{CH}_3\text{COOH}]} = \dfrac{c\alpha \cdot c\alpha}{c(1-\alpha)} = \dfrac{c\alpha^2}{1-\alpha}$$

弱酸ではふつう，$1-\alpha \fallingdotseq 1$ とみなせるので，$K_a = c\alpha^2$　　∴　$\alpha = \sqrt{\dfrac{K_a}{c}}$

これより，$[\text{H}^+] = c\alpha = c\sqrt{\dfrac{K_a}{c}} = \sqrt{cK_a}$

例題　濃度の異なる酢酸水溶液の pH 計算

次にあげた水溶液の pH を求めよ。$\log 1.3 = 0.11$，$\log 2.7 = 0.44$
(1)　0.0010 mol/L の酢酸水溶液 ($\alpha = 0.13$)
(2)　0.010 mol/L の酢酸水溶液 (酢酸の電離定数 $K_a = 2.7 \times 10^{-5}$ mol/L)

解き方 (1)　酢酸は 1 価の弱酸で，この濃度での電離度は 0.13 より，
　　$[\text{H}^+] = 0.0010 \text{ mol/L} \times 0.13 = 1.3 \times 10^{-4}$ mol/L
　　∴　pH $= -\log(1.3 \times 10^{-4}) = 4 - \log 1.3 = 3.89$　　(→ TYPE 25)

(2)　この場合，絶対に 0.0010 mol/L の電離度 0.13 を用いて $[\text{H}^+]$ を計算してはならない。**弱酸では，濃度を変えると，電離度も変化することに注意すること。**

弱酸の濃度 c と電離度 α との関係は，$\alpha = \sqrt{\dfrac{K_a}{c}}$ である (ただし，$\alpha \ll 1$ のとき)。

よって，$[\text{H}^+] = c\alpha = c\sqrt{\dfrac{K_a}{c}} = \sqrt{cK_a}$ の関係式を利用する。

　　$[\text{H}^+] = \sqrt{0.010 \text{ mol/L} \times (2.7 \times 10^{-5}) \text{ mol/L}} = \sqrt{2.7 \times 10^{-7}}$ mol/L

　　∴　pH $= -\log(2.7 \times 10^{-7})^{\frac{1}{2}} = \dfrac{7}{2} - \dfrac{1}{2} \log 2.7 = 3.28$

答　(1) **3.9**　(2) **3.3**

TYPE 91 電離定数を用いた弱塩基の pH 計算 【重要度 A】

$$[\mathrm{OH}^-] = c\alpha = c\sqrt{\dfrac{K_b}{c}} = \sqrt{cK_b}\ \text{を使え。}$$

(c；塩基のモル濃度，α；電離度，K_b；塩基の電離定数)

着眼 弱塩基も，電離度 α が1に比べて非常に小さい。c〔mol/L〕のアンモニア水の電離度を α とすると，次のような電離平衡の状態になる。

$$\mathrm{NH_3 + H_2O \rightleftarrows NH_4^+ + OH^-}$$

平衡時　$c(1-\alpha)$　一定　$c\alpha$　$c\alpha$

よって，アンモニアの電離定数を K_b とすると

$$K_b = \dfrac{[\mathrm{NH_4^+}][\mathrm{OH^-}]}{[\mathrm{NH_3}]} = \dfrac{c\alpha \cdot c\alpha}{c(1-\alpha)} = \dfrac{c\alpha^2}{1-\alpha}$$

弱塩基ではふつう，$1-\alpha \fallingdotseq 1$ とみなせるので，弱酸のときと同様に，

$$[\mathrm{OH^-}] = c\alpha = c\sqrt{\dfrac{K_b}{c}} = \sqrt{cK_b}$$

$[\mathrm{OH^-}]$ を求めたら，水のイオン積 $K_w = [\mathrm{H^+}][\mathrm{OH^-}] = 1.0 \times 10^{-14}\,(\mathrm{mol/L})^2$ より $[\mathrm{H^+}]$ を求める。

例題　アンモニア水のpH

0.18 mol/L アンモニア水の pH を求めよ。ただし，$\mathrm{NH_3}$ の電離定数 $K_b = 1.8 \times 10^{-5}$ mol/L，$\log 1.8 = 0.26$ とする。

解き方 アンモニア水は弱塩基なので，$1-\alpha \fallingdotseq 1$ と近似できるから，

$$K_b = c\alpha^2 \ \Rightarrow\ \alpha = \sqrt{\dfrac{K_b}{c}}$$

よって，$[\mathrm{OH^-}] = c\alpha = c\sqrt{\dfrac{K_b}{c}} = \sqrt{cK_b}$ の関係式を利用して，

$$[\mathrm{OH^-}] = \sqrt{cK_b} = \sqrt{0.18 \times 1.8 \times 10^{-5}} = 1.8 \times 10^{-3}\,\mathrm{mol/L}$$

$K_w = [\mathrm{H^+}][\mathrm{OH^-}] = 1.0 \times 10^{-14}\,(\mathrm{mol/L})^2$ より，

$$[\mathrm{H^+}] = \dfrac{1.0 \times 10^{-14}}{1.8 \times 10^{-3}} = \dfrac{1}{1.8} \times 10^{-11}\,\mathrm{mol/L}$$

$$\mathrm{pH} = -\log[\mathrm{H^+}] = -\log(1.8^{-1} \times 10^{-11}) = 11 + \log 1.8 = 11.26$$

答 11.3

補足 pH を求める問題は **TYPE 24〜28** でも扱っている。

TYPE 92 電離定数と電離度の関係

弱酸・弱塩基の電離度は，濃度によって変化する。

$$\alpha = \sqrt{\frac{K_a}{c}}, \sqrt{\frac{K_b}{c}} \quad [H^+] = c\alpha = \sqrt{cK_a}, \ [OH^-] = c\alpha = \sqrt{cK_b}$$

着眼 強酸・強塩基の水溶液では，溶質がほぼ完全に電離するから，平衡関係は考える必要はない。しかし，弱酸・弱塩基の水溶液では，電離したイオンと未電離の溶質分子間に**電離平衡**が成立し，上式の関係を導くことができる。上式で，c は弱酸・弱塩基のモル濃度，K_a は弱酸の電離定数，K_b は弱塩基の電離定数である。電離度 $\alpha = \sqrt{\dfrac{K_a}{c}}, \sqrt{\dfrac{K_b}{c}}$ は，$\alpha \ll 1$ という条件で成立する近似式であることをおさえておく。

例題 酢酸水溶液の電離度と水素イオン濃度

酢酸の電離定数 K_a を 2.8×10^{-5} mol/L とする。1.0×10^{-1} mol/L の酢酸水溶液の電離度 α と水素イオンのモル濃度 $[H^+]$ を，それぞれ求めよ。$\sqrt{2.8} = 1.7$。

解き方 c [mol/L] の酢酸が電離平衡に達したときの各物質のモル濃度を求める。

$$CH_3COOH \rightleftarrows CH_3COO^- + H^+$$

平衡時　　$c(1-\alpha)$　　　$c\alpha$　　　$c\alpha$

酢酸は弱酸で，極めてうすい場合を除いて，$\alpha \ll 1$ である。

よって，$1-\alpha \fallingdotseq 1$ とみなすと，$K_a = \dfrac{c\alpha^2}{1-\alpha} \fallingdotseq c\alpha^2$ と近似できる。これより，

$$\alpha = \sqrt{\frac{K_a}{c}} = \sqrt{\frac{2.8 \times 10^{-5} \text{ mol/L}}{1.0 \times 10^{-1} \text{ mol/L}}} = \sqrt{2.8 \times 10^{-4}} = 1.7 \times 10^{-2}$$

$[H^+] = c\alpha = 1.0 \times 10^{-1}$ mol/L $\times 1.7 \times 10^{-2} = 1.7 \times 10^{-3}$ mol/L

〔別解〕 $[H^+] = \sqrt{cK_a}$ より，

$[H^+] = \sqrt{cK_a} = \sqrt{1.0 \times 10^{-1} \times 2.8 \times 10^{-5}} = \sqrt{2.8 \times 10^{-6}} = 1.7 \times 10^{-3}$ mol/L

答 α；1.7×10^{-2}，$[H^+]$；1.7×10^{-3} mol/L

類題52 アンモニア水の電離平衡は次式で表される。

$$NH_3 + H_2O \rightleftarrows NH_4^+ + OH^-$$

アンモニアの電離定数 $K_b = 1.8 \times 10^{-5}$ mol/L として，0.020 mol/L のアンモニア水の電離度 α と水酸化物イオンのモル濃度を求めよ。

(解答➡別冊 *p.15*)

TYPE 93 緩衝液の pH

$$[H^+] = K_a \cdot \frac{[HA]}{[A^-]}$$ の関係を使え。

（[HA]≒もとの酸の濃度，[A⁻]≒溶かした塩の濃度）

着眼 酢酸と酢酸ナトリウムを含む混合溶液中では，
$$CH_3COOH \rightleftharpoons CH_3COO^- + H^+ \cdots\cdots①$$
のような酢酸の電離平衡が成立しており，少量の酸や塩基を加えても pH はほとんど変化しない(**緩衝液**)。

たとえば，0.1 mol/L の酢酸水溶液では約 1 ％の酢酸分子が電離して，残りの電離していない分子と平衡状態となっている。ここへ酢酸ナトリウムが多量に加えられると，酢酸ナトリウムは完全に電離して，水溶液中には CH_3COO^- が増加する。すると，①式の平衡は大きく左へ移動して**酢酸の電離はほとんどおさえられた状態**となる。よって，酢酸の電離度を $\alpha \fallingdotseq 0$ とみなせる。

a [mol/L] の酢酸水溶液 1 L に b [mol] の酢酸ナトリウムを溶かしたとき，$\alpha \fallingdotseq 0$，水溶液の体積が変化しないとすれば，

　　　$[CH_3COOH] = a$ [mol/L] …**もとの酢酸の濃度**
　　　$[CH_3COO^-] = b$ [mol/L] …**溶かした酢酸ナトリウムの濃度**

となり，上の式に代入すれば，緩衝液の pH が求められる。

例題 酢酸とその塩との混合溶液の pH

0.10 mol/L の酢酸水溶液 100 mL に，0.20 mol/L の酢酸ナトリウム水溶液 100 mL を混合した水溶液の pH を求めよ。
ただし，酢酸の電離定数 $K_a = 2.8 \times 10^{-5}$ mol/L，$\log 2 = 0.30$，$\log 7 = 0.84$ とせよ。

解き方 酢酸の電離度は非常に小さく，ほとんど無視できるとして，$[CH_3COOH]$ と $[CH_3COO^-]$ を求め，上の式に代入する。混合溶液の体積が 200 mL（2 倍）になったので，濃度が $\frac{1}{2}$ となることにも注意する。

$$[H^+] = K_a \frac{[CH_3COOH]}{[CH_3COO^-]} = 2.8 \times 10^{-5} \text{ mol/L} \times \frac{0.050 \text{ mol/L}}{0.10 \text{ mol/L}}$$
$$= 1.4 \times 10^{-5} \text{ mol/L}$$

∴　$pH = -\log(14 \times 10^{-6}) = 6 - \log 2 - \log 7 = 4.86$

答 4.9

TYPE 94 塩の加水分解と pH

加水分解の程度を表す，加水分解定数 K_h を求めよ．

$$K_h = \frac{[CH_3COOH][OH^-]}{[CH_3COO^-]} = \frac{K_w}{K_a}$$

(K_w；水のイオン積，K_a；酢酸の電離定数)

着眼 弱酸と強塩基の中和で得られた c〔mol/L〕の酢酸ナトリウム水溶液の pH は，次のようにして求めることができる．

CH_3COONa は強電解質で，水に溶けると完全に電離する．このとき生成した Na^+ は水とは反応しないが，弱酸のイオンである CH_3COO^- の一部は，水分子と結びついて CH_3COOH になり，下の①式のような平衡状態になる．このとき生じた OH^- によって水溶液は弱塩基性を示す．この現象を**塩の加水分解**という．

ここで，CH_3COO^- が加水分解する割合を h（加水分解度という）とすると，平衡時には下のような関係が成り立つ．

$$CH_3COO^- + H_2O \rightleftarrows CH_3COOH + OH^- \quad \cdots\cdots ①$$
$$c(1-h) \qquad 一定 \qquad ch \qquad ch$$

一方，加水分解の平衡定数を**加水分解定数 K_h** といい，下の式で表される．この平衡は，ふつう左に大きくかたよっており，h は 1 に比べて非常に小さい．よって，$1-h ≒ 1$ で近似できる．

$$K_h = \frac{ch \cdot ch}{c(1-h)} = \frac{ch^2}{1-h} ≒ ch^2$$

$$\therefore \quad h = \sqrt{\frac{K_h}{c}} \quad \cdots\cdots\cdots\cdots\cdots\cdots\cdots\cdots\cdots\cdots ②$$

①のモル濃度と②より，$[OH^-] = ch = \sqrt{cK_h}$ と求められ，$[H^+] = \dfrac{K_w}{[OH^-]}$ の関係から pH が計算できる（$pOH = -\log[OH^-]$ より pOH を求め，**pH＋pOH＝14** の関係から pH を求めてもよい）．

また，上の式の分母，分子に $[H^+]$ をかけ，さらに水のイオン積を K_w，酢酸の電離定数を K_a とすると，③式の関係が得られ，K_h を求めることができる．

$$K_h = \frac{[CH_3COOH]\;[OH^-][H^+]}{[CH_3COO^-]\qquad[H^+]} = \frac{K_w}{K_a} \quad \cdots\cdots\cdots\cdots\cdots ③$$

3. 電解質水溶液の平衡

例題　中和で生成した塩の加水分解と中和点におけるpH

0.10 mol/L 酢酸水溶液 10 mL に，0.10 mol/L 水酸化ナトリウム水溶液を 10 mL 加えて，ちょうど中和させた。次の各問いに答えよ。ただし，酢酸の電離定数 $K_a = 2.0 \times 10^{-5}$ mol/L，水のイオン積 $K_w = 1.0 \times 10^{-14}$ (mol/L)^2，また，$\log 2 = 0.30$ とする。

(1) この中和点における水酸化物イオン濃度を求めよ。
(2) この中和点における pH を求めよ。

解き方 (1) まず，中和点での CH_3COONa のモル濃度を求める。中和点では，CH_3COONa が 1.0×10^{-3} mol 生じ，これが**水溶液 20 mL 中に含まれるから**，

$$[CH_3COONa] = 1.0 \times 10^{-3} \text{ mol} \div \frac{20}{1000} \text{ L} = 5.0 \times 10^{-2} \text{ mol/L} \quad \cdots\cdots\text{①}$$

加水分解定数 K_h の値を，$K_h = \dfrac{K_w}{K_a}$ より求めると，

$$K_h = \frac{K_w}{K_a} = \frac{1.0 \times 10^{-14} \text{(mol/L)}^2}{2.0 \times 10^{-5} \text{ mol/L}} = 5.0 \times 10^{-10} \text{ mol/L} \quad \cdots\cdots\text{②}$$

$[CH_3COONa] = [CH_3COO^-] = 5.0 \times 10^{-2}$ mol/L（①より）のうち，x [mol/L] が加水分解したとすると，

$$CH_3COO^- + H_2O \rightleftarrows CH_3COOH + OH^-$$

平衡時　$5.0 \times 10^{-2} - x$　　一定　　　x　　　　x

$$K_h = \frac{[CH_3COOH][OH^-]}{[CH_3COO^-]} = \frac{x^2 \text{(mol/L)}^2}{(5.0 \times 10^{-2} - x) \text{[mol/L]}}$$

x はきわめて小さいので，$\mathbf{(5.0 \times 10^{-2} - x) \fallingdotseq 5.0 \times 10^{-2}}$ と近似できる。
②より $K_h = 5.0 \times 10^{-10}$ mol/L なので，

$$\frac{x^2}{5.0 \times 10^{-2}} = 5.0 \times 10^{-10} \text{ mol/L} \Rightarrow x^2 = 25 \times 10^{-12} \text{(mol/L)}^2$$

$$\therefore \quad x = [OH^-] = 5.0 \times 10^{-6} \text{ mol/L} \quad \cdots\cdots\text{③}$$

[③の別の求め方] $[OH^-] = \sqrt{cK_h}$ （$c = [CH_3COONa] = [CH_3COO^-]$）より，

$$[OH^-] = \sqrt{5.0 \times 10^{-2} \text{ mol/L} \times 5.0 \times 10^{-10} \text{ mol/L}} = 5.0 \times 10^{-6} \text{ mol/L}$$

(2) (1)で求めた水酸化物イオン濃度から pOH を求めると，

$$pOH = -\log(5 \times 10^{-6}) = 6 - \log 5 = 6 - \log \frac{10}{2} = 6 - (1 - \log 2) = 5.3$$

pH + pOH = 14 より，pH = 14 − 5.3 = 8.7

補足 $K_w = [H^+][OH^-]$ の関係から pH を求めてもよい。

答 (1) $\mathbf{5.0 \times 10^{-6}}$ **mol/L**　(2) **8.7**

TYPE 95 溶解度積 　重要度 A

難溶性塩 AB の溶解度積 K_{sp} は，$AB \rightleftarrows A^+ + B^-$ のとき，$K_{sp} = [A^+][B^-]$ である。K_{sp} は温度によって変化。

着眼 難溶性塩 AB の飽和水溶液中では，電離していない塩（沈殿）とわずかに電離したイオンとの間に，$AB \rightleftarrows A^+ + B^-$ のような**溶解平衡**が成立し，その平衡定数 K は，$K = \dfrac{[A^+][B^-]}{[AB(固)]}$ と表される。

[AB(固)] は固体のモル濃度で常に一定とみなせるので，K[AB(固)] も一定となり，次式が成り立つ。

$$[A^+][B^-] = K[AB(固)] = K_{sp} \cdots\cdots 塩\ AB\ の溶解度積$$

＋補足 たとえば Ag^+ に Cl^- を加えていくと，はじめは $[Cl^-]$ が小さいので $[Ag^+][Cl^-] < K_{sp}$ のため沈殿しない。さらに Cl^- を加えていくと，$[Ag^+][Cl^-] > K_{sp}$ となり AgCl の沈殿が生成する。この後，Cl^- を加えても，沈殿が増えるだけで，K_{sp} は一定である。

例題　溶解度積と溶解度

20℃ で塩化銀 AgCl は，水 1 L に 0.0020 g 溶ける。次の各問いに答えよ。
(1) この温度での塩化銀の溶解度積を求めよ（AgCl の式量を 143.5 とする）。
(2) 0.010 mol/L の塩酸中での塩化銀の溶解度は何 mol/L になるか。

解き方 (1) この AgCl 水溶液のモル濃度は，AgCl（式量 = 143.5）より，

$$\dfrac{0.0020\ \text{g/L}}{143.5\ \text{g/mol}} \fallingdotseq 1.4 \times 10^{-5}\ \text{mol/L}$$

AgCl は水溶液中で，$AgCl \rightleftarrows Ag^+ + Cl^-$ とわずかに電離するので，

$[Ag^+] = [Cl^-] = 1.4 \times 10^{-5}$ mol/L

∴ $K_{sp} = [Ag^+][Cl^-] = (1.4 \times 10^{-5})^2\ (\text{mol/L})^2 \fallingdotseq 2.0 \times 10^{-10}\ (\text{mol/L})^2$

(2) 強酸である塩酸は完全に電離するので，$[H^+] = [Cl^-] = 0.010$ mol/L である。一方，塩酸中での AgCl の溶解度を x [mol/L] とすると，$[Ag^+] = x$ [mol/L]，

$[Cl^-] = (0.010 + x)$ [mol/L] $\fallingdotseq 0.010$ mol/L（$x \ll 0.01$ のため）

K_{sp} は温度一定なら，溶液の pH にかかわらず一定なので，(1)の K_{sp} を用いて，

$[Ag^+][Cl^-] = x$ [mol/L] $\times 0.010$ mol/L $= 2.0 \times 10^{-10}\ (\text{mol/L})^2$

∴ $x = 2.0 \times 10^{-8}$ mol/L

答 (1) $2.0 \times 10^{-10}\ (\text{mol/L})^2$　(2) 2.0×10^{-8} **mol/L**

TYPE 96 沈殿生成の判定

難溶性塩 AB(固)の溶解度積を K_{sp} とするとき,
 $[A^+][B^-] > K_{sp}$ …沈殿を生じる。
 $[A^+][B^-] \leq K_{sp}$ …沈殿を生じない。

着眼 溶解度積 K_{sp} は,難溶性塩どうしの溶解度を比較するときの目安となる。K_{sp} の値が小さい塩ほど,水溶液中に存在できるイオン濃度が小さく,より沈殿しやすい。また,K_{sp} の値が大きい塩ほど沈殿しにくい。

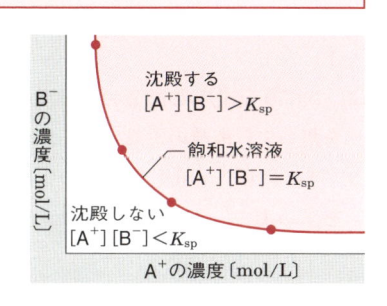

一般に,組成式 AB で表される難溶性塩について,溶液を混合した瞬間のイオン濃度の積 $[A^+][B^-]$ とその塩の溶解度積 K_{sp} の大小関係から,上記のように沈殿生成の有無が判断できる。

例題 塩化銀の沈殿生成の判定

1.0×10^{-2} mol/L 硝酸銀水溶液 100 mL に,1.0×10^{-2} mol/L 塩化ナトリウム水溶液 0.10 mL を加えたとき,塩化銀の沈殿が生じるかどうかを判断せよ。ただし,塩化銀の溶解度積は 2.0×10^{-10} (mol/L)^2 とし,溶液の混合による体積の変化は無視できるものとする。

解き方 混合直後の $[Ag^+]$ と $[Cl^-]$ を求めると,

$$[Ag^+] = \left(1.0 \times 10^{-2} \times \frac{100}{1000}\right) \text{mol} \div \frac{100.1}{1000} \text{L} \fallingdotseq 1.0 \times 10^{-2} \text{ mol/L}$$

$$[Cl^-] = \left(1.0 \times 10^{-2} \times \frac{0.10}{1000}\right) \text{mol} \div \frac{100.1}{1000} \text{L} \fallingdotseq 1.0 \times 10^{-5} \text{ mol/L}$$

イオン濃度の積と溶解度積 K_{sp} を比較して,

> $[Ag^+][Cl^-] \geq K_{sp}$ のとき … AgCl の沈殿を生じる
> $[Ag^+][Cl^-] < K_{sp}$ のとき … AgCl の沈殿は生じない

$[Ag^+][Cl^-] = 1.0 \times 10^{-2}$ mol/L $\times 1.0 \times 10^{-5}$ mol/L
$= 1.0 \times 10^{-7}$ (mol/L)$^2 > K_{sp}(= 2.0 \times 10^{-10}$ mol/L)

よって,塩化銀 AgCl の沈殿が生成することがわかる。　**答** 沈殿が生成する。

■練習問題

68 酢酸は水溶液中で一部が電離し，次の電離平衡が成立する。
$$CH_3COOH \rightleftarrows CH_3COO^- + H^+$$
酢酸の濃度と電離度の関係（右図）を用いて，次の各問いに答えよ。

(1) 0.050 mol/L の酢酸の pH を求めよ。

(2) 0.050 mol/L の酢酸の電離度の値を用いて，酢酸の電離定数を求めよ。

(3) 4.0×10^{-4} mol/L の酢酸の電離度を求めよ。　　　　（東海大 改）

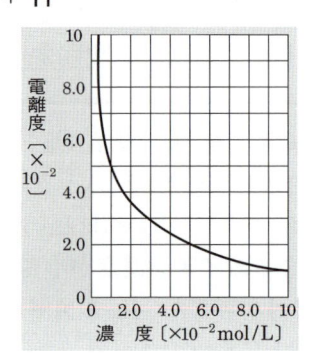

→ 90, 92

69 アンモニアは，水溶液中で次のような電離平衡が成立している。
$$NH_3 + H_2O \rightleftarrows NH_4^+ + OH^-$$

(1) アンモニアの電離定数 K_b を表す式を書け。

(2) アンモニアの初濃度を c [mol/L]，電離度を α として，電離定数 K_b を c と α を用いて表せ。ただし，α は 1 に比べて十分に小さいとする。

(3) 0.10 mol/L のアンモニア水の pH を小数第 1 位まで求めよ。
　　ただし，アンモニアの電離定数 K_b は 1.8×10^{-5} mol/L，$\log 2 = 0.30$，$\log 3 = 0.48$ とする。

→ 91, 92

70 0.10 mol/L の酢酸水溶液に同体積の 0.070 mol/L の酢酸ナトリウム水溶液を加えた水溶液の pH はいくらか。ただし，酢酸の電離定数を 2.8×10^{-5} mol/L，$\log 2 = 0.30$ とする。

→ 93

71 0.20 mol/L の NH_4Cl 水溶液の pH を求めよ。
NH_3 の電離定数；$K_b = 1.8 \times 10^{-5}$ mol/L，$\log 2 = 0.30$，$\log 3 = 0.48$

→ 94

72 塩化銀は水溶液中で $AgCl(固) \rightleftarrows Ag^+ + Cl^-$ のような溶解平衡となり，20℃での溶解度積 $K_{sp} = 1.8 \times 10^{-10}$ (mol/L)^2 である。
　　いま，1.0×10^{-3} mol/L 硝酸銀水溶液 10 mL に，1.0×10^{-3} mol/L 塩化ナトリウム水溶液を何 mL 加えたとき，塩化銀の沈殿が生成しはじめるか。ただし，溶液の混合による体積変化は無視できるものとする。

→ 95, 96

7 無機物質と有機化合物

1 無機物質の反応

1 気体の実験室的製法…少量の純粋な気体を得るための方法。

① 水素　　　$Zn + H_2SO_4 \longrightarrow ZnSO_4 + H_2\uparrow$　（希塩酸や鉄・アルミなどでも水素発生）
　　　　　　亜鉛　　希硫酸

② 塩素　　　$4HCl + MnO_2 \xrightarrow{加熱} MnCl_2 + 2H_2O + Cl_2\uparrow$
　　　　　　濃塩酸　酸化マンガン(Ⅳ)

③ 酸素　　　$2H_2O_2 \longrightarrow 2H_2O + O_2\uparrow$　　（触媒；MnO_2）
　　　　　　過酸化水素

④ 塩化水素　$NaCl + H_2SO_4 \xrightarrow{加熱} NaHSO_4 + HCl\uparrow$
　　　　　　塩化ナトリウム　濃硫酸(不揮発性)

⑤ アンモニア　$2NH_4Cl + Ca(OH)_2 \xrightarrow{加熱} CaCl_2 + 2H_2O + 2NH_3\uparrow$
　　　　　　　塩化アンモニウム　水酸化カルシウム

⑥ 一酸化窒素　$3Cu + 8HNO_3 \longrightarrow 3Cu(NO_3)_2 + 4H_2O + 2NO\uparrow$
　　　　　　　銅　　希硝酸

⑦ 二酸化窒素　$Cu + 4HNO_3 \longrightarrow Cu(NO_3)_2 + 2H_2O + 2NO_2\uparrow$
　　　　　　　銅　濃硝酸

⑧ 二酸化硫黄　$Cu + 2H_2SO_4 \xrightarrow{加熱} CuSO_4 + 2H_2O + SO_2\uparrow$
　　　　　　　銅　濃硫酸

⑨ 二酸化炭素　$CaCO_3 + 2HCl \longrightarrow CaCl_2 + H_2O + CO_2\uparrow$
　　　　　　　炭酸カルシウム　希塩酸

⑩ 硫化水素　　$FeS + H_2SO_4 \longrightarrow FeSO_4 + H_2S\uparrow$
　　　　　　　硫化鉄(Ⅱ)　希硫酸

！注意 ①〜③，⑥〜⑧は酸化還元反応，④は不揮発性の酸と揮発性の酸の塩との反応，⑤，⑨，⑩は弱酸(弱塩基)の塩と強酸(強塩基)の反応である。

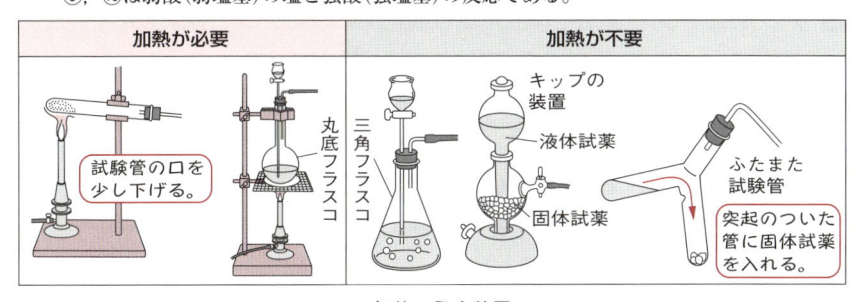

加熱が必要	加熱が不要
試験管の口を少し下げる。／丸底フラスコ	キップの装置／液体試薬／固体試薬／三角フラスコ／ふたまた試験管／突起のついた管に固体試薬を入れる。

▲気体の発生装置

2 工業的製法…効率よく大量の目的物を得るための方法。

1 接触法 硫黄 S から二酸化硫黄 SO_2 を経て、三酸化硫黄 SO_3 をつくり、生じた SO_3 を濃硫酸に吸収させて**発煙硫酸**をつくる。この発煙硫酸を希硫酸に加え、**濃硫酸** H_2SO_4 を合成する方法を**接触法**という。

$$S + O_2 \longrightarrow SO_2 \qquad 2SO_2 + O_2 \longrightarrow 2SO_3 \;(触媒;V_2O_5)$$
$$SO_3 + H_2O \longrightarrow H_2SO_4$$

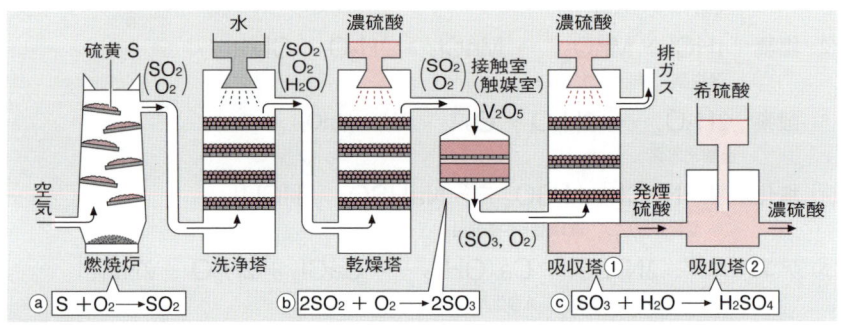

2 ハーバー・ボッシュ法 窒素 N_2 と水素 H_2 を、四酸化三鉄 Fe_3O_4 を主成分とした触媒と高温高圧下 $(500℃,\ 10^7〜10^8\ Pa)$ で反応させ、アンモニアを得る方法を**ハーバー・ボッシュ法**という。

3 オストワルト法 アンモニアと空気から一酸化窒素を経て、二酸化窒素を得る。この二酸化窒素を水に溶かし、**硝酸**を得る方法を**オストワルト法**という。

$$\begin{cases} 4NH_3 + 5O_2 \longrightarrow 4NO + 6H_2O \\ 2NO + O_2 \longrightarrow 2NO_2 \\ 3NO_2 + H_2O \longrightarrow 2HNO_3 + NO \end{cases}$$

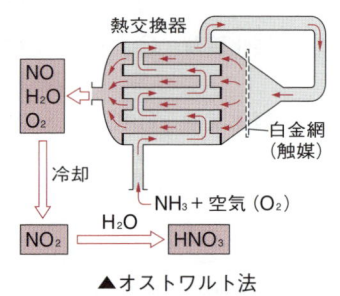

▲オストワルト法

4 アンモニアソーダ法 $NaCl$ と $CaCO_3$ を原料とし、Na_2CO_3 を合成する方法を**アンモニアソーダ法(ソルベー法)**という。まず①の反応により $NaHCO_3$ を合成し、さらに②の熱分解によって Na_2CO_3 が得られる。③で発生した CO_2 や⑤で発生した NH_3 は①の反応に再利用される。

$$\begin{cases} NaCl + NH_3 + H_2O + CO_2 \longrightarrow NaHCO_3\downarrow + NH_4Cl & \cdots\cdots① \\ 2NaHCO_3 \longrightarrow Na_2CO_3 + H_2O + CO_2 & \cdots\cdots② \\ CaCO_3 \longrightarrow CaO + CO_2 \cdots③ \quad CaO + H_2O \longrightarrow Ca(OH)_2 & \cdots\cdots④ \\ 2NH_4Cl + Ca(OH)_2 \longrightarrow CaCl_2 + 2H_2O + 2NH_3\uparrow & \cdots\cdots⑤ \end{cases}$$

TYPE 97　オゾンの生成に伴う体積変化　　重要度 B

$$（最終体積）=（もとの体積）-\begin{pmatrix}反応した\\体積\end{pmatrix}+\begin{pmatrix}生成した\\体積\end{pmatrix}$$

着眼　反応式 $3O_2 \longrightarrow 2O_3$ より，反応した酸素の体積を x [mL] とすると，生成したオゾンの体積は $\dfrac{2}{3}x$ [mL] となるから，これらの値を上の関係式に代入すればよい。

例題　無声放電によるオゾンの生成

標準状態の酸素 100 mL 中で無声放電（火花を伴わずに静かに起こる放電）を行ったところ，その体積が標準状態で 95 mL となった。

(1) このときオゾンに変化した酸素は何 mL か。
(2) さらに放電を続けたところ，体積が標準状態で 80 mL になった。生成した混合気体中に体積組成で何％のオゾンが含まれていることになるか。

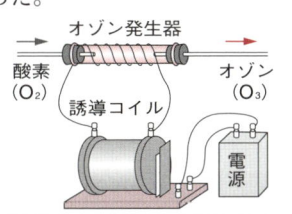

解き方　(1) 100 mL の酸素のうち一部がオゾンに変化するが，大部分は酸素のままで残っている。そこで，変化した酸素 O_2 と，生成したオゾン O_3 との**体積比が，反応式の係数比に等しい**ことを利用して解く。

反応した酸素を x [mL] とすると，係数比より，生成したオゾンは $\dfrac{2}{3}x$ [mL] である。

$$3O_2 \longrightarrow 2O_3$$
$$-x \quad\quad \dfrac{2}{3}x$$

（もとの体積）－（反応した O_2 の体積）＋（生成した O_3 の体積）＝（最終の体積）より，

$$100-x+\dfrac{2}{3}x=95 \quad 100-\dfrac{x}{3}=95 \quad \therefore\ x=15\ \text{mL}$$

(2) 生成したオゾンを y [mL] とすると，係数比より，反応した酸素は $\dfrac{3}{2}y$ [mL] である。

$$3O_2 \longrightarrow 2O_3$$
$$-\dfrac{3}{2}y \quad\quad y$$

$$100-\dfrac{3}{2}y+y=80 \quad 100-\dfrac{1}{2}y=80 \quad \therefore\ y=40\ \text{mL}$$

放電により気体の全体積は 80 mL になっているから，

$$\text{オゾンの体積百分率}=\dfrac{40}{80}\times 100 = 50\ \%$$

答　(1) **15 mL**　(2) **50 %**

TYPE 98 無機物質の純度 <small>重要度 B</small>

生成物の量から反応物の質量を求めて，

$$純度[\%] = \frac{反応物の質量[g]}{混合物の質量[g]} \times 100$$

着眼 混合物がある条件のもとで化学変化を起こすとき，反応する物質と反応しない物質が混ざっている場合がある。どの物質が反応するかを確かめたうえで，**生じる物質の量(沈殿の質量や気体の体積など)から，実際に反応した物質の質量を逆算**し，上の式に代入して純度を求める。

!注意 反応する物質が2種類以上の場合もあるので，よく注意すること。

例題　炭酸カルシウムの純度

不純物として硫酸カルシウムを含む炭酸カルシウム 1.00 g をとり，十分量の塩酸を加えたら，二酸化炭素が標準状態で 190 mL 発生した。この炭酸カルシウムの純度は何%か($CaCO_3$ の式量は 100 とする)。

解き方 強酸の塩である硫酸カルシウム $CaSO_4$ に強酸 HCl を加えても反応は起こらない。しかし，**弱酸の塩である炭酸カルシウム $CaCO_3$ に強酸 HCl を加える**と次のような反応が起こり，**弱酸が遊離する**。

(弱酸の塩) + (強酸) ⟶ (強酸の塩) + (弱酸)

$CaCO_3$ + 2HCl ⟶ $CaCl_2$ + CO_2 + H_2O
1 mol　　　　　　　　　　　　　　**1 mol**

発生した CO_2 の物質量 ; $\dfrac{190 \text{ mL}}{22400 \text{ mL/mol}} \fallingdotseq 0.0085$ mol

反応式の係数比より $CaCO_3$ 1 mol (= 100 g) から，標準状態において CO_2 1 mol (= 22.4 L = 22400 mL) が発生することがわかる。
CO_2 0.0085 mol を発生させるのに，必要な $CaCO_3$ の物質量も 0.0085 mol であるので，$CaCO_3$ の質量は，0.0085 mol × 100 g/mol = 0.85 g

$CaCO_3$ の純度 ; $\dfrac{CaCO_3 [g]}{混合物[g]} = \dfrac{0.85}{1.00} \times 100 = 85\%$　**答 85%**

類題53 臭化カリウム KBr と塩化カリウム KCl の混合物 2.68 g を含む水溶液に反応に十分な量の硝酸銀 $AgNO_3$ 水溶液を加えたところ，沈殿が 4.75 g 生じた。はじめの混合物中の臭化カリウムの物質量を求めよ。原子量；K = 39，Cl = 35.5，Br = 80，Ag = 108

(解答➡別冊 *p.15*)

TYPE 99 工業的製法による質量計算 【重要度 A】

反応の途中で現れる化合物で，計算のうえで不必要なものは消去して，できるだけ簡単な式にまとめる。

着眼 工業的製法では，反応物がいくつかの段階を経て最終生成物となる場合が多い。よって，**反応物と最終生成物の関係だけを示す化学反応式を導く**ことにより，これらの物質間の量的関係がわかる。

例題　鉄の製錬における鉄の生成量

鉄の製錬では，高炉の中でコークス C が燃えて一酸化炭素 CO となり，鉄鉱石中の酸化鉄(Ⅲ) Fe_2O_3 が次のように還元されて鉄が生成する。

$$Fe_2O_3 + CO \longrightarrow 2FeO + CO_2 \quad \cdots\cdots ①$$
$$FeO + CO \longrightarrow Fe + CO_2 \quad \cdots\cdots ②$$

これらの反応が完全に進行したとして，1 t の鉄鉱石から何 t の鉄が得られるか。ただし，鉄鉱石中の Fe_2O_3 の含有率は 80 % とする。
原子量；O = 16，Fe = 56

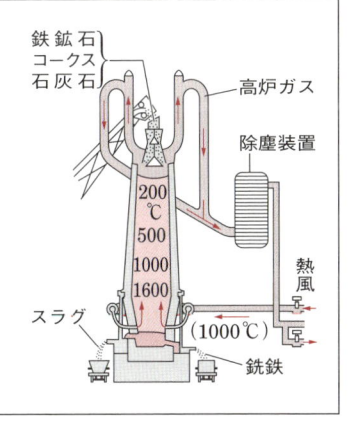

解き方 反応物 Fe_2O_3 と，最終生成物 Fe との量的関係が知りたいので，**中間生成物の FeO は不要**である。よって，①＋②×2 を計算して，FeO を消去すると，

$$Fe_2O_3 + 3CO \longrightarrow 2Fe + 3CO_2 \quad \cdots\cdots ③$$

　　1 mol　　　　　2 mol

③より，Fe_2O_3（式量 160）1 mol から，Fe（原子量 56）2 mol が生成するので，生成する Fe の質量は，1 t = 1.0×10^6 g なので，

$$\frac{1.0 \times 10^6 \times 0.80 \text{ g}}{160 \text{ g/mol}} \times 2 \times 56 \text{ g/mol} = 5.6 \times 10^5 \text{ g} = 0.56 \text{ t}$$

答　0.56 t

類題54 硝酸の製造過程は，次の①〜③で表される。50 % 硝酸を 1 t つくるのに必要なアンモニアは何 kg か。原子量；H = 1.0, N = 14, O = 16　（解答➡別冊 *p.15*）

$$4NH_3 + 5O_2 \longrightarrow 4NO + 6H_2O \quad \cdots\cdots ①$$
$$2NO + O_2 \longrightarrow 2NO_2 \quad \cdots\cdots ②$$
$$3NO_2 + H_2O \longrightarrow 2HNO_3 + NO \quad \cdots\cdots ③$$

TYPE 100 反応物と最終生成物の量的関係　重要度 A

反応物中のある元素が，目的生成物にすべて含まれる場合，計算上，反応式は不要である。

着眼 化学反応式による計算では，化学反応式を正しくつくって解くのが原則だが，反応物中のある元素が目的生成物にすべて移行する場合，計算のうえでは化学反応式は不要である。この場合，**反応物と最終生成物との量的関係をつかむ**ことが重要である。

例題　硫酸製造における純硫酸の生成量

純度 64% の硫黄鉱石 1.0 kg を完全燃焼させて，二酸化硫黄を発生させた。この二酸化硫黄の全部を酸化して三酸化硫黄に変え，これを水と反応させて硫酸を製造した。この反応で 98% 硫酸は何 kg つくられるか。反応はすべて完全に進行したものとして考えよ。原子量；$H=1.0$, $O=16$, $S=32$

解き方 硫黄鉱石中の硫黄から硫酸生成までの化学変化の流れは，$S \rightarrow SO_2 \rightarrow SO_3 \rightarrow H_2SO_4$ であり，各物質中で**硫黄(S)がすべて硫酸に移行**している。そこで，反応物と最終生成物の量的関係だけで考えていく。

　　反応経路……　$S (\rightarrow SO_2 \rightarrow SO_3) \rightarrow H_2SO_4$
　　物質量関係…　**1 mol**　　　　　　　　　　　**1 mol**

硫黄 S と硫酸 H_2SO_4 のモル質量は，それぞれ 32 g/mol，98 g/mol だから，得られる 98% 硫酸の質量を x 〔kg〕とすると，

$$\frac{1000 \text{ g/kg} \times 0.64}{32 \text{ g/mol}} = \frac{1000 x \text{ 〔g/kg〕} \times 0.98}{98 \text{ g/mol}} \quad \therefore \quad x = 2.0 \text{ kg}$$

答　2.0 kg

＋補足 硫酸製造の反応は，次のような段階的変化で示すことができる。

　　$S + O_2 \rightarrow SO_2$　　　$2SO_2 + O_2 \rightarrow 2SO_3$　　　$SO_3 + H_2O \rightarrow H_2SO_4$

これをまとめると，$2S + 3O_2 + 2H_2O \rightarrow 2H_2SO_4$　となる。

類題 55 チオ硫酸ナトリウム $Na_2S_2O_3$ の製造過程は，次の①〜③で示される。チオ硫酸ナトリウム 2.0 t を得るには，硫黄が何 t 必要か。ただし，反応はすべて完全に進行したものとする。原子量；$O=16$, $Na=23$, $S=32$　　(解答➡別冊 $p.16$)

　　$S + O_2 \rightarrow SO_2$ ……………………………………………①
　　$2NaOH + SO_2 \rightarrow Na_2SO_3 + H_2O$ …………………②
　　$Na_2SO_3 + S \rightarrow Na_2S_2O_3$ ………………………………③

■練習問題

73 酸素中で無声放電を行ったら,はじめの体積の18%がオゾンに変わった。生成した混合気体に含まれるオゾンの体積百分率〔%〕を求めよ。

74 硝酸カリウムと硝酸銀との混合粉末4.50 gを水に溶かし,この水溶液に塩化ナトリウム水溶液を十分に加えたところ2.87 gの塩化銀の沈殿が得られた。式量;$KNO_3 = 101$, $AgNO_3 = 170$, $AgCl = 143.5$
(1) 沈殿が生成する変化を化学反応式で書け。
(2) はじめの混合粉末中の硝酸カリウムの質量は何gか。

75 大理石(主成分 $CaCO_3$)2.0 gを十分量の希塩酸に溶かしたところ,二酸化炭素が標準状態で0.41 L発生した。式量;$CaCO_3 = 100$
(1) 大理石と希塩酸が反応したときの化学反応式を書け。
(2) この大理石の純度は何%か。

76 硫酸製造の反応は,次の化学反応式で表される。
$$4FeS_2 + 11O_2 \longrightarrow 2Fe_2O_3 + 8SO_2 \quad \cdots\cdots ①$$
$$2SO_2 + O_2 \longrightarrow 2SO_3 \quad \cdots\cdots ②$$
$$SO_3 + H_2O \longrightarrow H_2SO_4 \quad \cdots\cdots ③$$
(1) 理論上,黄鉄鉱 FeS_2 から硫酸1 molをつくるのに,必要な酸素は何molになるか。
(2) 黄鉄鉱1.0 kgから,98%硫酸何kgが得られるか。ただし,黄鉄鉱中の FeS_2 の含有率は78%とする。原子量;$H = 1.0$, $O = 16$, $S = 32$, $Fe = 56$

77 酸化カルシウムに水を加え水酸化カルシウムの飽和水溶液を調製した後,十分な量の希硫酸を加えると硫酸カルシウムの沈殿が生成した。この反応は,次の化学反応式で表される。
$$CaO + H_2O \longrightarrow Ca(OH)_2 \quad \cdots\cdots ①$$
$$Ca(OH)_2 + H_2SO_4 \longrightarrow CaSO_4 + 2H_2O \quad \cdots\cdots ②$$
酸化カルシウムが1.0 kg存在するとき,硫酸カルシウム何kgがつくられるか。ただし,反応は完全に進行したとする。式量;$CaO = 56$, $CaSO_4 = 136$

ヒント 76 ①~③式から SO_2 と SO_3 を消去して,まとめた式を考えよう。

2 有機化合物の化学式の決定

1 有機化合物の構造決定

① 精製された試料の成分元素の種類を確認(**定性分析**)したり，その元素の質量を測定(**定量分析**)したりする一連の操作を**元素分析**という。
　また，成分元素の質量比からその物質の**組成式**(**実験式**)が求められる。
② 分子量を測定し，組成式の式量と分子量の比較から**分子式**を求める。
③ 試料の化学的性質から官能基の種類を推定し，**示性式・構造式**が決まる。

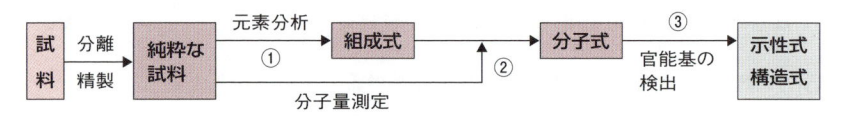

▲示性式・構造式の決定

2 元素分析

　高校で学習する有機化合物の多くは，C・H・Oの3元素からできているので，その元素組成は，右図に示したような装置を使って調べる。
　一定量の試料を酸素の気流中で酸化銅(Ⅱ)とともに完全燃焼させる。この場合，水と二酸化炭素が生じるが，**水は塩化カルシウム**に，**二酸化炭素はソーダ石灰に吸収**させて，その質量増加分から，C・Hの質量を求める。直接定量できないOの質量は，化合物全体の質量から，O以外の全元素の質量を差し引けば求めることができる。

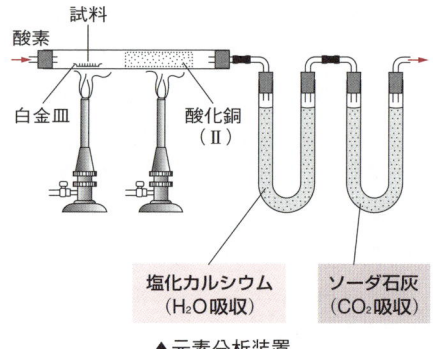

▲元素分析装置

> **注意** ソーダ石灰は水と二酸化炭素の両方を吸収するので，塩化カルシウムより先につないでしまうと，正確な炭素と水素の質量を求めることはできない。

例 C, H, Oからなる有機化合物 a (g) を元素分析したら，CO_2 が b (g)，H_2O が c (g) 得られたとする。

$$Cの質量 = b \times \frac{C}{CO_2} = b \times \frac{12}{44} \text{(g)} \qquad Hの質量 = c \times \frac{2H}{H_2O} = c \times \frac{2}{18} \text{(g)}$$

$$Oの質量 = a - (Cの質量 + Hの質量) \text{(g)}$$

3 ▶ 組成式(実験式)の決定

元素分析の結果得られた**各成分元素の質量を原子量で割り，各原子数の比を求める**。この比を最も簡単な整数比で示した化学式が**組成式(実験式)**となる。また，各元素の質量%を原子量で割り，その比から組成式を求めてもよい。

$$C の原子数 : H の原子数 : O の原子数$$
$$= \frac{C の質量}{12} : \frac{H の質量}{1.0} : \frac{O の質量}{16}$$
$$= \frac{C の質量\%}{12} : \frac{H の質量\%}{1.0} : \frac{O の質量\%}{16}$$

4 ▶ 分子式の決定

組成式(実験式)は，分子中の原子数の比を示しているだけであるから，適当な方法で分子量を求め，組成式の式量と分子量から分子式を決定する。**組成式の式量の整数倍が分子量に等しくなる。**

$$分子式 = (組成式)_n \quad (n は整数)$$

!注意 有機化合物の分子量算出　気化しやすい物質は，気体の状態方程式(p.89)やその気体 1 mol の質量から求める。また，気化しにくい物質は，凝固点降下法(p.122)や浸透圧法が利用される。なお，酸性や塩基性の物質は，中和滴定法も用いられる。

5 ▶ O_2 の消費量による分子式の決定

ある炭化水素 C_mH_n 1 mol を完全燃焼させるのに必要な O_2 の物質量から，分子式が求められる場合がある。

$$C_mH_n + \left(m + \frac{n}{4}\right)O_2 \longrightarrow mCO_2 + \frac{n}{2}H_2O$$

例 ある炭化水素 1 mol を完全燃焼させるのに，酸素を 5.5 mol 必要とした。この場合，炭化水素の分子式を C_mH_n とすると，上の燃焼反応式の係数比より，

$$m + \frac{n}{4} = 5.5 \quad \therefore \quad 4m + n = 22$$

m, n は整数であり，飽和炭化水素 C_mH_{2m+2} はこれ以上水素を付加しないので，
$n \leq 2m+2$(ただし，この条件を満たしても実在しない場合あり)

$m=1$ のとき，$n=18$(実在しない)　　$m=2$ のとき，$n=14$(実在しない)
$m=3$ のとき，$n=10$(実在しない)　　$m=4$ のとき，$n=6$(実在する)
$m=5$ のとき，$n=2$(実在しない)

よって，求める分子式は C_4H_6

TYPE 101 燃焼生成物の質量からの組成式の決定

生成した CO_2 や H_2O の質量から，もとの試料中の C や H の質量を求め，原子数の比を次の式で求める。

$$C : H : O = \frac{Cの質量(\%)}{12} : \frac{Hの質量(\%)}{1.0} : \frac{Oの質量(\%)}{16}$$

着眼 有機化合物を完全燃焼させると，化合物中の炭素は CO_2 に，水素は H_2O に変化する。この場合，C と CO_2，H と H_2O の質量比がつねに一定となるので，CO_2 や H_2O の質量から化合物中の C や H の質量が求められる。また，O の質量は，(試料の全質量) − (C と H の質量の和) で求められる。こうして求めた各元素の質量を，それぞれの原子量で割れば原子数の比が算出でき，これを最も簡単な整数比で表せば，組成式(実験式)が得られる。

例題 燃焼生成物の質量からの組成式の決定

炭素，水素，酸素よりなる有機化合物 4.00 mg を完全燃焼させたら，水 2.40 mg，二酸化炭素 5.87 mg が得られた。この化合物の組成式を求めよ。原子量；H = 1.0，C = 12，O = 16

解き方 CO_2 の質量より C の質量，H_2O の質量より H の質量を求める。

$$Cの質量 = CO_2の質量 \times \frac{C}{CO_2} = 5.87 \times \frac{12}{44} ≒ 1.60 \text{ mg}$$

$$Hの質量 = H_2Oの質量 \times \frac{2H}{H_2O} = 2.40 \times \frac{2.0}{18} ≒ 0.27 \text{ mg}$$

$$Oの質量 = 試料の全質量 − (Cの質量 + Hの質量)$$
$$= 4.00 − (1.60 + 0.27) = 2.13 \text{ mg}$$

これを各原子量で割って原子数の比(= 各元素の物質量の比)を求めると，

$$C : H : O = \frac{Cの質量}{12} : \frac{Hの質量}{1.0} : \frac{Oの質量}{16}$$

$$= \frac{1.60}{12} : \frac{0.27}{1.0} : \frac{2.13}{16} ≒ 0.13 : 0.27 : 0.13 ≒ 1 : 2 : 1$$

したがって，組成式は CH_2O となる。　　**答** CH_2O

!注意 求めた原子数の比が小数の場合，整数に直すには，最も小さい数を1とおけばよい。

TYPE 102 組成式から決定する分子式　**重要度 B**

$$\text{(分子式)} = \text{(組成式)}_n \quad n = \frac{\text{分子量}}{\text{組成式の式量}} \quad \text{を利用せよ。}$$

着眼 組成式が同じでも、次のように分子式の異なる物質がある。たとえば組成式 CH の場合、

$$CH \begin{cases} (CH)_2 \longrightarrow \text{分子式 } C_2H_2 \text{（アセチレン）} \\ (CH)_6 \longrightarrow \text{分子式 } C_6H_6 \text{（ベンゼン）} \end{cases}$$

したがって、分子式を決定するには、$(CH)_n$ の n がいくらであるかを決める必要がある。そのために、適当な方法で分子量を測定し、その数値を組成式の式量で割り、n（整数）の値を求めればよい。

例題　組成式と分子量から分子式を求める

C, H, O からなる有機化合物 15.5 mg を完全燃焼させたら、CO_2 が 22.0 mg, H_2O が 13.5 mg 生じた。また、この化合物 2.49 g を水 200 mL に溶かすと、0.20 mol/L の水溶液になった。化合物の分子式を求めよ。原子量；H = 1.0, C = 12, O = 16

解き方　まず、C, H, O の各質量を求めて組成式をつくる。

$$C: 22.0 \times \frac{12}{44} = 6.0 \text{ mg} \quad H: 13.5 \times \frac{2.0}{18} = 1.5 \text{ mg}$$

$$O: 15.5 - (6.0 + 1.5) = 8.0 \text{ mg}$$

各質量を原子量で割って、C, H, O の原子数の比を求めると（→TYPE 101）、

$$C: H: O = \frac{6.0}{12} : \frac{1.5}{1.0} : \frac{8.0}{16} = 1: 3: 1 \quad \therefore \quad \text{組成式}\cdots CH_3O$$

また、この化合物の分子量を M とすると、モル濃度を求める式より、

$$0.20 \text{ mol/L} = \frac{\frac{2.49 \text{ g}}{M}}{0.20 \text{ L}} \quad \therefore \quad M \fallingdotseq 62 \text{ g/mol}$$

$M \fallingdotseq 62$ g/mol ⇨ 分子量は 62、$(CH_3O)_n = 62$ より、

$$n = \frac{\text{分子量}}{\text{組成式の式量}} = \frac{62}{31} = 2 \quad \therefore \quad \text{分子式}\cdots C_2H_6O_2$$

答 $C_2H_6O_2$

類題56 組成式が CH_2O で表される物質 32.4 g を、水 200 mL に溶かしたときのモル濃度は 0.90 mol/L であった。この物質の分子量および分子式を求めよ。原子量；H = 1.0, C = 12, O = 16

（解答➡別冊 p.16）

TYPE 103 燃焼反応式からの分子式の決定　　重要度 C

一般式 C_xH_y とおいて，燃焼反応式をつくれ。

$$C_xH_y + \left(x+\frac{y}{4}\right)O_2 \longrightarrow xCO_2 + \frac{y}{2}H_2O$$

着眼 上の化学反応式は，ある炭化水素 C_xH_y 1 mol が完全燃焼すると，$CO_2\ x$ [mol]，$H_2O\ \dfrac{y}{2}$ [mol] を生じ，燃焼に必要な O_2 が $\left(x+\dfrac{y}{4}\right)$ [mol] であることを示している。**反応式の係数比は気体の体積比に等しい**ので，

$$\begin{pmatrix}\text{生じた } CO_2 \\ \text{の体積}\end{pmatrix} : \begin{pmatrix}\text{生じた } H_2O \\ \text{の体積}\end{pmatrix} : \begin{pmatrix}\text{反応した } O_2 \\ \text{の体積}\end{pmatrix} = x : \frac{y}{2} : \left(x+\frac{y}{4}\right)$$

これを使うと，x，y の値がわかり，炭化水素の分子式が求められる。

例題　燃焼反応式からの分子式の決定

気体の炭化水素 10 mL と酸素 100 mL との混合気体を完全燃焼後，得られた気体を乾燥させたら，体積は 85 mL になった。さらに，水酸化カリウム水溶液に通したのち乾燥すると，体積は 45 mL になった。この炭化水素の分子式を求めよ（気体の体積はすべて 20 ℃で測定したものとする）。

解き方 炭化水素の燃焼後は CO_2 と H_2O（乾燥後は体積 0）が生じ，一部の O_2 が未反応で残る。さらに KOH 水溶液に通すと CO_2 が中和して吸収される。したがって，**生成した CO_2 の体積は，体積減少分の 85−45＝40 mL** であり，一番最後に残った気体 45 mL は，燃焼に使われなかった O_2 の体積である。ゆえに，**燃焼に要した O_2 は 100−45＝55 mL** である。

この炭化水素の分子式を C_xH_y として，燃焼の化学反応式をつくると，

$$C_xH_y + \left(x+\frac{y}{4}\right)O_2 \longrightarrow xCO_2 + \frac{y}{2}H_2O$$

化学反応式の**係数比は，気体の体積比に等しい**ので，

$$C_xH_y : O_2 : CO_2 = 1 : \left(x+\frac{y}{4}\right) : x = 10 : 55 : 40$$

$$\left.\begin{array}{l} x+\dfrac{y}{4}=5.5 \\ x=4 \end{array}\right\} \text{これらを解いて，} \begin{cases} x=4 \\ y=6 \end{cases}$$

よって，この炭化水素の分子式は C_4H_6

答 C_4H_6

3 有機化合物の反応

1 有機化合物の反応

① 付加反応　$CH_2=CH_2 + Br_2 \longrightarrow CH_2BrCH_2Br$
　　　　　　　エチレン　　　　　　　　1,2-ジブロモエタン

② 置換反応　[ベンゼン] $+ HNO_3 \xrightarrow{(H_2SO_4)}$ [ニトロベンゼン]$-NO_2 + H_2O$

③ 酸化反応　$C_2H_5OH + (O) \longrightarrow CH_3CHO + (O) \longrightarrow CH_3COOH$
　　　　　　　エタノール　　　　　　アセトアルデヒド　　　　　　　　酢酸

④ 還元反応　2 [ニトロベンゼン]$-NO_2 + 3Sn + 12HCl$
　　　　　　　　$\longrightarrow 2$ [アニリン]$-NH_2 + 3SnCl_4 + 4H_2O$

⑤ エステル化　エステル結合 $-COO-$ をもつエステルが生成する反応。
　　　　$CH_3COOH + C_2H_5OH \rightleftarrows CH_3COOC_2H_5 + H_2O$
　　　　　酢酸　　　　エタノール　　　　酢酸エチル

⑥ 加水分解（けん化）　エステルがカルボン酸（またはその塩）とアルコールに分解する反応。
　　　　$CH_3COOC_2H_5 + NaOH \longrightarrow CH_3COONa + C_2H_5OH$
　　　　　　　　　　　　　　　　　　　　　　酢酸ナトリウム　　エタノール

2 不飽和結合への反応

炭素原子間に存在する二重結合や三重結合を**不飽和結合**という。不飽和結合をもつ化合物は水素やハロゲンなどと付加反応を起こしやすい。

　例　1-ブテンへの水素の付加反応
　　$CH_2=CH-CH_2-CH_3 + H_2 \longrightarrow CH_3-CH_2-CH_2-CH_3$

3 有機反応の収率

一般に，有機化合物の反応は副反応を伴うことが多く，原料物質がすべて製品化しない。原料物質がどのくらい製品化したかを次の式で**収率**として求める。

$$収率[\%] = \frac{実際に得られた製品の量}{反応式により計算された製品の理論量} \times 100$$

TYPE 104 不飽和結合への付加反応 重要度 B

不飽和化合物に含まれる二重結合1個につき，H_2やBr_2が1分子の割合で付加する。また，三重結合1個につき，H_2やBr_2は2分子付加できる。

着眼 飽和炭化水素C_nH_{2n+2}と比べたとき，化合物中のHの数が2つ減少するごとに，二重結合または環構造がそれぞれ1つずつ増える。二重結合および三重結合をもつ不飽和化合物は，H_2やBr_2と付加反応を行うから，環構造をもつ飽和化合物（シクロアルカン）と区別できる。

例 $CH_2=CH_2 + H_2 \longrightarrow CH_3-CH_3$

例題 C_5H_8の二重結合数と構造式

分子式がC_5H_8である炭化水素Aがある。Aの0.51gを四塩化炭素に溶かし，これに0.50 mol/Lの臭素－四塩化炭素溶液を加えたところ，15 mLで臭素の色が消えなくなった。原子量；H＝1.0，C＝12，Br＝80
(1) 炭化水素A 1分子中に含まれる二重結合の数はいくつか。
(2) 炭化水素Aの可能な構造式を1つ書け。

解き方 (1) C_5の飽和炭化水素の分子式C_5H_{12}に比べて，Hの数が4つ少ない。したがって，炭化水素Aには，① C≡C 1個，② C=C 2個，または③ C=C 1個と環1個のいずれかの構造をもつ。
炭化水素A（分子量＝68）1分子と反応するBr_2（分子量＝160）をn〔個〕とすると，
$$\frac{0.51}{68} \text{ mol} \times n = 0.50 \times \frac{15}{1000} \text{ mol} \quad \therefore \quad n=1$$

(2) (1)より，AはC=C 1個と環1個をもつ構造と考えられる。

!注意 (2)三員環，四員環は不安定であるから，五員環のシクロペンテンを**答**とした。

答 (1) 1個 (2) シクロペンテンの構造式

類題57 エタンとプロピレンの混合気体が標準状態で56.0 Lある。問いに答えよ。
（解答➡別冊 p.16）
(1) 混合気体に水素を付加させたところ，標準状態に直して33.6 Lの水素が付加した。混合気体中のエタンとプロピレンの体積比を求めよ。
(2) 水素のかわりに臭素を付加させると，何gが付加するか。原子量；Br＝80

TYPE 105 有機反応の収率

$$\text{収率}[\%] = \frac{\text{実際に得られた製品の量(収量)}}{\text{反応式から求めた製品の量(理論量)}} \times 100$$

着眼 有機反応では，**反応に関係するのは官能基の部分だけ**である。化学反応式を書けば最も正確だが，化学反応式が複雑な場合には，**官能基中の特定の原子の物質量だけに着目**すると，反応式を書かなくても反応物(原料)と生成物(製品)との間の量的関係は直ちに求められる。収率は，上記のように求める。

例題 アセトアニリド生成反応の収率

アニリンに無水酢酸を作用させて，アセトアニリドの結晶をつくった。次の問いに答えよ。
原子量；H = 1.0, C = 12, N = 14, O = 16
(1) アニリン 15.8 g からアセトアニリドをつくるのに，理論上何 g の無水酢酸が必要か。
(2) (1)の反応でアセトアニリドの結晶が 19.5 g 生成した。この反応の収率は何%か。

解き方 (1) この反応は，アミノ基の−H をアセチル基−CH_3CO で置換する反応で**アセチル化**とよばれる。その反応式は，

$$C_6H_5NH_2 + (CH_3CO)_2O \longrightarrow C_6H_5NHCOCH_3 + CH_3COOH$$

アニリン **1 mol** と無水酢酸 **1 mol** が反応するので，分子量は $C_6H_5NH_2 = 93$, $(CH_3CO)_2O = 102$ より，

$$\frac{15.8\ \text{g}}{93\ \text{g/mol}} \times 102\ \text{g/mol} \fallingdotseq 17.3\ \text{g}$$

(2) アニリン **1 mol** からアセトアニリド **1 mol** が生成する。収率を x [%] とすると，アセトアニリドの分子量は，$C_6H_5NHCOCH_3 = 135$ より，

$$\frac{15.8\ \text{g}}{93\ \text{g/mol}} \times 135\ \text{g/mol} \times \frac{x}{100} = 19.5\ \text{g}$$

∴ $x \fallingdotseq 85\%$

答 (1) **17.3 g** (2) **85%**

類題58 ベンゼン C_6H_6 をニトロ化して得たニトロベンゼン $C_6H_5NO_2$ を還元すると，アニリン $C_6H_5NH_2$ が 55.8 g 得られた。ベンゼンの 80% が反応したとき，原料のベンゼンは何 g か。原子量；H = 1.0, C = 12, N = 14, O = 16 (解答➡別冊 *p.16*)

■練習問題

解答→別冊 p.43

78 炭素・水素・酸素からなる化合物 15.30 mg を図のような装置で完全燃焼させると，吸収管 A は 9.18 mg，吸収管 B は 22.5 mg の質量増加があった。この化合物は 1 価のカルボン酸であり，その 5.0 g を水に溶かして 100 mL とした水溶液の 10 mL を中和するのに，1.0 mol/L の NaOH 水溶液 8.33 mL を要した。原子量；H＝1.0，C＝12，O＝16

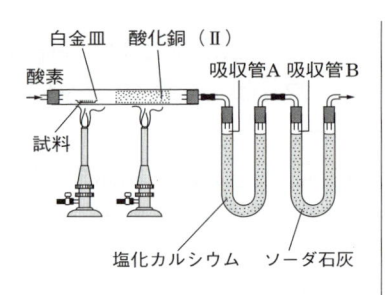

(1) この有機化合物の組成式を求めよ。
(2) この有機化合物の示性式と名称をそれぞれ答えよ。

→ **101, 102**

79 標準状態で気体状のある炭化水素 1.12 L をとり，その 7 倍の体積の酸素中で完全燃焼させた。燃焼後の気体の体積は 6.72 L で，さらに濃厚な NaOH 水溶液に通した後，体積を測ると 4.48 L になった。この炭化水素の分子式を求めよ。ただし，気体の体積はすべて標準状態で測定し，水蒸気の体積は無視できるものとする。 　(青山学院大)

→ **103**

80 エタンとエチレンの混合気体が 7.2 g ある。この混合気体にニッケルを触媒として水素を付加させたら，要した水素の体積は標準状態で 3.36 L であった。この混合気体中のエタンとエチレンの体積比を求めよ。原子量；H＝1.0，C＝12

→ **104**

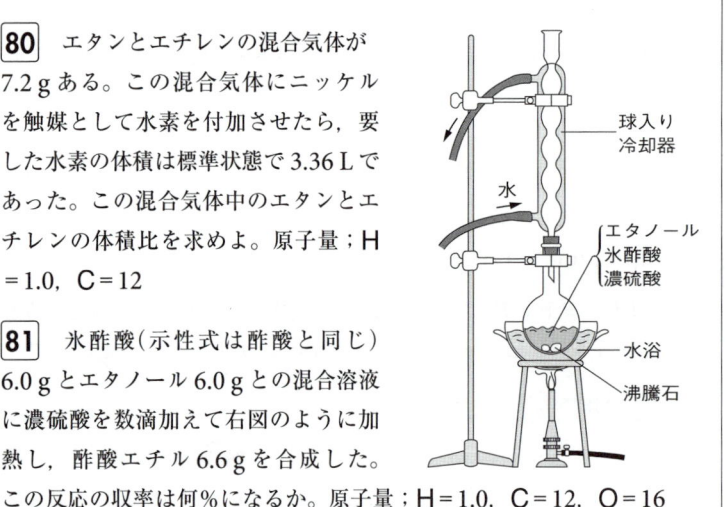

81 氷酢酸(示性式は酢酸と同じ) 6.0 g とエタノール 6.0 g との混合溶液に濃硫酸を数滴加えて右図のように加熱し，酢酸エチル 6.6 g を合成した。この反応の収率は何％になるか。原子量；H＝1.0，C＝12，O＝16

→ **105**

ヒント 80 エタンは飽和炭化水素なので，付加反応は起こさない。

8 高分子化合物

1 合成高分子化合物

1 付加重合と縮合重合

1 付加重合 不飽和結合による付加反応が次々と起こる。

例 $CH_2=CH_2 \longrightarrow {+}CH_2-CH_2{+}_n$
　　エチレン　　　　　　ポリエチレン

$CH_2=CHCl \longrightarrow {+}CH_2-CH{+}_n$
塩化ビニル　　　　　　　　　$|$
　　　　　　　　　　　　　　Cl
　　　　　　　　　　　　ポリ塩化ビニル

2 縮合重合 縮合(2分子が水分子などを失って結合)が次々と起こる。

例 $n HOOC-(CH_2)_4-COOH + n H_2N-(CH_2)_6-NH_2$
　　　アジピン酸　　　　　　　　ヘキサメチレンジアミン

$\longrightarrow HO{+}OC-(CH_2)_4-\underset{\underset{O}{\|}}{C}-\underset{\underset{H}{|}}{N}-(CH_2)_6-NH{+}_n H + (2n-1)H_2O$
　　　　　　　　　　　　　　　　　　　　　ナイロン66

2 イオン交換樹脂

溶液中のイオンを別のイオンと交換するはたらきをもつ合成樹脂を**イオン交換樹脂**という。

1 陽イオン交換樹脂 分子中のカルボキシ基 $-COOH$ やスルホ基 $-SO_3H$ の部分から H^+ を生じ、他の陽イオン(Na^+ など)と交換される。

2 陰イオン交換樹脂 分子中のトリメチルアンモニウム基 $-N(CH_3)_3OH$ などから OH^- を生じ、他の陰イオン(Cl^- など)と交換される。

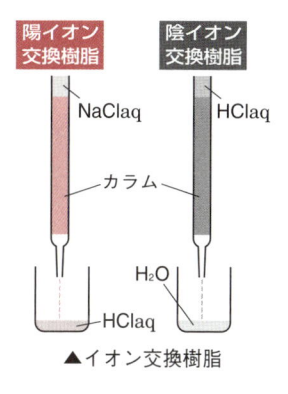

▲イオン交換樹脂

3 ゴム

1 天然ゴム 主成分はイソプレンが付加重合した**ポリイソプレン**である。

$n CH_2=\underset{\underset{CH_3}{|}}{C}-CH=CH_2 \longrightarrow {+}CH_2-\underset{\underset{CH_3}{|}}{C}=CH-CH_2{+}_n$
　　イソプレン　　　　　　　　　　ポリイソプレン(シス形)

2 合成ゴム ブタジエンを付加重合した**ブタジエンゴム**や、ブタジエンとスチレンを共重合させた**スチレン-ブタジエンゴム(SBR)**などがある。

$n CH_2=CH-CH=CH_2 \longrightarrow {+}CH_2-CH=CH-CH_2{+}_n$
　　ブタジエン　　　　　　　　ブタジエンゴム(ポリブタジエン)

TYPE 106 単量体と重合度

単量体と重合体の関係を化学反応式で表し，その係数比から物質量の関係をつかめ。

着眼 一般に，高分子化合物の構成単位となる低分子化合物を**単量体**（モノマー），単量体が多数結合した高分子化合物を**重合体**（ポリマー）という。また，重合体をつくっている単量体の数を**重合度 n** という。

$$\text{重合度 } n = \frac{\text{重合体の分子量}}{\text{単量体の分子量}}$$

高分子化合物の計算問題でも反応式を書き，**反応物と生成物の物質量の関係を確かめながら計算**する。たとえば，エチレンが付加重合する反応では，

$$n\,CH_2=CH_2 \longrightarrow +CH_2-CH_2+_n$$

エチレン 28 g（= 1 mol）から，$\frac{1}{n}$ [mol] のポリエチレンが生じる。ポリエチレンのモル質量は $28n$ [g/mol] だから，生じるポリエチレンの質量は，

$$\frac{28\,g}{28\,g/mol} \times \frac{1}{n} \times 28n\,[g/mol] = 28\,g$$

つまり，高分子の質量計算では，**物質量は $\frac{1}{n}$ になるかわりに分子量が n 倍になるので，結局，n の値がいくらであってもかまわない。**

例題 ナイロン 66 の分子量，アミド結合数，カルボキシ基数，生成量

ヘキサメチレンジアミン $H_2N-(CH_2)_6-NH_2$ とアジピン酸 $HOOC-(CH_2)_4-COOH$ を縮合重合させて得られるナイロン 66 $H+HN-(CH_2)_6-NHCO-(CH_2)_4-CO+_nOH$ 1.00 g を 100 mL の溶媒に溶かし，この溶液の浸透圧を 27℃ で測定したら 6.80×10^2 Pa を示した。この高分子化合物は，一端が $-NH_2$ 基，他端が $-COOH$ 基で終わっているとする。アボガドロ定数；$N_A=6.02\times10^{23}$/mol，気体定数；$R=8.31\times10^3$ Pa·L/K·mol

(1) この高分子化合物の分子量はいくらか。
(2) この高分子化合物の 1 分子中には，アミド結合は何個あるか。
(3) この高分子化合物の 1.00 g 中には，カルボキシ基が何個あるか。
(4) ヘキサメチレンジアミン 100 g とアジピン酸 100 g から得られるナイロン 66 は何 g か。ただし，重合反応は完全に進行したものとする。

1. 合成高分子化合物　213

[解き方] ヘキサメチレンジアミンとアジピン酸から，ナイロン 66 の生成する反応式は，次のように表される。

$$n\,H_2N-(CH_2)_6-NH_2 + n\,HOOC-(CH_2)_4-COOH$$
$$\longrightarrow H\!\!-\!\!\left[HN-(CH_2)_6-NHCO-(CH_2)_4-CO\right]_n\!\!OH + (2n-1)H_2O$$

(1) ナイロン 66 の分子量を M とすると，浸透圧の式 $\Pi V = \dfrac{w}{M}RT$ より，

$$6.80 \times 10^2\,\text{Pa} \times \frac{100}{1000}\,\text{L} = \frac{1.00\,\text{g}}{M\,[\text{g/mol}]} \times 8.31 \times 10^3\,\text{Pa·L/(K·mol)} \times 300\,\text{K}$$

$$\therefore\ M ≒ 3.67 \times 10^4$$

(2) ナイロン 66 の分子量は，両端の $-H$，$-OH$ を考慮すると $226n+18$ であるが，n が十分に大きいので，$226n+18 ≒ 226n$ として計算してよい。

$$226n = 3.67 \times 10^4 \quad \therefore\ n ≒ 162$$

1 分子中に含まれるアミド結合は $(2n-1)$ 個なので，$162 \times 2 - 1 = 323$ 個

(3) ナイロン 66 の 1 分子の末端に，$-COOH$ 基が 1 個結合しており，1 mol 中には $-COOH$ 基が 6.02×10^{23} 個存在する。よって，1.00 g 中に存在する $-COOH$ 基の数は，

$$\frac{1.00\,\text{g}}{3.67 \times 10^4\,\text{g/mol}} \times 6.02 \times 10^{23}\,\text{個/mol} ≒ 1.64 \times 10^{19}\,\text{個}$$

(4) 物質量を比較し，物質量の少ないほうがすべて反応する。

分子量は，$H_2N(CH_2)_6NH_2 = 116$，$HOOC(CH_2)_4COOH = 146$ より，

$$\text{ヘキサメチレンジアミン}；\frac{100}{116} ≒ 0.862\,\text{mol}, \quad \text{アジピン酸}；\frac{100}{146} ≒ 0.685\,\text{mol}$$

アジピン酸の物質量のほうが少ないので，単量体は 0.685 mol ずつ反応する。
反応式より，単量体が n [mol] ずつ反応すると，ナイロン 66（分子量 $226n$）が 1 mol 生成するから，生成するナイロン 66 の質量は，

$$0.685\,\text{mol} \times \frac{1}{n} \times 226n ≒ 155\,\text{g}$$

[答] (1) 3.67×10^4　(2) **323 個**　(3) 1.64×10^{19} **個**　(4) **155 g**

[類題59] 酢酸ビニルは，アセチレンと酢酸の付加反応によって得られる。この酢酸ビニルを付加重合させてポリ酢酸ビニルとし，さらに水酸化ナトリウム水溶液と反応させてけん化すると，ポリビニルアルコールが生成する。ポリビニルアルコールから繊維をつくり，そのヒドロキシ基の一部をホルムアルデヒドと反応させて，水に不溶な繊維であるビニロンがつくられる。アセチレン 130 kg から，最終的にポリビニルアルコールが何 kg 得られるか。反応の収率はすべて 100% として計算せよ。
原子量；$H = 1.0$，$C = 12$，$O = 16$　　　　　　　　　（解答➡別冊 p.17）

TYPE 107 イオン交換樹脂に関する計算　重要度 B

陽イオン交換樹脂の H^+ と他の陽イオンとの交換は，
$H^+ : Na^+ = 1 : 1$，$H^+ : Ca^{2+} = 2 : 1$ の割合で起こる。

着眼 水に不溶で，しかも分子中に他のイオンと交換できる強い極性基をもった合成樹脂を**イオン交換樹脂**という。**陽イオン交換樹脂**は，分子中に強酸性のスルホ基 $-SO_3H$ をもつ。

$$R-SO_3H + Na^+ \rightleftarrows R-SO_3Na + H^+$$
$$2R-SO_3H + Ca^{2+} \longrightarrow (R-SO_3)_2Ca + 2H^+$$

このとき，$H^+ : Na^+ = 1 : 1$，$H^+ : Ca^{2+} = 2 : 1$ **の割合で交換**され，流出液は酸性を示す（R は炭化水素基など，置換基を表すのに用いられる）。

一方，**陰イオン交換樹脂**は，分子中に強塩基性のトリメチルアンモニウム基 $-N^+(CH_3)_3OH^-$ などをもつ。

$$R-N^+(CH_3)_3OH^- + Cl^- \rightleftarrows R-N^+(CH_3)_3Cl^- + OH^-$$

このとき，$OH^- : Cl^- = 1 : 1$ **の割合で交換**され，流出液は塩基性を示す。
この2種類の樹脂をほぼ等量ずつ混合したものに，塩の水溶液を加えると，**陽イオンは H^+ と，陰イオンは OH^- とそれぞれ交換**され，直ちに中和されて，流出液に純水（脱イオン水）を得ることができる。

例題 　1価の陽イオンどうしのイオン交換

ある濃度の NaCl 水溶液 20 mL を，陽イオン交換樹脂に通し，その後，蒸留水で完全に洗浄した。両方の流出液を合わせて 0.010 mol/L の NaOH 水溶液で滴定したら，30 mL 必要であった。この NaCl 水溶液のモル濃度を求めよ。

解き方 　$R-SO_3H + NaCl \rightleftarrows R-SO_3Na + HCl$

H^+ と Na^+ はともに1価の陽イオンだから，**交換割合は1 : 1**である。また，流出液の HCl と加えた NaOH とは，$HCl + NaOH \longrightarrow NaCl + H_2O$ のように中和する。つまり，(NaOH の物質量) ＝ (HCl の物質量) ＝ (NaCl の物質量)の関係が成立するので，NaCl 水溶液のモル濃度を x [mol/L] とすると，

$$x \times \frac{20}{1000} \text{[mol]} = 0.010 \times \frac{30}{1000} \text{ mol} \quad \therefore \quad x = 0.015 \text{ mol/L}$$

答 1.5×10^{-2} mol/L

TYPE 108 セルロースに関する計算

示性式 $[C_6H_7O_2(OH)_3]_n$ で反応式をつくって考えよ。

着眼 セルロースを無水酢酸および濃硫酸(触媒)と反応させると,セルロース分子中の $-OH$ 基のすべてがアセチル化され,**トリアセチルセルロース** $[C_6H_7O_2(OCOCH_3)_3]_n$ になる。これを部分的に加水分解すると,アセトンに可溶な**ジアセチルセルロース** $[C_6H_7O_2(OH)(OCOCH_3)_2]_n$ になる。このアセトン溶液(紡糸液)を右図のように細孔から温かい空気中に押し出し延伸すると,**アセテート繊維**が得られる。

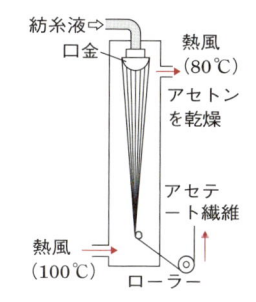

例題 セルロースのアセチル化(および加水分解)

(1) セルロース 324 g を完全にアセチル化してトリアセチルセルロースにするには,無水酢酸は最低何 g 必要か。(原子量;H = 1.0, C = 12, O = 16)

(2) (1)のトリアセチルセルロースを加水分解すると,アセトンに可溶なジアセチルセルロースは何 g 得られるか。

解き方 セルロースの分子式は $(C_6H_{10}O_5)_n$ で表され,そのグルコース単位には,官能基として,3 個のヒドロキシ基を含むので,**示性式では** $[C_6H_7O_2(OH)_3]_n$

(1) セルロースと無水酢酸との反応(アセチル化)の反応式は,

$$[C_6H_7O_2(OH)_3]_n + 3n(CH_3CO)_2O$$
$$\longrightarrow [C_6H_7O_2(OCOCH_3)_3]_n + 3n\,CH_3COOH$$

セルロース 1 mol をすべてアセチル化するには,無水酢酸 $3n$ [mol] が必要。分子量は,$[C_6H_7O_2(OH)_3]_n = 162n$, $(CH_3CO)_2O = 102$ より,

必要な無水酢酸;$\dfrac{324}{162n} \times 3n \times 102 = 612$ g

(2) $[C_6H_7O_2(OCOCH_3)_3]_n + n\,H_2O$
$\longrightarrow [C_6H_7O_2(OH)(OCOCH_3)_2]_n + n\,CH_3COOH$

(1),(2)の化学反応式の係数より,セルロース 1 mol からジアセチルセルロース(分子量 $246n$) 1 mol を生成する。得られるジアセチルセルロースを x [g] とすると,

$\dfrac{324}{162n} = \dfrac{x}{246n}$ ∴ $x = 492$ g

答 (1) **612 g** (2) **492 g**

TYPE 109 共重合体の組成の推定

共重合体の組成を求めるには，一方の構成成分だけに含まれる元素の質量百分率に着目せよ。

着眼 2種類以上の単量体が重合する反応を**共重合**といい，生成物を**共重合体**という。たとえば，ブタジエンとスチレンの混合物を共重合させて得る**スチレン-ブタジエンゴム(SBR)** は，混合するスチレンの割合が多くなるほど硬く，強度が大きくなる反面，弾性は弱くなる。このように，**混合する単量体の割合によって，共重合体の性質が変わる**。

$$\{CH_2-CH=CH-CH_2\}_x\{CH_2-CH(C_6H_5)\}_y \quad \text{スチレン-ブタジエンゴム (SBR)}$$

例題 アクリロニトリル-ブタジエンゴムの組成

窒素含有率が10.5%のアクリロニトリル-ブタジエンゴム(NBR)がある。このNBR中のブタジエンとアクリロニトリルの物質量の比を求めよ。原子量；H = 1.0, C = 12, N = 14

解き方 NBR中のアクリロニトリルのモル分率を x とおくと，ブタジエンのモル分率は $1-x$ となる。よって，NBRの単位構造は，

$$\{CH_2-CH=CH-CH_2\}_{1-x}\{CH_2-CH(CN)\}_x \quad \text{と表される。}$$

（式量 54）　　　（式量 53）

共重合体中の**窒素はすべてアクリロニトリルのもの**で，窒素の質量が分子全体の質量の10.5%を占めるから，

$$\frac{14x}{54(1-x)+53x}\times 100 = 10.5 \quad \therefore\ x \fallingdotseq 0.40 \quad \begin{cases}\text{アクリロニトリル}; x=0.40\\ \text{ブタジエン}; 1-x=0.60\end{cases}$$

ブタジエン：アクリロニトリル = 0.60：0.40 = 3：2

答 3：2

類題60 スチレン(分子量104)とブタジエン(分子量54)の共重合で得たスチレン-ブタジエンゴム(SBR) 10 g に，十分量の臭素を加えて反応させると，20 g の臭素(分子量160)が消費された。このSBR中のスチレンとブタジエンの物質量の比を $1:x$ とし，x の値を有効数字2桁で答えよ。

(解答→別冊 *p.17*)

2 天然高分子化合物

1 油脂のけん化

油脂は，高級脂肪酸 RCOOH（R は置換基）とグリセリン $C_3H_5(OH)_3$ のエステルである。油脂をアルカリで加水分解することを**けん化**という。

$$C_3H_5(OCOR)_3 + 3KOH \longrightarrow C_3H_5(OH)_3 + 3RCOOK（セッケン）$$

油脂 1 mol のけん化に必要なアルカリは，油脂の種類に関係なく，つねに 3 mol である。油脂の平均分子量は，一定質量の油脂をけん化するのに必要な KOH の質量で比較できる。この値が大きいほど，一定質量中に含まれる油脂の物質量が多く，油脂の平均分子量は小さくなる。

2 油脂の不飽和度

油脂中の炭素原子間の二重結合の数は，一定質量の油脂に付加するヨウ素 I_2 の質量で比較できる。この値が大きいほど，油脂中の炭素原子間の二重結合の数（**不飽和度**という）が多い。

3 アミノ酸の電離平衡

アミノ酸は，塩基性の $-NH_2$ と酸性の $-COOH$ を同一の分子中にもっており，結晶あるいは中性の水溶液中では，H^+ が $-COOH$ から $-NH_2$ に移った**双性イオン** $R-CH(NH_3)^+COO^-$ の構造をとっている。ここへ酸 H^+ を加えると，双性イオンは H^+ を受け取って陽イオンへと変化する。一方，塩基 OH^- を加えると，双性イオンは H^+ を放出して陰イオンへと変化する。

$$\underset{(酸性)}{\underset{NH_3^+}{R-CH-COOH}} \underset{H^+}{\overset{OH^-}{\rightleftarrows}} \underset{双性イオン}{\underset{NH_3^+}{R-CH-COO^-}} \underset{H^+}{\overset{OH^-}{\rightleftarrows}} \underset{(塩基性)}{\underset{NH_2}{R-CH-COO^-}}$$

アミノ酸全体の電荷が 0 になるときの pH をアミノ酸の**等電点**という。この pH で直流電圧を加えても，そのアミノ酸はどちらの極へも移動しない。

4 糖類の定量

スクロース以外の二糖類と単糖類は，水溶液中でアルデヒド基をもつ構造に変化するので還元性を示す。よって，フェーリング液中の Cu^{2+} を還元して酸化銅(I)の赤色沈殿を生じる。このとき，糖自身はカルボン酸へ変化する。

$$R-CHO + 2Cu^{2+} + 5OH^- \longrightarrow R-COO^- + Cu_2O\downarrow + 3H_2O$$

上式から，**還元糖 1 mol から Cu_2O 1 mol** が生成することがわかる。

TYPE 110 油脂に関する計算 【重要度 A】

① 油脂 1 mol のけん化に要する KOH はつねに 3 mol。
② 油脂中の $>C=C<$ 1 mol につき I_2 1 mol が付加。

着眼 上記の関係は，次のような化学反応式で表すことができる。

① $(RCOO)_3C_3H_5 + 3KOH \longrightarrow 3RCOOK + C_3H_5(OH)_3$

② $\cdots-\underset{|}{\overset{H}{C}}=\underset{|}{\overset{H}{C}}-\cdots + I_2 \longrightarrow \cdots-\underset{|}{\overset{H}{\underset{I}{C}}}-\underset{|}{\overset{H}{\underset{I}{C}}}-\cdots$

①より**油脂の分子量**を求めることができ，②より**油脂中の炭素間の二重結合の数（不飽和度）**がわかる。

例題　分子量，構成脂肪酸の決定

ある 1 種類の脂肪酸からなる油脂 43.9 g をけん化するのに，水酸化カリウム 0.15 mol を要した。これについて，以下の問いに答えよ。原子量；
H = 1.0, C = 12, O = 16
(1) この油脂の分子量を求めよ。
(2) この油脂を構成する脂肪酸の示性式を書け。

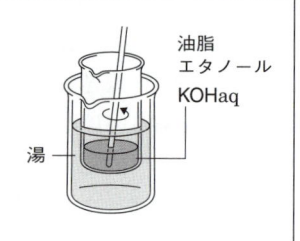

解き方 (1) 油脂 1 mol は KOH 3 mol と反応。油脂の分子量を M とすると，

油脂：KOH = 1 mol : 3 mol = $\dfrac{43.9 \text{ g}}{M \text{[g/mol]}}$: 0.15 mol

$M = 878$ g/mol ⇨ 分子量は 878

(2) この油脂の示性式は，$(RCOO)_3C_3H_5$ で表される。その炭化水素基（R−）の分子量を x とおくと，$(x+44) \times 3 + 41 = 878$　∴　$x = 235$

ここで，R（炭化水素基）を $C_nH_{2n+1}-$，$C_nH_{2n-1}-$，$C_nH_{2n-3}-$ とおくと，

① $C_nH_{2n+1}- = 235$ のとき，$n ≒ 16.7$（不適）
② $C_nH_{2n-1}- = 235$ のとき，$n ≒ 16.9$（不適）
③ $C_nH_{2n-3}- = 235$ のとき，$n = 17$（適）

したがって，③の R は $C_{17}H_{31}-$ となり，この油脂を構成する脂肪酸の示性式は，$C_{17}H_{31}COOH$（リノール酸）となる。

答 (1) 878　(2) $C_{17}H_{31}COOH$

例題　分子量，二重結合の数，構成脂肪酸の決定

ある1種類の脂肪酸からなる油脂がある。この油脂 1.000 g をけん化するのに水酸化カリウムは 192.6 mg 必要である。また，この油脂 100 g に付加するヨウ素は 262.1 g である。構成する脂肪酸 1 g を完全燃焼させると，2.849 g の CO_2 と，0.971 g の H_2O が得られた。これについて，次の問いに答えよ。原子量；$H = 1.0$，$C = 12$，$O = 16$，$K = 39$，$I = 127$

(1) この油脂の分子量を求めよ。
(2) この油脂 1 分子中に含まれる C=C 結合の数を答えよ。
(3) 構成する脂肪酸の分子式を書け。

解き方 (1) 油脂の分子量を M とすると，1 g = 10^3 mg，KOH の分子量 = 56 より，

M [g] : 3×56 g = 1 g : 0.1926 g　　∴　$M \fallingdotseq 872$

(2) 油脂 1 分子に含まれる C=C 二重結合の数を n とすると，I_2 の分子量 = 254，(1)より油脂の分子量 $M = 872$ なので，

872 g : $n \times 254$ g = 100 g : 262.1 g　　∴　$n \fallingdotseq 9$

(3) CO_2 の質量より C の質量，H_2O の質量より H の質量を求める。

C；$2.849 \times \dfrac{12}{44} = 0.777$ g　　H；$0.971 \times \dfrac{2.0}{18} \fallingdotseq 0.108$ g

O；$1.000 - (0.777 + 0.108) = 0.115$ g

これより，組成式を求めると，

C : H : O = $\dfrac{0.777}{12} : \dfrac{0.108}{1} : \dfrac{0.115}{16} \fallingdotseq 9 : 15 : 1$　　∴　組成式は，$C_9H_{15}O$

脂肪酸は 1 価カルボン酸なので，1 分子中に O 原子を 2 個もつ。よって脂肪酸の分子式は $C_{18}H_{30}O_2$ である。

〔別解〕　脂肪酸の化学式を RCOOH とすると，1 種類の脂肪酸からなるこの油脂は $(RCOO)_3C_3H_5$ と表される。よって，(1)の分子量より脂肪酸の分子量は，

脂肪酸の分子量 = $\dfrac{872 - (3 \times 12 + 5) + 3}{3} = 278$

1 分子中に C=C 結合を 3 個含む不飽和脂肪酸の一般式は，$C_nH_{2n-5}COOH$
$14n + 40 = 278$ より，$n = 17$　　∴　示性式は $C_{17}H_{29}COOH$
よって，脂肪酸の分子式は $C_{18}H_{30}O_2$

答 (1) **872**　(2) **9**　(3) $C_{18}H_{30}O_2$

類題61

リノール酸 $C_{17}H_{31}COOH$ のみからなる油脂 100 g に，触媒を用いて完全に水素を反応させ，飽和脂肪酸のみからなる油脂をつくりたい。必要な水素は標準状態で何 L か。原子量；$H = 1.0$，$C = 12$，$O = 16$

(解答➡別冊 *p.17*)

TYPE 111 アミノ酸の電離平衡(等電点)　重要度 A

電離定数 $K = K_1 K_2 = \dfrac{[G^\pm][H^+]}{[G^+]} \cdot \dfrac{[G^-][H^+]}{[G^\pm]} = \dfrac{[H^+]^2[G^-]}{[G^+]}$ に，$[G^+] = [G^-]$ の関係を代入し，$[H^+]$ を求めよ。

着眼 純水(中性)中では，グリシンはおもに下の(b)のような**双性イオン**として存在するが，**酸性溶液中では**(a)のような**陽イオン**に，**塩基性溶液中では**(c)のような**陰イオン**に変化する。

$$\underset{\substack{(酸性溶液)\\陽イオン}}{\text{(a)}\ H_3N^+-CH_2-COOH} \underset{H^+}{\overset{OH^-}{\rightleftarrows}} \underset{\substack{(中性溶液)\\双性イオン}}{\text{(b)}\ H_3N^+-CH_2-COO^-} \underset{H^+}{\overset{OH^-}{\rightleftarrows}} \underset{\substack{(塩基性溶液)\\陰イオン}}{\text{(c)}\ H_2N-CH_2-COO^-}$$

ここで，0.10 mol/L グリシン塩酸塩の水溶液 10 mL を，0.10 mol/L NaOH 水溶液で滴定したようすを示す(右図)。

グリシンの陽イオン(a)は，①式のように中和され，双性イオン(b)となる。

$$G^+ + OH^- \longrightarrow G^\pm + H_2O \quad \cdots ①$$

このとき，(a)の半分だけが中和された点がB点，(a)の全部が中和された点がC点である。

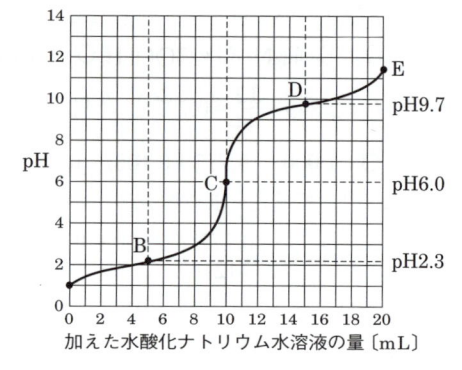

続いて，双性イオン(b)は，②式のように中和され，陰イオン(c)となる。

$$G^\pm + OH^- \longrightarrow G^- + H_2O \quad \cdots\cdots ②$$

このとき，(b)の半分だけが中和された点がD点であり，E点で(b)の全部が中和される。

ところで，アミノ酸水溶液のpHを変化させると，あるpHのもとでアミノ酸全体の電荷が0となるときがある。このときのpHを，アミノ酸の**等電点**という。グリシンの等電点は，液中の双性イオン $[G^\pm]$ が最大で，**グリシン陽イオン $[G^+]$ と陰イオン $[G^-]$ の濃度も等しい**という条件式 $[G^+] = [G^-]$ を，グリシンの電離定数 K_1，K_2 をまとめた式に代入すれば求められる。

> **例題** グリシンの水溶液における pH

グリシンの水溶液では，次の電離平衡が成立する。

$$H_3N^+CH_2COOH \rightleftharpoons H_3N^+CH_2COO^- + H^+ \quad \cdots\cdots\cdots ①$$
$$H_3N^+CH_2COO^- \rightleftharpoons H_2NCH_2COO^- + H^+ \quad \cdots\cdots\cdots ②$$

①，②の電離定数をそれぞれ $K_1 = 4.0 \times 10^{-3}$ mol/L，$K_2 = 2.5 \times 10^{-10}$ mol/L として，次の値を求めよ。$\log 2 = 0.30$，$\log 3 = 0.48$

(1) 0.10 mol/L のグリシン塩酸塩 $CH_2(COOH)NH_3Cl$ 水溶液の pH 値
(2) グリシンの等電点の pH 値

解き方 (1) グリシン塩酸塩は，次のように水中で完全電離する。

$$CH_2(COOH)NH_3Cl \longrightarrow CH_2(COOH)NH_3^+ + Cl^-$$

その一部は①式のように電離するが，このときの電離度をαとすると，

$$H_3N^+ - CH_2 - COOH \rightleftharpoons H_3N^+ - CH_2 - COO^- + H^+$$

平衡時；$0.10(1-\alpha)$　　　　　　　　0.10α　　　　0.10α [mol/L]

$$K_1 = \frac{[H_3N^+CH_2COO^-][H^+]}{[H_3N^+CH_2COOH]} = \frac{0.10\alpha \times 0.10\alpha}{0.10(1-\alpha)} = 4.0 \times 10^{-3} \text{ mol/L}$$

第2電離は無視できる ($K_1 \gg K_2$) から，$[H_3N^+CH_2COO^-] = [H^+]$
しかし，グリシンの K_1 はかなり大きいので，$1-\alpha ≒ 1$ で近似できないので，上式の2次方程式を解いてαを求める必要がある。

$$10^{-2}\alpha^2 + 4 \times 10^{-4}\alpha - 4 \times 10^{-4} = 0 \quad \alpha ≒ 0.18, \ -0.22 (不適)$$

∴　$[H^+] = 0.10\alpha = 0.10 \times 0.18 = 1.8 \times 10^{-2}$ mol/L

∴　$pH = -\log(18 \times 10^{-3}) = 3 - \log 2 - 2\log 3 = 1.74$

(2) グリシン塩酸塩の水溶液に NaOH 水溶液を加えていくと，①式の第1電離が進行し，前ページ図のC点において水溶液中の双性イオンの濃度は最大となる。

$$H_3N^+CH_2COOH + OH^- \longrightarrow H_3N^+CH_2COO^- + H_2O$$

しかし，液中には微量のグリシン陽イオンと陰イオンが存在し，両者の濃度が等しくなるとき，完全に水溶液全体の電荷が **0**（等電点）になる。K_1，K_2 をまとめると，

$$K = K_1 \cdot K_2 = \frac{[H^+][H_3N^+CH_2COO^-]}{[H_3N^+CH_2COOH]} \cdot \frac{[H^+][H_2NCH_2COO^-]}{[H_3N^+CH_2COO^-]}$$
$$= \frac{[H^+]^2[H_2NCH_2COO^-]}{[H_3N^+CH_2COOH]}$$

$K_1 \cdot K_2$ に，$[H_3N^+CH_2COOH] = [H_2NCH_2COO^-]$ の条件式を代入すると，

$$[H^+]^2 = K_1 \cdot K_2 = 1.0 \times 10^{-12} \text{ (mol/L)}^2$$
$$[H^+] = 1.0 \times 10^{-6} \text{ mol/L} \quad ∴ \quad pH = 6.0$$

答 (1) **1.7**　(2) **6.0**

TYPE 112 糖類の反応と計算　　重要度 A

単糖類 1 mol がフェーリング液と反応すると，Cu_2O 1 mol が沈殿することに着目せよ。

着眼 グルコースやフルクトースなどの単糖類水溶液中には，アルデヒド基をもつ構造が存在し，これが酸化剤と塩基性条件で反応すると，**すべてカルボキシ基に変化**して還元性を示す(①式)。

$$R-CHO + 3OH^- \longrightarrow R-COO^- + 2e^- + 2H_2O \quad \cdots\cdots ①$$

一方，**フェーリング液**中の Cu^{2+} はグルコースから電子を受け取り，酸化銅(Ⅰ)Cu_2O の赤色沈殿を生じる(②式)。

$$2Cu^{2+} + 2OH^- + 2e^- \longrightarrow Cu_2O\downarrow + H_2O \quad \cdots\cdots ②$$

①，②式より，**グルコース 1 mol から Cu_2O 1 mol が生じる**ことがわかる。よって，生成した Cu_2O の質量から還元糖の定量が行える。

例題　フェーリング液の還元における反応量

濃度不明のマルトース水溶液に酸を加えて十分に加熱した。冷却後，炭酸ナトリウム Na_2CO_3 の粉末を加えて中和した溶液に，十分量のフェーリング液を加えて加熱したところ，14.3 g の赤色沈殿が得られた。もとのマルトース水溶液中に含まれていたマルトースの質量を求めよ。原子量；H = 1.0, C = 12, O = 16, Cu = 63.5

解き方
$$C_{12}H_{22}O_{11} + H_2O \longrightarrow 2C_6H_{12}O_6 \quad \cdots\cdots ①$$
$$C_6H_{12}O_6 \xrightarrow{(フェーリング液)} Cu_2O\downarrow \quad \cdots\cdots ②$$

①，②より，マルトース 1 mol からグルコース 2 mol を生じ，さらに，グルコース 1 mol から Cu_2O 1 mol を生じるので，マルトース **1 mol から Cu_2O 2 mol** を生じることになる。

マルトースの質量を x [g] とすると，分子量；$C_{12}H_{22}O_{11} = 342$，$Cu_2O = 143$ より，

$$\frac{x\,[g]}{342\,g/mol} \times 2 \times 143\,g/mol = 14.3\,g \quad \therefore\ x = 17.1\,g$$

答　17.1 g

＋補足 フェーリング液とは，硫酸銅(Ⅱ)水溶液(A 液)と，酒石酸ナトリウムカリウムと水酸化ナトリウムの混合水溶液(B 液)を，使用直前に等体積ずつ混合したものである。

類題62 デンプン 48.6 g に希塩酸を加えて完全に加水分解したとき，得られるグルコースは何 g か。原子量；H = 1.0, C = 12, O = 16　　(解答➡別冊 *p.17*)

■練習問題

82 セルロースに濃硝酸と濃硫酸の混合物を作用させると，ヒドロキシ基の一部がエステル化されたニトロセルロースを生じる。いま，セルロース 9.0 g からニトロセルロース 14.0 g が得られた。このとき，セルロース分子中のヒドロキシ基でエステル化されなかったものは，ヒドロキシ基全体の何％にあたるかを計算せよ。ただし，小数点以下を切り捨てよ。原子量；H = 1.0, C = 12, N = 14, O = 16 　　（立命館大）

83 ポリ酢酸ビニル 1.0 kg を完全にけん化してポリビニルアルコールにした後，その分子中のヒドロキシ基の 30％ をホルムアルデヒドで処理（アセタール化）して，ビニロン繊維をつくりたい。これに必要なホルムアルデヒドの質量〔g〕を求めよ。原子量；H = 1.0, C = 12, O = 16

84 ある濃度の硫酸ナトリウム水溶液 10.0 mL を陰イオン交換樹脂に通し，陰イオンを完全に交換した後，さらに樹脂を純水で洗浄した。両方の流出液を混ぜて，0.100 mol/L の塩酸で滴定したところ，34.6 mL を要した。この硫酸ナトリウムの濃度は何 mol/L か。

85 グルコースとデンプンを含む水溶液 A がある。いま，100 mL の A にフェーリング液を加えて加熱したら，10.4 g の酸化銅（Ⅰ）が生成した。一方，100 mL の A に希硫酸を加えて完全に加水分解した後，炭酸ナトリウムで中和し，フェーリング液を加えて加熱したら，17.1 g の酸化銅（Ⅰ）ができた。還元糖 1 mol から酸化銅（Ⅰ）1 mol が生成するとして，100 mL の A の中には，グルコースとデンプンは何 g ずつ含まれていたか。原子量；H = 1.0, C = 12, O = 16, Cu = 64

86 単一な分子からなる油脂 A 10 g に，触媒を用いて完全に水素を付加させたら，標準状態で 252.2 mL を要し，油脂 B に変化した。油脂 B 1.0 g を完全にけん化するのに，0.10 mol/L の水酸化カリウム水溶液 33.7 mL を要し，この混合溶液を酸性にすると，1 種類の飽和脂肪酸だけが得られた。
(1) 油脂 B の示性式を書け。
(2) 油脂 A に考えられる構造異性体を示性式で書け。　　（山口大）

→ 108
→ 106
→ 107
→ 112
→ 110

ヒント 84 交換された OH^- の物質量は，中和に要した HCl の物質量に等しい。

《著書紹介》

卜部　吉庸（うらべ　よしのぶ）

　1956（昭和31）年，奈良県に生まれ，京都教育大学特修理学科卒業後，奈良県立二階堂高等学校，奈良高等学校，五条高等学校，畝傍高等学校，大淀高等学校，橿原高等学校を経て，現在，上宮太子高等学校（大阪）講師。

　おもな著書に,「これでわかる化学基礎」「これでわかる化学」,「化学基礎の必修整理ノート」「化学の必修整理ノート」「やさしくわかりやすい化学基礎」（以上，文英堂），「化学の新研究」,「化学の新演習」「化学の新標準演習」（以上，三省堂）などがある。

● 図版；藤立育弘

シグマベスト
化学計算の考え方解き方
〈化学基礎収録版〉

本書の内容を無断で複写（コピー）・複製・転載することは，著作者および出版社の権利の侵害となり，著作権法違反となりますので，転載等を希望される場合は前もって小社あて許諾を求めてください。

Ⓒ卜部吉庸　2014　　Printed in Japan

著　者	卜部吉庸
発行者	益井英郎
印刷所	NISSHA 株式会社
発行所	株式会社　文英堂

〒601-8121　京都市南区上鳥羽大物町28
〒162-0832　東京都新宿区岩戸町17
（代表）03-3269-4231

● 落丁・乱丁はおとりかえします。

化学計算の考え方解き方

化学基礎収録版

正解答集

文英堂

類題 の解答

化学基礎

1 物質の構成・物質量

〈本冊 p.17〉

1 答　物質量；5.00×10^{-2} mol
　　　質量；1.83 g

解き方　塩化水素 HCl の分子量は 36.5 だから，モル質量が 36.5 g/mol で，その 1 mol あたりの体積は 22.4 L（標準状態）である。

物質量；$\dfrac{1.12 \text{ L}}{22.4 \text{ L/mol}}$
　　　　$= 5.00 \times 10^{-2}$ mol

質量；36.5 g/mol × 5.00×10^{-2} mol
　　　≒ 1.83 g

〈本冊 p.20〉

2 答　10 mol

解き方　もとの炭酸ナトリウムの結晶に含まれる水和水を x〔個〕とすると，その組成式は $Na_2CO_3 \cdot xH_2O$ となる。
最初の結晶の質量・式量と失った水和水の質量・式量の間に，下のような比例関係が成り立つ。

$\dfrac{\text{水和水}}{\text{結晶}} = \dfrac{18x}{106 + 18x} = \dfrac{10 - 3.7}{10}$

∴ $x \fallingdotseq 10$ 個

したがって，この結晶 1 mol は 10 mol の水和水をもっていたことになる。

〔別解〕最初の結晶の質量・式量と無水物の質量・式量の間にも比例関係が成り立つ。

$\dfrac{\text{無水物}}{\text{結晶}} = \dfrac{106}{106 + 18x} = \dfrac{3.7}{10}$

∴ $x \fallingdotseq 10$ 個

〈本冊 p.21〉

3 答　(1) 56
　　　　(2) M_3O_4

解き方　(1) 元素 M の原子量を x とおく。
酸化物 A について，M と O の原子数の比は物質量の比とも等しいから，

$M : O = \dfrac{70.0}{x} : \dfrac{100 - 70.0}{16} = 2 : 3$

∴ $x = 56$

(2) 酸化物 B について，(1)と同様に，M：O の式を立てると，

$M : O = \dfrac{72.4}{56} : \dfrac{100 - 72.4}{16} \fallingdotseq 3 : 4$

よって，B の組成式は M_3O_4

〈本冊 p.25〉

4 答　30

解き方　この気体 1 mol，すなわち標準状態における 22.4 L あたりの質量は次式で求められる。

$0.25 \times \dfrac{22400}{186} \fallingdotseq 30$ g

よって，分子量はグラム単位をとった 30。

〈本冊 p.26〉

5 答　(1) 37.6
　　　　(2) 40 %

解き方　(1) 混合気体 1 mol，すなわち，標準状態で 22.4 L の質量から，グラム単位をとった数値が平均分子量となる。

1.68 g/L × 22.4 L ≒ 37.6 g

したがって，平均分子量は 37.6。

(2) 分子量は，CO = 28，CO_2 = 44 より，モル質量は 28 g/mol，44 g/mol である。
CO の体積百分率を x〔%〕とすると，気体では，（体積比）＝（物質量比）が成り立つから，混合気体 1 mol の質量は，

28 g × $\dfrac{x}{100}$ + 44 g × $\dfrac{100 - x}{100}$ = 37.6 g

∴ $x = 40$ %

〈本冊 p.32〉

6 答　① 26.5 %
　　　　② 5.44 mol/L

解き方　① 水溶液(100 + 36.0) g 中に，溶質 36.0 g が溶けているから，

$\dfrac{36.0}{136} \times 100 \fallingdotseq 26.5$ %

② 溶液 1 L 中に含まれる NaCl の質量は，

$$1000 \text{ cm}^3/\text{L} \times 1.20 \text{ g/cm}^3 \times \frac{26.5}{100}$$

$$= 318 \text{ g/L}$$

モル質量が NaCl = 58.5 g/mol より，モル濃度を求めると，

$$\frac{318 \text{ g/L}}{58.5 \text{ g/mol}} \fallingdotseq 5.44 \text{ mol/L}$$

〈本冊 p.33〉

7 答 **6.00 mol/L**

解き方 溶媒 1 kg（= 1000 g）中に溶けている溶質の質量は，
モル質量が NaOH = 40 g/mol より，

$$6.25 \text{ mol} \times 40 \text{ g/mol} = 250 \text{ g}$$

したがって，水溶液の質量は，

$$1000 + 250 = 1250 \text{ g}$$

これを水溶液の密度を使って，水溶液の体積に直すと，

$$\frac{1250 \text{ g}}{1.20 \text{ g/cm}^3} \fallingdotseq 1042 \text{ cm}^3$$

これより，水溶液 1 L あたりに溶けている溶質の物質量に換算すると，

$$6.25 \text{ mol} \div \frac{1042}{1000} \text{ L} \fallingdotseq 6.00 \text{ mol/L}$$

〈本冊 p.34〉

8 答 ① **54.2 mL**
　　② **48.0 mL**

解き方 ① 必要な濃塩酸の体積を x〔mL〕とすると，混合前後で溶質の質量は変わらないから，

$$x\text{〔mL〕} \times 1.18 \text{ g/mL} \times \frac{35.0}{100}$$

$$= 100 \text{ mL} \times 1.12 \text{ g/mL} \times \frac{20.0}{100}$$

$$\therefore \quad x \fallingdotseq 54.2 \text{ mL}$$

② 必要な水を y〔mL〕とすると，混合前後で**溶液の質量の和は変わらない**から，

$$54.2 \text{ mL} \times 1.18 \text{ g/mL} + y\text{〔mL〕} \times 1.0 \text{ g/mL}$$

$$= 100 \text{ mL} \times 1.12 \text{ g/mL}$$

$$\therefore \quad y \fallingdotseq 48.0 \text{ mL}$$

2 物質の変化（その1）

〈本冊 p.39〉

9 答 (1) **4, 5, 4, 6**
　　(2) **3, 8, 3, 4, 2**
　　(3) **2, 6, 2, 3**

解き方 (1) まず，NH_3 の係数を 1 とおき，H 原子の数に着目すると，左辺の H 原子は 3 個，右辺の H 原子は 2 個だから，6 個で合わせる。すなわち，NH_3 の係数は 2，H_2O の係数は 3。よって，NO の係数も 2。最後に O 原子に着目して，右辺は 2 + 3 = 5 個。よって，左辺の O_2 の係数は $\frac{5}{2}$ となる。係数が分数になったので整数にするために，**全体を 2 倍して分母を払う**。よって化学反応式は，

$$4NH_3 + 5O_2 \longrightarrow 4NO + 6H_2O$$

(2) 未定係数法で係数を求める。

$$a\,Cu + b\,HNO_3$$
$$\longrightarrow c\,Cu(NO_3)_2 + d\,H_2O + e\,NO$$

Cu ; $a = c$ ……………①
H ; $b = 2d$ ……………②
N ; $b = 2c + e$ ……………③
O ; $3b = 6c + d + e$ ……………④

$b = 1$（最も多く登場する）とおくと，$d = \frac{1}{2}$

③より，$1 = 2c + e$
④より，$3 = 6c + \frac{1}{2} + e$

$$\therefore \quad \frac{5}{2} = 6c + e \quad \cdots\cdots\cdots\text{④}'$$

④′−③より，$\frac{3}{2} = 4c$，$c = \frac{3}{8}$

①に代入して，$a = \frac{3}{8}$

③に代入して，$1 = 2 \times \frac{3}{8} + e$

$e = \frac{1}{4}$　全体を 8 倍して，

$a = 3$，$b = 8$，$c = 3$，$d = 4$，$e = 2$

よって，化学反応式は，
 3Cu + 8HNO₃
  ⟶ 3Cu(NO₃)₂ + 4H₂O + 2NO

(3) 両辺の電荷を+3で合わせると，H^+ の係数が3。左辺のH原子の数が3個だから，H_2 の係数は $\frac{3}{2}$。**全体を2倍して，**
 2Al + 6H^+ ⟶ 2Al^{3+} + 3H_2

〈本冊 p.43〉

(10) **答** (1) 73 g
     (2) 27 g

解き方 (1) 亜鉛と塩酸との化学反応式は，
 Zn + 2HCl ⟶ $ZnCl_2$ + H_2
Zn の物質量は，$\frac{13}{65} = 0.20$ mol なので，係数の比より，必要な HCl は 0.40 mol。
必要な 20%塩酸を x〔g〕とおく。
HCl のモル質量は 36.5 g/mol だから，
$\frac{x \times 0.20 〔g〕}{36.5 \text{ g/mol}} = 0.40$ mol
∴ $x = 73$ g

(2) 係数比より，生じる $ZnCl_2$ も 0.20 mol。
$ZnCl_2$ のモル質量は 136 g/mol だから，
0.20 mol × 136 g/mol = 27.2 g

〈本冊 p.43〉

(11) **答** (1) 25.2 g
     (2) CO_2；6.60 g
       H_2O；2.70 g

解き方 (1) 化学反応式は，
 2$NaHCO_3$ ⟶ Na_2CO_3 + CO_2 + H_2O
Na_2CO_3 のモル質量は 106 g/mol より，
Na_2CO_3 15.9 g の物質量は，
$\frac{15.9 \text{ g}}{106 \text{ g/mol}} = 0.150$ mol だから，
必要な $NaHCO_3$ は 0.150 × 2 = 0.300 mol。
$NaHCO_3$ のモル質量は 84 g/mol だから，
必要な $NaHCO_3$ の質量は，
 0.300 mol × 84 g/mol = 25.2 g

(2) 生じる CO_2，H_2O の物質量は，Na_2CO_3 の物質量と同じ 0.150 mol である。

CO_2 のモル質量は 44 g/mol より，
生成する CO_2 の質量は，
 0.150 mol × 44 g/mol = 6.60 g
H_2O のモル質量は 18 g/mol より，
生成する H_2O の質量は，
 0.150 mol × 18 g/mol = 2.70 g

〈本冊 p.45〉

(12) **答** 1.27 g

解き方 化学反応式は，
 NaCl + $AgNO_3$ ⟶ AgCl + $NaNO_3$
モル質量は，NaCl = 58.5 g/mol，$AgNO_3$ = 170 g/mol だから，NaCl と $AgNO_3$ の物質量を比較すると，

$\frac{40.0 \times \frac{2.00}{100}}{58.5}$ mol > $\frac{50.0 \times \frac{3.00}{100}}{170}$ mol

したがって，NaCl の過剰分は反応せずに残り，$AgNO_3$ は全部反応するから，物質量の小さいほうの $AgNO_3$ を基準にして，生成物 AgCl の物質量を求め，さらにこれを質量に直す。式量は AgCl = 143.5 だから，モル質量は 143.5 g/mol。

$\frac{50.0 \times \frac{3.00}{100}}{170}$ mol × 143.5 g/mol ≒ 1.27 g

〈本冊 p.47〉

(13) **答** 25 m³

解き方 プロパンの燃焼反応式は，
 C_3H_8 + 5O_2 ⟶ 3CO_2 + 4H_2O
  1 : 5 : 3   (体積比)
  1 m³ 5 m³
気体反応では，(係数の比)=(体積の比) の関係を利用すればよい。
必要な酸素の体積は 5 m³ で，空気の体積組成が $N_2 : O_2 = 4 : 1$ より，**必要な空気の体積は酸素の5倍だから，**
 5 × 5 = 25 m³

〈本冊 p.54〉

(14) **答** 12.5

解き方 水酸化ナトリウムは**1価の強塩基**

で電離度は 1 である。

$$[\text{OH}^-] = 0.030 = 3.0 \times 10^{-2} \text{ mol/L}$$

$$[\text{H}^+] = \frac{1.0 \times 10^{-14} (\text{mol/L})^2}{3.0 \times 10^{-2} \text{ mol/L}}$$

$$= \frac{1}{3} \times 10^{-12} \text{ mol/L}$$

$$\text{pH} = -\log[\text{H}^+] = -\log(3^{-1} \times 10^{-12})$$
$$= 12 + \log 3$$
$$= 12.48$$

〈本冊 p.60〉

15 答 **9.0 mL**

解き方 必要な NaOHaq を x〔mL〕として,各数値を中和の公式に代入する。

$ncV = n'c'V'$(中和の公式)

H_2SO_4 は 2 価の酸であることに注意。

$$0.050 \text{ mol/L} \times \frac{10}{1000} \text{ L} \times 1$$

$$+ 0.020 \text{ mol/L} \times \frac{10}{1000} \text{ L} \times 2$$

$$= 0.10 \text{ mol/L} \times \frac{x}{1000} \text{〔L〕} \times 1$$

$$\therefore \quad x = 9.0 \text{ mL}$$

〈本冊 p.61〉

16 答 **13.3**

解き方 酸の出す H^+;

$$1.0 \text{ mol/L} \times \frac{100}{1000} \text{ L} = \frac{100}{1000} \text{ mol} \cdots\cdots \text{ⓐ}$$

Ba(OH)_2 は 2 価の強塩基なので,
塩基の出す OH^-;

$$0.50 \text{ mol/L} \times \frac{150}{1000} \text{ L} \times 2 = \frac{150}{1000} \text{ mol} \cdots \text{ⓑ}$$

ⓑ>ⓐなので,混合溶液は塩基性を示す。

残った $\left(\frac{150}{1000} - \frac{100}{1000}\right)$ mol の OH^- が,混合溶液 $100 + 150 = 250$ mL 中に含まれるから,

$$[\text{OH}^-] = \frac{50}{1000} \text{ mol} \div \frac{250}{1000} \text{ L}$$

$$= 0.20 \text{ mol/L}$$

$$\therefore \quad \text{pOH} = -\log(2 \times 10^{-1}) = 1 - \log 2$$
$$= 0.7$$

$$\therefore \quad \text{pH} = 14 - \text{pOH} = 14 - 0.7$$
$$= 13.3$$

〈本冊 p.63〉

17 答 **90%**

解き方 硫酸アンモニウムは酸としての性質をもつので,濃 NaOHaq と次のように反応する。

$$(\text{NH}_4)_2\text{SO}_4 + 2\text{NaOH}$$
$$\longrightarrow \text{Na}_2\text{SO}_4 + 2\text{NH}_3\uparrow + 2\text{H}_2\text{O}\cdots\text{①}$$

濃 NaOHaq は,NH_3 を発生させるために用いたのであって,中和滴定の量的関係には無関係である。

H_2SO_4 は 2 価の酸,NH_3 と NaOH は 1 価の塩基である。発生した NH_3 を x〔mol〕とすると,
中和の公式 $ncV = n'c'V'$ より,

$$0.50 \text{ mol/L} \times \frac{50}{1000} \text{ L} \times 2$$

$$= x\text{〔mol〕} + 0.50 \text{ mol/L} \times \frac{32}{1000} \text{ L} \times 1$$

$$\therefore \quad x = 3.4 \times 10^{-2} \text{ mol}$$

①の係数比より,$(\text{NH}_4)_2\text{SO}_4$ と NH_3 の物質量の比は 1:2。式量は $(\text{NH}_4)_2\text{SO}_4 = 132$ より,モル質量は 132 g/mol。
試料中に含まれていた純粋な $(\text{NH}_4)_2\text{SO}_4$ の質量は,

$$132 \text{ g/mol} \times 3.4 \times 10^{-2} \text{ mol} \times \frac{1}{2} \fallingdotseq 2.24 \text{ g}$$

したがって,$(\text{NH}_4)_2\text{SO}_4$ の純度は,

$$\frac{2.24}{2.5} \times 100 \fallingdotseq 90\%$$

〈本冊 p.65〉

18 答 Na_2CO_3;**0.12 mol/L**
　　　NaHCO_3;**0.080 mol/L**

解き方 フェノールフタレインが変色する第 1 中和点までは,Na_2CO_3 のみが中和される。

$$\text{Na}_2\text{CO}_3 + \text{HCl} \longrightarrow \text{NaHCO}_3 + \text{NaCl}$$

NaHCO_3 は,この段階では中和されずに水溶液中に残ったままである。
水溶液 10.0 mL 中の Na_2CO_3,NaHCO_3 の物質量をそれぞれ,x〔mol〕,y〔mol〕とすると

$$x = 0.20 \times \frac{6.0}{1000} \text{ mol} \quad\cdots\cdots\cdots\text{①}$$

次に,第 1 中和点からメチルオレンジが変

色する第 2 中和点までは，$Na_2CO_3\ x$[mol] から生じた $NaHCO_3\ x$[mol] と，はじめに混合されていた $NaHCO_3\ y$[mol] とが，中和される。

$$NaHCO_3 + HCl \longrightarrow NaCl + CO_2 + H_2O$$

$$x + y = 0.20 \times \frac{10.0}{1000}\ \text{mol} \quad \cdots\cdots\cdots ②$$

①，②より，$\begin{cases} x = 1.2 \times 10^{-3}\ \text{mol} \\ y = 8.0 \times 10^{-4}\ \text{mol} \end{cases}$

それぞれが 10 mL 中に含まれていたので，これを 1 L あたりに換算すると，

Na_2CO_3；$1.2 \times 10^{-3}\ \text{mol} \div \frac{10}{1000}\ \text{L}$
$= 0.12\ \text{mol/L}$

$NaHCO_3$；$8.0 \times 10^{-4}\ \text{mol} \div \frac{10}{1000}\ \text{L}$
$= 0.080\ \text{mol/L}$

〈本冊 p.75〉

⑲ 答 $1.50 \times 10^{-2}\ \text{mol/L}$

解き方 過マンガン酸カリウム（酸化剤）とシュウ酸（還元剤）のはたらきを示すイオン反応式は次のとおりである。

$$MnO_4^- + 5e^- + 8H^+ \longrightarrow Mn^{2+} + 4H_2O \cdots ①$$
$$(COOH)_2 \longrightarrow 2CO_2 + 2H^+ + 2e^- \cdots ②$$

①，②より，$KMnO_4$ は 5 価の酸化剤であり，$(COOH)_2$ は 2 価の還元剤とわかる。また，希硫酸は，水溶液を酸性条件にするために過剰に加えておく。酸化剤と還元剤が過不足なく反応する条件は，

（酸化剤の受け取った電子の物質量）
＝（還元剤の放出した電子の物質量）

$KMnO_4$ 水溶液の濃度を x[mol/L] とすると，

$$x\text{[mol/L]} \times \frac{16.0}{1000}\ \text{L} \times 5$$
$$= 0.0300\ \text{mol/L} \times \frac{20.0}{1000} \times 2$$
$$\therefore\ x = 1.50 \times 10^{-2}\ \text{mol/L}$$

化 学

③ 物質の構造

〈本冊 p.85〉

⑳ 答 $\dfrac{a^3 d N_A}{4}$

解き方 単位格子の体積は a^3[cm^3] であるので，これに密度 d[g/cm^3] をかけて，単位格子の質量[g]を求める。

面心立方格子内には 4 個の原子が含まれるので，原子 1 個の質量は，$\dfrac{a^3 d}{4}$[g] となる。

これにアボガドロ定数をかけたものが**モル質量(1 mol あたりの質量)** である。したがって，$\dfrac{a^3 d N_A}{4}$[g/mol] となる。

上記の値から，単位[g/mol]を除いた数値が原子量に等しい。

❹ 物質の状態

〈本冊 p.90〉

㉑ 答 6.4×10^5 Pa

解き方 ボイル・シャルルの法則の公式
$\dfrac{PV}{T} = \dfrac{P'V'}{T'}$ に数値を代入する。

$$\dfrac{1.0 \times 10^5 \text{ Pa} \times 24 \text{ L}}{(273+27) \text{ K}} = \dfrac{P[\text{Pa}] \times 5.0 \text{ L}}{(273+127) \text{ K}}$$

∴ $P = 6.4 \times 10^5$ Pa

〈本冊 p.91〉

㉒ 答 2.5×10^5 Pa

解き方 分子量は $SO_2 = 64$ だから，各単位を気体定数にあわせて，気体の状態方程式 $PV = \dfrac{w}{M}RT$ に数値を代入すると，

$$P[\text{Pa}] \times \dfrac{500}{1000} \text{ L}$$
$$= \dfrac{3.2 \text{ g}}{64 \text{ g/mol}} \times 8.31 \times 10^3 \text{ Pa·L/(K·mol)}$$
$$\times (273+27) \text{ K}$$

∴ $P \fallingdotseq 2.5 \times 10^5$ Pa

〈本冊 p.93〉

㉓ 答 64

解き方 容器の体積を $V[\text{L}]$ とすると，
$$1.2 \times 10^5 \text{ Pa} \times V[\text{L}]$$
$$= \dfrac{16 \text{ g}}{32 \text{ g/mol}} \times R[\text{Pa·L/(K·mol)}]$$
$$\times (273+27) \text{ K} \quad \cdots\cdots ①$$

液体物質のモル質量を $M[\text{g/mol}]$ とおくと，
$$2.4 \times 10^5 \text{ Pa} \times V[\text{L}]$$
$$= \dfrac{48 \text{ g}}{M[\text{g/mol}]} \times R[\text{Pa·L/(K·mol)}]$$
$$\times (273+127) \text{ K} \quad \cdots\cdots ②$$

①÷②より，V, R はともに消去されるから，
$$\dfrac{1.2 \times 10^5}{2.4 \times 10^5} = \dfrac{16 \times M \times 300}{32 \times 48 \times 400}$$

∴ $M = 64$ g/mol

〈本冊 p.100〉

㉔ 答 (1) 1.4×10^5 Pa
(2) 5.4×10^4 Pa

解き方 (1) 温度が一定なので，ボイルの法則を適用する。

H_2, O_2 の分圧を p_{H_2}, p_{O_2} とすると，
$$3.0 \times 10^5 \times 1.0 = p_{H_2} \times 5.0$$
$$1.0 \times 10^5 \times 4.0 = p_{O_2} \times 5.0$$
∴ $p_{H_2} = 6.0 \times 10^4$ Pa,
$p_{O_2} = 8.0 \times 10^4$ Pa
全圧 $= (6.0+8.0) \times 10^4 = 1.4 \times 10^5$ Pa

(2) 体積，温度が一定なので，**分圧の比＝物質量の比**より，分圧を用いて気体反応の量的関係を調べる（以下，単位は[Pa]）。

	$2H_2$	$+$	O_2	$\longrightarrow$	$2H_2O$
反応前	6.0×10^4		8.0×10^4		0
	↓		↓		↓
反応後	0		5.0×10^4		6.0×10^4

O_2 は 27℃でつねに気体だから，
$p_{O_2} = 5.0 \times 10^4$ Pa
一方，H_2O（気体と仮定した）の圧力が 6.0×10^4 Pa という結果は，27℃の**飽和蒸気圧 4.0×10^3 Pa を超えており，液体の水が存在する**。水蒸気の分圧は，27℃の飽和水蒸気圧 4.0×10^3 Pa と等しい。
全圧 $= (5.0 + 0.40) \times 10^4 = 5.4 \times 10^4$ Pa

〈本冊 p.102〉

㉕ 答 (1) ウ
(2) 46
(3) 3.0 L

解き方 (1) A〜C では液体が残っているので，気体の体積が変化しても，蒸気の圧力は 60℃の飽和蒸気圧を保ち，一定である。C で液体がすべて気体になり，それ以上気体の体積 V を大きくすると，ボイルの法則にしたがって圧力 P は変化する。P と V は反比例するから，双曲線のグラフとなる。よって，ウになる。

(2) C において，容器内の液体がすべて気体となったので，その蒸気に対して気体の状

態方程式を適用して,
$$PV = \frac{w}{M}RT$$
$$4.6 \times 10^4 \times 2.60 = \frac{2.00}{M} \times 8.3 \times 10^3 \times 333$$
$$\therefore M = 46.2\cdots \fallingdotseq 46$$

(3) C から D への変化は,温度一定なので,ボイルの法則を適用して,
$$4.6 \times 10^4 \times 2.60 = 4.0 \times 10^4 \times V$$
$$\therefore V \fallingdotseq 3.0 \text{ L}$$

〈本冊 p.103〉

㉖ 答 2.1 g

解き方 酸素の圧力は,大気圧から水蒸気圧を引いて求める。
$$9.9 \times 10^4 - 6.0 \times 10^3 = 9.3 \times 10^4 \text{ Pa}$$
得られた酸素の質量を w〔g〕とし,気体の状態方程式 $PV = \frac{w}{M}RT$ へ代入して,
$$9.3 \times 10^4 \text{ Pa} \times 1.8 \text{ L}$$
$$= \frac{w}{32} \times 8.3 \times 10^3 \text{ Pa·L/(K·mol)}$$
$$\times 310 \text{ K}$$
$$\therefore w = 2.08\cdots \fallingdotseq 2.1 \text{ g}$$

〈本冊 p.107〉

㉗ 答 (1) **51.3 g**
(2) **32.0 g**

解き方 (1) 20℃の飽和水溶液 200 g 中に含まれる KCl を x〔g〕とする。溶解度より,20℃の水 100 g に KCl が 34.5 g 溶けるから,飽和水溶液 134.5 g 中に,KCl が 34.5 g 溶けていることになる。
$$\frac{溶質}{溶液} = \frac{x}{200} = \frac{34.5}{134.5}$$
$$\therefore x \fallingdotseq 51.3 \text{ g}$$

(2) 80℃では溶解度が 56.0 である。(1)より,200 g の水溶液では,水 148.7 g にすでに 51.3 g の KCl が溶けているから,さらに溶ける KCl の質量を x〔g〕とすると,
$$\frac{溶質}{溶媒} = \frac{51.3 + x}{148.7} = \frac{56.0}{100} \quad \therefore x \fallingdotseq 32.0$$

〈本冊 p.109〉

㉘ 答 31

解き方 60℃の飽和水溶液 200 g 中に溶けている KCl を x〔g〕とすると,
$$\frac{溶質}{溶液} = \frac{x}{200} = \frac{46}{100 + 46}$$
$$\therefore x \fallingdotseq 63.0 \text{ g}$$
KCl 63.0 g が水 137 g に溶けており,0℃まで冷却すると,20.6 g の結晶が析出し,0℃の飽和水溶液となる。0℃での KCl の溶解度を S とすると,
$$\frac{溶質}{溶媒} = \frac{63.0 - 20.6}{137} = \frac{S}{100}$$
$$\therefore S \fallingdotseq 30.9$$

〈本冊 p.113〉

㉙ 答 10 g

解き方 25% 硫酸銅(Ⅱ)水溶液 100 g 中の $CuSO_4$ は 25 g,水は 75 g である。さらに溶ける $CuSO_4·5H_2O$ の結晶を x〔g〕とすると,結晶中の $CuSO_4$ は,$x \times \frac{160}{250}$〔g〕で,これが溶質の質量に加わる。

また,結晶中の水和水 $x \times \frac{90}{250}$〔g〕が,溶媒の水の質量に加わることになる。
$$\frac{溶質}{溶媒} = \frac{25 + \left(x \times \frac{160}{250}\right)}{75 + \left(x \times \frac{90}{250}\right)} = \frac{40}{100}$$
$$\therefore x \fallingdotseq 10 \text{ g}$$

〔別解〕結晶 x〔g〕が,水溶液 100 g に溶けるから,全溶液は $(100 + x)$〔g〕となる。その中に含まれる溶質 $CuSO_4$ の質量は,
$\left(25 + x \times \frac{160}{250}\right)$〔g〕だから,
$$\frac{溶質}{溶液} = \frac{25 + \left(x \times \frac{160}{250}\right)}{x + 100} = \frac{40}{100 + 40}$$
$$\therefore x \fallingdotseq 10 \text{ g}$$

〈本冊 p.113〉

㉚ 答 40 g

解き方 60℃の飽和水溶液中の溶質(無水

物)の質量 x〔g〕は，

$$\frac{溶質}{溶液} = \frac{x}{210} = \frac{40}{100+40} \quad \therefore \quad x = 60 \text{ g}$$

硫酸銅（Ⅱ）五水和物が y〔g〕析出すると，残った溶液は，同じ温度の飽和水溶液となっているから，次の関係が成り立つ。

$$\frac{溶質}{溶液} = \frac{60 - \frac{160}{250}y\text{〔g〕}}{210 - (50+y)\text{〔g〕}} = \frac{40}{140}$$

$$\therefore \quad y \fallingdotseq 40.3 \text{ g}$$

〈本冊 p.117〉

㉛ 答 1.6×10^5 Pa

解き方 CO_2 の圧力が 1.0×10^5 Pa のとき，0℃の水1Lに何 mol の CO_2 が溶解したのかは，溶解度が不明なので，次の関係式で求める。

（溶解した CO_2 の物質量）
　＝（封入した CO_2 の物質量）
　　－（気相に残っている CO_2 の物質量）

気相に残った CO_2 の物質量を n〔mol〕とすると，

$n = \dfrac{PV}{RT}$ より，

$$\frac{1.0 \times 10^5 \text{ Pa} \times 3.42 \text{ L}}{8.3 \times 10^3 \text{ Pa·L/(K·mol)} \times 273 \text{ K}}$$

$\fallingdotseq 0.15$ mol

したがって，水に溶解した CO_2 は，

$0.25 - 0.15 = 0.10$ mol

この値が，1.0×10^5 Pa における CO_2 の 0℃ の水1Lに対する溶解度にあたる。
次に，ピストンに圧力を加え，溶解平衡に到達したときの圧力を P〔Pa〕とすると，

$$n = \frac{PV}{RT} = \frac{P \times 1.20}{8.3 \times 10^3 \times 273}$$

$\fallingdotseq 5.3 \times 10^{-7} P$〔mol〕

水に溶解した CO_2 の物質量は，ヘンリーの法則より，

$$0.10 \times \frac{P}{1.0 \times 10^5} = 1.0 \times 10^{-6} P \text{〔mol〕}$$

したがって，次のような関係が成り立つ。

$5.3 \times 10^{-7} P + 1.0 \times 10^{-6} P = 0.25$ mol

$\therefore \quad P \fallingdotseq 1.63 \times 10^5$ Pa

〈本冊 p.118〉

㉜ 答 窒素；7.5×10^{-3} g
**　　　酸素；2.7×10^{-2} g**

解き方 窒素と酸素の分圧は，

$p_{N_2} = 1.0 \times 10^5 \times \dfrac{2}{5} = 4.0 \times 10^4$ Pa

$p_{O_2} = 1.0 \times 10^5 \times \dfrac{3}{5} = 6.0 \times 10^4$ Pa

これらの分圧で N_2 が 15 mL，O_2 が 31 mL 溶けていることになる。
20℃，4.0×10^4 Pa の N_2 が 1 L の水に溶解したときの質量は，モル質量が，$N_2 = 28$ g/mol より，

$$\frac{15 \text{ mL}}{22400 \text{ mL/mol}} \times 28 \text{ g/mol} \times \frac{4.0 \times 10^4}{1.0 \times 10^5}$$

$= 7.5 \times 10^{-3}$ g

一方，20℃，6.0×10^4 Pa の O_2 が 1 L の水に溶解したときの質量は，モル質量が $O_2 = 32$ g/mol より，

$$\frac{31 \text{ mL}}{22400 \text{ mL/mol}} \times 32 \text{ g/mol} \times \frac{6.0 \times 10^4}{1.0 \times 10^5}$$

$\fallingdotseq 2.7 \times 10^{-2}$ g

〈本冊 p.125〉

㉝ 答 152

解き方 ショウノウの分子量を M として，まず，この溶液の質量モル濃度を求め，$\Delta t = km$ の式へ代入する。

$(79.0 - 78.4)$ K $= 1.20$ K·kg/mol

$\qquad \times \left(\dfrac{19.0}{M} \times \dfrac{1000}{250}\right)$〔mol/kg〕

$\therefore \quad M = 152$

〈本冊 p.128〉

㉞ 答 100.52℃

解き方 塩化ナトリウム NaCl は水中で完全に電離し，溶質粒子の数が2倍になる。

NaCl $\longrightarrow$ Na$^+$ + Cl$^-$

$\Delta t = km$ より，

$\Delta t = 0.52$ K·kg/mol

$\qquad \times \left(\dfrac{5.85}{58.5} \times \dfrac{1000}{200}\right)$ mol/kg $\times 2$

類題(35〜39)の解答 — 11

= 0.52 K
沸点は，100 + 0.52 = 100.52℃

⟨本冊 p.129⟩
㉟ 答　電離度；**0.50**
　　　グルコースの質量；**18 g**

解き方　この水溶液中での K_2SO_4 の電離度を α とし，電解質の溶質粒子の総物質量を求める。以下の電離前，電離後，合計の物質量の単位は〔mol〕。

$$K_2SO_4 \longrightarrow 2K^+ + SO_4^{2-}$$

前　　n　　　　　0　　　　0
後　$n(1-\alpha)$　　$2n\alpha$　　　$n\alpha$
　　　（合計）……$n(1+2\alpha)$

溶質粒子は，電離により，もとの $(1+2\alpha)$ 倍。$K_2SO_4 = 174$ g/mol だから，$\Delta t = km$ の式に代入して，

$$0.37\text{ K} = 1.85\text{ K·kg/mol}$$
$$\times \left(\frac{0.87}{174} \times \frac{1000}{50}\right) \text{mol/kg} \times (1+2\alpha)$$

∴　$\alpha = 0.50$

必要なグルコース（非電解質）を x〔g〕とすると，K_2SO_4 水溶液の全溶質粒子の質量モル濃度と，グルコース水溶液の質量モル濃度が同じであればよい。$C_6H_{12}O_6 = 180$ g/mol より，

$$\left(\frac{0.87}{174} \times \frac{1000}{50}\right) \text{mol/kg} \times (1+2\times0.5)$$
$$= \left(\frac{x}{180} \times \frac{1000}{500}\right) \text{[mol/kg]}$$

∴　$x = 18$ g

⟨本冊 p.130⟩
㊱ 答　**2.1 g**

解き方　混合物中のグルコースを x〔g〕とすると，$\Pi V = \dfrac{w}{M}RT$ の公式より，

$$5.0 \times 10^4 \text{ Pa} \times 1.0 \text{ L}$$
$$= \left(\frac{x}{180} + \frac{5.0-x}{342}\right) \text{[mol]}$$
$$\times 8.3 \times 10^3 \text{ Pa·L/(K·mol)} \times 300 \text{ K}$$

∴　$x \fallingdotseq 2.1$ g

❺ 物質の変化（その2）

⟨本冊 p.137⟩
㊲ 答　**5.1 K**

解き方　NaOH（固）4.0 g の溶解による発熱量は，NaOH = 40 g/mol より，

$$44 \text{ kJ/mol} \times \frac{4.0 \text{ g}}{40 \text{ g/mol}} = 4.4 \text{ kJ}$$

水溶液の液温が T〔K〕上昇したとすると，**発熱量＝比熱×質量×温度変化** より，

$$4400 \text{ J} = 4.2 \text{ J/(g·K)}$$
$$\times (200+4.0) \text{ g} \times T \text{[K]}$$

∴　$T \fallingdotseq 5.1$ K

⟨本冊 p.141⟩
㊳ 答　**46 kJ/mol**

解き方　アンモニアの生成熱を表す熱化学方程式は，

$$\frac{1}{2}N_2 + \frac{3}{2}H_2 = NH_3 + Q\text{[kJ]}$$

上式の左辺の $\dfrac{1}{2}N_2$ は，①式の右辺にある。移項するときに符号が変わる。

⇒　①式 $\times \left(-\dfrac{1}{4}\right)$

上式の左辺の $\dfrac{3}{2}H_2$ は，②式の左辺にある。

⇒　②式 $\times \dfrac{3}{2}$

よって $Q = ② \times \dfrac{3}{2} - ① \times \dfrac{1}{4}$ で求められる。

$$Q = 286 \times \frac{3}{2} - 1532 \times \frac{1}{4} = 46 \text{ kJ}$$

⟨本冊 p.141⟩
㊴ 答　**−372 kJ/mol**

解き方　メタン，アセチレン，水素の燃焼熱を表す熱化学方程式は，

$$CH_4 + 2O_2$$
$$= CO_2 + 2H_2O\text{（液）} + 891 \text{ kJ} \quad \cdots\cdots ①$$
$$C_2H_2 + \frac{5}{2}O_2$$

$= 2CO_2 + H_2O(液) + 1296 \text{ kJ} \quad \cdots ②$

$H_2 + \dfrac{1}{2}O_2 = H_2O(液) + 286 \text{ kJ} \cdots\cdots ③$

求める熱化学方程式は，生成物の C_2H_2 の係数が1になるから，次式となる。

$2CH_4 = C_2H_2 + 3H_2 + Q\text{[kJ]} \cdots\cdots ④$

④式の左辺の $2CH_4$ は，①式の左辺にある。
 ⇨ ①式×2

④式の右辺の C_2H_2 は，②式の左辺にある。移項するときに符号が変わるので，
 ⇨ ②式×(－1)

④式の右辺の $3H_2$ は，③式の左辺にある。移項するときに符号が変わるので，
 ⇨ ③式×(－3)

よって $Q=①×2－②－③×3$ で求められる。
 $Q = 891×2 － 1296 － 286×3 = －372 \text{ kJ}$

〈本冊 p.142〉

㊵ 答 1.1 kJ

解き方 NaOH 水溶液中の OH^- の物質量は，
$0.20 \text{ mol/L} × \dfrac{100}{1000} \text{ L} = 0.020 \text{ mol}$

H_2SO_4 水溶液中の H^+ の物質量は，
$H_2SO_4 \longrightarrow 2H^+ + SO_4^{2-}$ より，
$0.20 \text{ mol/L} × \dfrac{100}{1000} \text{ L} × 2 = 0.040 \text{ mol}$

OH^- の物質量のほうが少ないので，生じる H_2O も **0.020 mol** である。したがって，0.020 mol 分の中和熱が発生するので，
$56.5 \text{ kJ/mol} × 0.020 \text{ mol} = 1.13 \text{ kJ}$

〈本冊 p.143〉

㊶ 答 2220 kJ/mol

解き方 物質量の比が $C_2H_6 : C_3H_8 = 2 : 1$ だから，混合気体の各成分気体の物質量は，

$C_2H_6 ; \dfrac{22.4 \text{ L}}{22.4 \text{ L/mol}} × \dfrac{2}{3} = \dfrac{2}{3} \text{ mol}$

$C_3H_8 ; \dfrac{22.4 \text{ L}}{22.4 \text{ L/mol}} × \dfrac{1}{3} = \dfrac{1}{3} \text{ mol}$

プロパンの燃焼熱を x [kJ/mol] とすると，
$1560 × \dfrac{2}{3} + x × \dfrac{1}{3} = 1780$
$\therefore \quad x = 2220 \text{ kJ/mol}$

〈本冊 p.145〉

㊷ 答 239 kJ/mol

解き方 H_2O(気)の生成反応におけるエネルギー変化をエネルギー図で表すと，次のようになる。

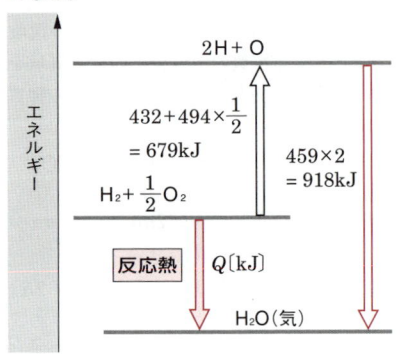

$\begin{pmatrix} H_2O \text{ は構造式 H－O－H だから，} H_2O \\ 1 \text{ mol 中には O－H 結合が 2 mol 含まれる} \end{pmatrix}$

$H_2 + \dfrac{1}{2}O_2 = H_2O(気) + Q\text{[kJ]}$

この反応は上式で表され，左辺の反応物の結合エネルギーの総和が 679 kJ，右辺の生成物の結合エネルギーの総和が 918 kJ だから，
(反応熱)＝(生成物の結合エネルギーの総和)
　　　－(反応物の結合エネルギーの総和)より，
$Q = 918 － 679 = 239 \text{ kJ}$

〈本冊 p.155〉

㊸ 答 0.75 mol

解き方 鉛蓄電池の放電時の化学反応式は，
$Pb + PbO_2 + 2H_2SO_4 \xrightarrow{2e^-} 2PbSO_4 + 2H_2O$

化学反応式より，電子 2 mol が移動すれば，H_2SO_4 が 2 mol 減少し，H_2O が 2 mol 生成する。つまり，電子 1 mol の移動では，H_2SO_4 が 1 mol (＝98 g) 消費され，H_2O が 1 mol (＝18 g) 生成するから，電子 1 mol あたりの質量減少は，
$98 － 18 = 80 \text{ g/mol}$

また，電解前の希硫酸の質量は，
$500 × 1.24 = 620 \text{ g}$

電解後の希硫酸の質量は,
$$500 \times 1.12 = 560 \text{ g}$$
これより,x[mol]の電子が移動したとして,電解液の質量変化について式を立てると,
$$(620 - 560) \text{ g} = 80 \text{ g/mol} \times x \text{[mol]}$$
∴ $x = 0.75$ mol

〈本冊 p.158〉

44 答 **896 mL**

解き方 析出した Cu の物質量は,
$$\frac{2.56 \text{ g}}{64 \text{ g/mol}} = 0.040 \text{ mol}$$
$Cu^{2+} + 2e^- \longrightarrow Cu$ より,0.040 mol の Cu が析出するのに必要な電子の物質量は,
$$0.040 \times 2 = 0.080 \text{ mol}$$
一方,陽極の反応 $2Cl^- \longrightarrow Cl_2 + 2e^-$ より,2 mol の電子から Cl_2 1 mol が生成するので,
$$0.080 \text{ mol} \times \frac{1}{2} \times 22400 \text{ mL/mol}$$
$$= 896 \text{ mL}$$

〈本冊 p.161〉

45 答 (1) **1800 C**
(2) **0.107 A**
(3) **164 mL**
(4) **0.16 mol/L**

解き方 (1) 全電気量は,
$$0.500 \text{ A} \times (60 \times 60) \text{ s} = 1800 \text{ C}$$
(2)(Ⅰ)槽の陰極では,$Ag^+ + e^- \longrightarrow Ag$ の反応が起こるので,電子 1 mol から Ag 1 mol が析出する。電子の物質量は,
$$\frac{0.432 \text{ g}}{108 \text{ g/mol}} = 0.00400 \text{ mol}$$
(Ⅰ)槽を流れた平均電流を x[A]とすると,
$$0.00400 \text{ mol} \times 9.65 \times 10^4 \text{ C/mol}$$
$$= x\text{[A]} \times (60 \times 60) \text{ s}$$
∴ $x \fallingdotseq 0.107$ A

(3)(電解槽(Ⅱ)を流れた電気量)
=(全電気量)
-(電解槽(Ⅰ)を流れた電気量)より,
$$1800 \text{ C} - 0.00400 \text{ mol} \times 9.65 \times 10^4 \text{ C/mol}$$
$$= 1414 \text{ C}$$
(Ⅱ)槽の陰極では,Na^+ は放電せず,かわりに,溶液中に存在する H_2O が次のように還元される。
$$2H_2O + 2e^- \longrightarrow H_2 + 2OH^-$$
2 mol の電子から,1 mol の H_2 が発生する。よって,求める体積は,
$$\frac{1414 \text{ C}}{9.65 \times 10^4 \text{ C/mol}} \times \frac{1}{2}$$
$$\times 22400 \text{ mL/mol} \fallingdotseq 164 \text{ mL}$$

(4) 電解槽(Ⅰ)の陰極では,(2)より Ag が 0.00400 mol 析出するから,液中の Ag^+ はこの分だけ減少する。電解後に残った Ag^+ は,
$$0.200 \times \frac{100}{1000} - 0.00400 = 0.016 \text{ mol}$$
これが水溶液 100 mL 中に含まれるから,1 L あたりに換算すると,
$$0.016 \text{ mol} \div \frac{100}{1000} \text{ L} = 0.16 \text{ mol/L}$$

6 反応速度と化学平衡

〈本冊 p.171〉

46 答 **0.125 倍**

解き方 混合溶液 1 L あたりで考えると、反応した A は,
$$1.20 - 0.60 = 0.60 \text{ mol}$$
A と B の係数は等しいので、B も 0.60 mol 反応する。よって、残った B は,
$$0.80 - 0.60 = 0.20 \text{ mol}$$
$v = k[A][B]$ より、一定時間経過後の反応の速さを v'、最初の反応の速さを v とすると,
$$\frac{v'}{v} = \frac{k \times 0.60 \times 0.20}{k \times 1.20 \times 0.80} = 0.125$$

〈本冊 p.171〉

47 答 **0.030 mol/(L·s)**

解き方 生成した CO_2 を x 〔mol〕とする。

	$2CO$	+	O_2	$\longrightarrow$	$2CO_2$
前	2.0		1.0		0
	↓		↓		
後	$2.0 - x$		$1.0 - \dfrac{x}{2}$		x

よって、物質量の合計は、$\left(3.0 - \dfrac{x}{2}\right)$ 〔mol〕

温度・体積一定では、分圧の比＝物質量の比が成り立つから,
$$3.0 \text{ mol} : \left(3.0 - \frac{x}{2}\right) \text{〔mol〕}$$
$$= 1.0 \text{ Pa} : 0.80 \text{ Pa}$$
∴ $x = 1.2$ mol

したがって、CO_2 の平均生成速度は,
$$\bar{v} = \frac{1.2 \text{ mol}}{2.0 \text{ L} \times 20 \text{ s}} = 0.030 \text{ mol/(L·s)}$$

〈本冊 p.175〉

48 答 (1) **30 kJ/mol**
(2) **60 kJ/mol**
(3) **90 kJ/mol**
(4) **−60 kJ/mol**

解き方 (1) 反応物(A+B)と活性化状態とのエネルギー差である。

$$120 - 90 = 30 \text{ kJ/mol}$$

(2) 反応物(A+B)と生成物(C)のエネルギー差である。また、**生成物のほうが反応物よりエネルギーが低下しているから、発熱反応**である。
$$90 - 30 = 60 \text{ kJ/mol}$$

(3) 反応物(C)と活性化状態とのエネルギー差である。
$$120 - 30 = 90 \text{ kJ/mol}$$

(4) 反応物(C)と生成物(A+B)のエネルギー差である。**反応物よりも生成物のほうがエネルギーが高いので、吸熱反応**である。
$$30 - 90 = -60 \text{ kJ/mol}$$

〈本冊 p.178〉

49 答 **0.67 mol**

解き方 与えたのは、酢酸、エタノール、水で、**酢酸エチルだけは与えていないので、平衡は必ず右向きへ移動する**。
生じた酢酸エチルを x 〔mol〕とすると、平衡時の各物質の物質量は,

$$
\begin{array}{ccc}
CH_3COOH & + & C_2H_5OH \\
2.0 - x & & 1.0 - x
\end{array}
$$
$$
\rightleftharpoons \begin{array}{cc} CH_3COOC_2H_5 & + & H_2O \\ x & & 2.0 + x \end{array}
$$

反応容器の体積を V 〔L〕とすると,
$$K = \frac{\left(\dfrac{x}{V}\right)\left(\dfrac{2.0+x}{V}\right)}{\left(\dfrac{2.0-x}{V}\right)\left(\dfrac{1.0-x}{V}\right)}$$
$$= \frac{x(2.0+x)}{(2.0-x)(1.0-x)} = 4.0$$

二次方程式 $3x^2 - 14x + 8 = 0$ を解いて,
$$(x-4)(3x-2) = 0$$
$x = 4 \, (0 < x < 1.0 \text{ より不適}), \dfrac{2}{3}$

〈本冊 p.180〉

50 答 **4.0**

解き方 $\begin{array}{cc} CH_3COOH + C_2H_5OH \\ (A) \qquad (B) \end{array}$
$$\rightleftharpoons \begin{array}{cc} CH_3COOC_2H_5 + H_2O \\ (C) \qquad\quad (D) \end{array}$$

平衡時における A〜D の物質量は，次の関係が成り立つ（単位は mol）。

$$\begin{array}{cccc} A & + & B & \rightleftarrows & C & + & D \\ \text{平衡時} & \dfrac{1}{3} & & \dfrac{1}{3} & & \dfrac{2}{3} & & \dfrac{2}{3} \end{array}$$

反応容器の体積が 1.0 L なので，物質量のまま平衡定数の式に代入してもよい。

$$\text{平衡定数 } K = \dfrac{\left(\dfrac{2}{3}\right)^2}{\left(\dfrac{1}{3}\right)^2} = 4.0$$

〈本冊 p.180〉

51 答 **1.3 mol**

解き方 H_2, I_2 が x [mol] ずつ反応して平衡状態になったとすると，

$$\begin{array}{cccc} & H_2 & + & I_2 & \rightleftarrows & 2HI \\ \text{平衡時} & 1.0-x & & 1.0-x & & 2x \end{array}$$

反応容器の体積が 10 L だから，

$$K = \dfrac{[HI]^2}{[H_2][I_2]} = \dfrac{\left(\dfrac{2x}{10}\right)^2}{\left(\dfrac{1.0-x}{10}\right)^2} = 16$$

完全平方式なので，両辺の平方根をとると，

$$\dfrac{2x}{1.0-x} = \pm 4$$

$0 < x < 1$ より，$x = \dfrac{2}{3}$ mol

$HI : 2x = 2 \times \dfrac{2}{3} = \dfrac{4}{3} \fallingdotseq 1.3$ mol

〈本冊 p.188〉

52 答 $\alpha ; 3.0 \times 10^{-2}$
　　　$[OH^-] ; 6.0 \times 10^{-4}$ mol/L

解き方 アンモニア水の電離定数では，電離定数の式の中の $[H_2O]$ は，他の $[NH_4^+]$, $[OH^-]$ に比べて非常に大きく，つねに一定とみなせるので，

$$K_b = \dfrac{[NH_4^+][OH^-]}{[NH_3]}$$

アンモニアは弱塩基なので，$\alpha \ll 1$ より，

$$\alpha = \sqrt{\dfrac{K_b}{c}} = \sqrt{\dfrac{1.8 \times 10^{-5}}{2.0 \times 10^{-2}}}$$
$$= 3.0 \times 10^{-2}$$

$$[OH^-] = c\alpha = \sqrt{cK_b}$$
$$= \sqrt{2.0 \times 10^{-2} \times 1.8 \times 10^{-5}}$$
$$= 6.0 \times 10^{-4} \text{ mol/L}$$

7 無機物質と有機化合物

〈本冊 p.198〉

53 答 1.0×10^{-2} mol

解き方 化学反応式は，
$$KBr + AgNO_3 \longrightarrow AgBr \downarrow + KNO_3$$
$$KCl + AgNO_3 \longrightarrow AgCl \downarrow + KNO_3$$

混合物中の KBr の物質量を x [mol]，KCl の物質量を y [mol] とすると，
KBr のモル質量は 119 g/mol，KCl のモル質量は 74.5 g/mol だから，

119 g/mol $\times x$ [mol]
　$+ 74.5$ g/mol $\times y$ [mol] $= 2.68$ ……①

AgBr のモル質量は 188 g/mol，AgCl のモル質量は 143.5 g/mol だから，

188 g/mol $\times x$ [mol]
　$+ 143.5$ g/mol $\times y$ [mol] $= 4.75$ ……②

①，②を解いて，
$x = 0.010$ mol, $y = 0.020$ mol

〈本冊 p.199〉

54 答 1.3×10^2 kg

解き方 与えられた反応式から，中間生成物の NO と NO_2 を消去する。②×3＋③×2 の処理で NO_2 が消去される。

$\{① + ② \times 3 + ③ \times 2\} \div 4$

$$NH_3 + 2O_2 \longrightarrow HNO_3 + H_2O$$

NH_3 1 mol から HNO_3 1 mol が生成するので，$NH_3 = 17$ g/mol，$HNO_3 = 63$ g/mol より，必要な NH_3 の質量を x [g] とすると，

$$\dfrac{x \text{ [g]}}{17 \text{ g/mol}} = \dfrac{1.0 \times 10^6 \times 0.50 \text{ g}}{63 \text{ g/mol}}$$

$\therefore x \fallingdotseq 1.3 \times 10^5$ g

⟨本冊 p.200⟩

55 答 **0.81 t**

解き方 硫黄がすべてチオ硫酸ナトリウムに移行しているので，特定の元素 S に着目して，反応物と目的物（生成物）の量的関係だけを考えていく。

$$2S \longrightarrow Na_2S_2O_3$$
$$2 \text{ mol} \quad\quad 1 \text{ mol}$$

モル質量は，S = 32 g/mol，
$Na_2S_2O_3$ = 158 g/mol より，
必要な S を x [g] とおくと，

$$\frac{x \text{[g]}}{32 \text{ g/mol}} \times \frac{1}{2} = \frac{2.0 \times 10^6 \text{ g}}{158 \text{ g/mol}}$$

$$\therefore \quad x \fallingdotseq 0.81 \times 10^6 \text{ g}$$

⟨本冊 p.205⟩

56 答 分子量；**180**
　　　分子式；**$C_6H_{12}O_6$**

解き方 この物質の分子量を M とすると，モル濃度が 0.90 mol/L より，

$$\frac{32.4 \text{ g}}{M \text{[g/mol]}} \div \frac{200}{1000} \text{ L} = 0.90 \text{ mol/L}$$

これを解いて，
　　M = 180 g/mol……分子量 180
よって，$(CH_2O)_n$ = 180 より，n = 6
したがって，分子式は $C_6H_{12}O_6$ となる。

⟨本冊 p.208⟩

57 答 (1) **2 : 3**
　　　(2) **240 g**

解き方 (1) エタン C_2H_6 は飽和化合物で，水素は付加しないが，プロピレン C_3H_6 は不飽和化合物で，分子内に二重結合を1つもつ。
混合気体中の C_3H_6 の体積について考えると，$C_3H_6 + H_2 \longrightarrow C_3H_8$ で，**係数の比＝物質量の比＝体積の比**より，付加した H_2 の体積と等しく，33.6L とわかる。
よって，C_2H_6 の体積は，
　　56.0 − 33.6 = 22.4 L

体積比は，22.4 : 33.6 = 2 : 3 となる。

(2) 付加する Br_2 を x [g] とすると，（付加する H_2 の物質量）＝（付加する Br_2 の物質量）より，

$$\frac{33.6 \text{ L}}{22.4 \text{ L/mol}} = \frac{x \text{[g]}}{160 \text{ g/mol}}$$

$$\therefore \quad x = 240 \text{ g}$$

⟨本冊 p.209⟩

58 答 **58.5 g**

解き方 反応経路は次のとおりである。[（　）内の数字は分子量]

ベンゼン $\longrightarrow$ ニトロベンゼン($-NO_2$) $\longrightarrow$ アニリン($-NH_2$)
(78)　　　　(123)　　　　(93)

理論的に，ベンゼン 1 mol からアニリン 1 mol を生成する。使用したベンゼンを x [g] とすると，収率が 80％ であるから，

$$\frac{x \text{[g]}}{78 \text{ g/mol}} \times \frac{80}{100} = \frac{55.8 \text{ g}}{93 \text{ g/mol}}$$

$$\therefore \quad x = 58.5 \text{ g}$$

8 高分子化合物

〈本冊 p.213〉

59 答 220 kg

解き方 アセチレンからポリビニルアルコールを生成する反応は次のとおりである。〔( )内の数字は分子量〕

$$n\,CH\equiv CH \xrightarrow[\text{付加}]{n\,CH_3COOH} n\,CH_2=CH$$
(26)　　　　　　　　　　｜
　　　　　　　　　　　OCOCH₃

$$\xrightarrow[\text{付加重合}]{} \left[\begin{array}{c} CH_2-CH \\ | \\ OCOCH_3 \end{array}\right]_n$$

$$\xrightarrow[\text{けん化}]{n\,NaOHaq} \left[\begin{array}{c} CH_2-CH \\ | \\ OH \end{array}\right]_n$$
　　　　　　　　　　(44n)

　　　　　　　　　＋ $n\,CH_3COONa$

量的関係は，アセチレンとポリビニルアルコールの物質量の比が，$n:1$ である。得られるポリビニルアルコールを x〔kg〕とすると，

$$\frac{130\text{ kg}}{26\text{ g/mol}} : \frac{x\text{〔kg〕}}{44n\text{〔g/mol〕}} = n:1$$

∴　$x = 220$ kg

〈本冊 p.216〉

60 答 4.0

解き方 得られた SBR の単位構造は次のとおり。〔( )内の数字は式量〕

$$\left[\begin{array}{c} CH-CH_2 \\ | \\ \bigcirc \end{array}\right]_1 \left[\begin{array}{c} CH_2-CH=CH-CH_2 \end{array}\right]_x$$
　　(104)　　　　　　　(54x)

　　　　＋ Br₂ ↓ 付加

$$\left[\begin{array}{c} CH-CH_2 \\ | \\ \bigcirc \end{array}\right]_1 \left[\begin{array}{c} CH_2-CH-CH-CH_2 \\ \quad\quad | \quad\quad | \\ \quad\quad Br \quad Br \end{array}\right]_x$$

Br₂ が付加するのは，ブタジエン部分だけであり，SBR と Br₂ の物質量の比は，$1:x$ である。分子量は SBR ＝ $104 + 54x$，Br₂ ＝ 160 より，

$$\frac{10}{104+54x} : \frac{20}{160} = 1:x \quad\therefore\quad x = 4.0$$

〈本冊 p.219〉

61 答 15.3 L

解き方 リノール酸 $C_{17}H_{31}COOH$ は，飽和脂肪酸のステアリン酸 $C_{17}H_{35}COOH$ に比べて H 原子が 4 個不足している。つまり，1 分子中に C＝C 結合を 2 個もち，不飽和度は 2。

リノール酸のみからなる油脂の示性式は，$C_3H_5(OCOC_{17}H_{31})_3$ で，分子量は 878 である。よって，この油脂 1 分子中には C＝C 結合が 6 個含まれ，不飽和度は 6。

よって，この油脂 1 mol には H₂ は最大 6 mol 付加する。必要な水素の体積(標準状態)は，

$$\frac{100}{878} \times 6 \times 22.4 \fallingdotseq 15.3 \text{ L}$$

〈本冊 p.222〉

62 答 54.0 g

解き方 デンプンの加水分解の反応式は，

$$(C_6H_{10}O_5)_n + n\,H_2O \longrightarrow n\,C_6H_{12}O_6$$
$$1\text{ mol} \qquad\qquad\qquad\qquad n\text{〔mol〕}$$

デンプン 1 mol からグルコース n〔mol〕が生成する。

得られるグルコースを x〔g〕とすると，

$$\frac{48.6}{162n} : \frac{x}{180} = 1:n$$

∴　$x = 54.0$ g

■ 練習問題の解答

化学基礎

1 物質の構成・物質量

〈本冊 p.27〉

1 答 (1) Li；**6.9**
　　　　Cl；**35.5**
　　(2) 式量 42；**69.8%**
　　　　式量 43；**1.8%**
　　(3) **42.4**

解き方 (1) 元素の原子量は，(各同位体の相対質量×存在比)の和で求められる。

$$\text{Li；} 6 \times \frac{7}{100} + 7 \times \frac{93}{100}$$
$$= 6.93$$

$$\text{Cl；} 35 \times \frac{75}{100} + 37 \times \frac{25}{100}$$
$$= 35.5$$

(2) 質量の異なる LiCl は，^{6}Li^{35}Cl，^{6}Li^{37}Cl，^{7}Li^{35}Cl，^{7}Li^{37}Cl の 4 種類。それぞれの LiCl の全体に占める割合は，同位体の存在比の積で求められる。

$$^6\text{Li}^{37}\text{Cl(式量 43)；} \frac{7}{100} \times \frac{25}{100} = \frac{1.75}{100}$$

$$^7\text{Li}^{35}\text{Cl(式量 42)；} \frac{93}{100} \times \frac{75}{100} = \frac{69.75}{100}$$

他の 2 種類の存在比は以下のとおり。

$$^6\text{Li}^{35}\text{Cl(式量 41)；} \frac{7}{100} \times \frac{75}{100} = \frac{5.25}{100}$$

$$^7\text{Li}^{37}\text{Cl(式量 44)；} \frac{93}{100} \times \frac{25}{100} = \frac{23.25}{100}$$

(3) 天然の LiCl の式量は，(1)で求めた Li の原子量と Cl の原子量の和に等しい。

$$6.93 + 35.5 = 42.43$$

〔別解〕 天然の LiCl の式量は，4 種類の(LiCl の式量×存在比)の総和で求められる。

$$41 \times \frac{5.25}{100} + 43 \times \frac{1.75}{100}$$
$$+ 42 \times \frac{69.75}{100} + 44 \times \frac{23.25}{100} = 42.43$$

2 答 (1) **0.025 mol**
　　(2) 分子数；**1.5×10^{22} 個**
　　　　原子数；**4.5×10^{22} 個**
　　(3) **0.56 L**
　　(4) **7.3×10^{-23} g**

解き方 (1) CO_2 の分子量は 44 であるから，CO_2 のモル質量は 44 g/mol である。
CO_2 1.1 g の物質量は，

$$\frac{1.1 \text{ g}}{44 \text{ g/mol}} = 0.025 \text{ mol}$$

〔参考〕ドライアイスは，CO_2 の固体を押し固めたもので，冷却剤に使われる。

(2) アボガドロ定数 $N_A = 6.0 \times 10^{23}$/mol より，CO_2 分子の個数は，

$$0.025 \text{ mol} \times 6.0 \times 10^{23}/\text{mol}$$
$$= 0.15 \times 10^{23}$$
$$= 1.5 \times 10^{22} \text{ 個}$$

CO_2 分子には，C 原子 1 個，O 原子 2 個，合計 3 個の原子を含む。原子の総数は，

$$1.5 \times 10^{22} \times 3 = 4.5 \times 10^{22} \text{ 個}$$

(3) 水にいくらか溶ける CO_2 を直接水上置換で捕集するよりも，水に溶けにくい空気におきかえて捕集するほうが体積の測定値の精度はよくなる。
標準状態で，**気体 1 mol あたりの体積(モル体積)は 22.4 L/mol** だから，

$$0.025 \text{ mol} \times 22.4 \text{ L/mol} = 0.56 \text{ L}$$

(4) CO_2 1 mol あたりの質量(モル質量)は 44 g/mol で，この中に 6.0×10^{23} 個(アボガドロ数)の分子が含まれているから，

$$\frac{44 \text{ g/mol}}{6.0 \times 10^{23}/\text{mol}} \fallingdotseq 7.3 \times 10^{-23} \text{ g}$$

3 答 (1) **0.20 mol**
　　(2) Al^{3+}…**0.20 mol**
　　　　Cl$^-$…**0.60 mol**
　　(3) **4.8×10^{23} 個**

解き方 (1) 塩化アルミニウムの式量は AlCl$_3$ = 133.5 だから，

$$\frac{26.7 \text{ g}}{133.5 \text{ g/mol}} = 0.20 \text{ mol}$$

(2) $AlCl_3$ 1 mol 中には Al^{3+} と Cl^- がそれぞれ 1 mol, 3 mol ずつ含まれるので, $AlCl_3$ 0.20 mol 中には, Al^{3+} が 0.20 mol, Cl^- が $0.20 \times 3 = 0.60$ mol 含まれる。

(3) 塩化アルミニウムは,
$$AlCl_3 \longrightarrow Al^{3+} + 3Cl^-$$
のように電離し, Al^{3+} 0.20 mol と Cl^- 0.60 mol の合計は 0.80 mol となるから, イオンの総数は,
6.0×10^{23} 個/mol × 0.80 mol
$= 4.8 \times 10^{23}$ 個

4 答 アとウ

解き方 原子1個の質量や分子1個の占める体積は変わらないので, 原子量の基準を問題文のように変更すると, アボガドロ定数や気体 1 mol の占める体積が増加する。

ア；水 18.0 g 中の水分子の個数は変わらないが, アボガドロ定数が増加しているので, 物質量は小さくなる。

イ；原子1個の体積や質量は原子量の基準とは無関係に決められたものであるので, 密度は変化しない。

ウ；アボガドロ定数が増加したので, 気体 1.00 mol の占める体積は増加する。

〈本冊 p.28〉

5 答 ウ

解き方 水和物の結晶をおだやかに加熱すると, しだいに水和水を放出し, 最終的に水和水をもたない無水物となる。本問では, 水和物から無水物への変化における質量減少率が約 36% である。すなわち, 水和物の中に占める水和水の質量%が約 36% になるのはどれかを考える。水和物の式量に対する水和水の式量の割合を考えればよいので, 下の表のようになる。よって, ウである。

	水和物の式量	水和水の式量	水和水の質量[%]
ア	322	180	56
イ	172	36	21
ウ	250	90	36
エ	287	126	44

6 答 ① 52
② M_2O_3

解き方 ① 金属 M の原子量を x とすると, M と O の原子数の比は物質量の比に等しいから,
$$M : O = \frac{52}{x} : \frac{48}{16} = 1 : 3$$
∴ $x = 52$

② $M : O = \frac{68.4}{52} : \frac{31.6}{16} \fallingdotseq 1.32 : 1.98$
$= 2 : 3$

よって, 組成式は M_2O_3

7 答 (1) 6.4×10^{16} 個
(2) 2.2×10^{-15} cm^2

解き方 ステアリン酸分子を仮に円筒形で表すと, その親水基を水中に, 疎水基を空気中に向けて, 1 層に並んでいる。この状態を**単分子膜**とよんでいる。

(1) 滴下したステアリン酸の質量は,
$$0.030 \times \frac{0.10}{100} = 3.0 \times 10^{-5} \text{ g}$$

ステアリン酸のモル質量は 284 g/mol より, ステアリン酸 3.0×10^{-5} g の物質量は,
$$\frac{3.0 \times 10^{-5} \text{ g}}{284 \text{ g/mol}} \fallingdotseq 1.06 \times 10^{-7} \text{ mol}$$

このステアリン酸の分子数は,
1.06×10^{-7} mol × 6.0×10^{23}/mol
$= 6.36 \times 10^{16}$
$\fallingdotseq 6.4 \times 10^{16}$ 個

(2) 6.36×10^{16} 個のステアリン酸分子により 141 cm^2 の単分子膜をつくっているから, 水面上でステアリン酸 1 分子が占める面積(断面積)は,
$$\frac{141 \text{ cm}^2}{6.36 \times 10^{16}} \fallingdotseq 2.22 \times 10^{-15} \text{ cm}^2$$

8 答 16.02

解き方 空気の平均分子量は 28.8 だから, 空気 1.00 mol の質量は 28.8 g である。標準状態で, 空気 1.00 L の質量は,
$$\frac{28.8 \text{ g}}{22.4 \text{ L}} \fallingdotseq 1.286 \text{ g/L}$$

ある気体 1.00 L を入れた袋を, 空気中で秤

量したときは，押しのけた空気 1.00 L 分の浮力を受けることになる。この気体 1.00 L の質量を x [g] とおくと，次式が成り立つ。

$x + 3.371 - 1.286$（浮力）$= 2.800$

∴ $x = 0.715$ g

この気体 1 mol の質量は，

0.715 g/L $\times 22.4$ L/mol $\fallingdotseq 16.02$ g/mol

⇨ 分子量 16.02

⑨ 答 (1) **40**
　　　(2) **6.7%**

解き方 (1) アルゴンの分子量を M とすると，（平均分子量）＝（成分気体の分子量×体積%）の総和で求められるから，

$$\frac{14M + 28(100-14)}{100} = 29.68$$

∴ $M = 40$

(2) アルゴンが占める体積を x [%] とすれば，(1)と同様に，

$$\frac{40x + 28(100-x)}{100} = 28.8$$

∴ $x \fallingdotseq 6.7\%$

〈本冊 p.37〉

⑩ 答 **ウ**

解き方 ア；%は質量百分率のことで，体積関係を表したものではない。正しくは，水 85 g に硫酸 15 g を加えてつくる。

イ；0.10 mol/L とは，水溶液 1 L 中に溶質 0.10 mol を含む水溶液であって，水 1 L に溶質 0.10 mol を加えるのではない。

ウ；1.0 mol/L の硫酸 100 mL 中に含まれる H_2SO_4 の質量は，$H_2SO_4 = 98$ g/mol より，

1.0 mol/L $\times \dfrac{100}{1000}$ L $\times 98$ g/mol

$= 9.8$ g　　よって，正しい。

エ；水の密度を 1.0 g/cm³ とすると，水 1 L（＝ 1000 g）に H_2SO_4 を 100 g 溶かした水溶液の質量百分率は，

$$\frac{100}{1000 + 100} \times 100 \fallingdotseq 9.1\%$$

⑪ 答 (1) **18.0 mol/L**
　　　(2) **83.3 mL**
　　　(3) ① メスシリンダーで 83.3 mL の濃硫酸を測りとる。
　　　　② ビーカーに約 250 mL の純水をとり，①で測った濃硫酸を少しずつかき混ぜながら加える。
　　　　③ 溶液の温度が室温と等しくなったら，②の溶液を 500 mL のメスフラスコに移す。このとき，ビーカーやガラス棒などを洗浄した水も一緒に加え，さらに純水を洗びんで標線まで加え，栓をしてよく振り混ぜる。

解き方 (1) モル濃度を求めるときは，溶液 1 L（＝ 1000 cm³）あたりで考える。

$H_2SO_4 = 98$ g/mol より，

濃硫酸 1 L 中の H_2SO_4 の物質量は，

$$\frac{1000 \text{ cm}^3 \times 1.84 \text{ g/cm}^3 \times 0.960}{98 \text{ g/mol}}$$

$\fallingdotseq 18.0$ mol

⇨ 18.0 mol/L

(2) 溶液をいくら水で希釈しても，溶質の物質量には変化はない。濃硫酸が x [mL] 必要とすると，

$$18.0 \times \frac{x}{1000} = 3.00 \times \frac{500}{1000}$$

∴ $x \fallingdotseq 83.3$ mL

(3) ②において，濃硫酸に水を加えると，激しく発熱して水が沸騰し，その勢いで濃硫酸が飛散するので危険である。必ず水に濃硫酸を加えるようにする。

⑫ 答 (1) **99 mL**
　　　(2) **2.6 mol/L**

解き方 (1) 一般に，液体どうしに相互作用がある場合には，混合すると体積が少し減少する傾向を示す。しかし，**溶液の質量和は必ず等しくなる**。よって，エタノール溶液の体積を x [mL] とすると，次ページのような式が成り立つ。

$$15\,\text{mL} \times 0.80\,\text{g/mL}$$
$$+\,85\,\text{mL} \times 1.00\,\text{g/mL}$$
$$= x\,(\text{mL}) \times 0.98\,\text{g/mL}$$
$$\therefore\ x ≒ 99\,\text{mL}$$

(2) 分子量が $C_2H_5OH = 46$ より,

$$\frac{15\,\text{mL} \times 0.80\,\text{g/mL}}{46\,\text{g/mol}} ≒ 0.26\,\text{mol}$$

この溶質が溶液 99 mL 中に含まれているから,これを溶液 1 L あたりに換算すると,モル濃度が求まる。

$$0.26\,\text{mol} \div \frac{99}{1000}\,\text{L} ≒ 2.6\,\text{mol/L}$$

(3) 溶質 0.10 mol が,溶媒 $128.6 - 10.6 = 118$ g 中に溶けているから,溶媒 1 kg あたりに換算すると,質量モル濃度が求まる。

$$0.10\,\text{mol} \div \frac{118}{1000}\,\text{kg} ≒ 0.85\,\text{mol/kg}$$

13 **答** (1) 8.24 %
　　　(2) 0.84 mol/L
　　　(3) 0.85 mol/kg

解き方 (1) まず,無水物と水和水の質量をそれぞれ求める。
式量は,$Na_2CO_3 = 106$,$Na_2CO_3 \cdot 10H_2O = 286$ だから,

$$Na_2CO_3\,;\ 28.6 \times \frac{106}{286} = 10.6\,\text{g}$$

水和水; $28.6 - 10.6 = 18.0$ g

水に溶解したとき,溶質であり続けるのは,無水物の Na_2CO_3 だけだから,求める質量パーセント濃度は,

$$\frac{10.6}{100+28.6} \times 100 ≒ 8.24\,\%$$

(2) $Na_2CO_3 \cdot 10H_2O \longrightarrow Na_2CO_3 + 10H_2O$
より,結晶(水和物)の物質量と無水物の物質量は等しい。Na_2CO_3 の物質量は,

$$\frac{28.6\,\text{g}}{286\,\text{g/mol}} = 0.10\,\text{mol}$$

一方,水溶液の体積は,水溶液の質量 128.6 g と密度 1.08 g/mL から,

$$\frac{128.6\,\text{g}}{1.08\,\text{g/mL}} ≒ 119\,\text{mL}$$

よって,水溶液 1 L あたりの溶質の物質量を求めると,

$$0.10\,\text{mol} \div \frac{119}{1000}\,\text{L} ≒ 0.84\,\text{mol/L}$$

2 物質の変化(その1)

〈本冊 p.49〉

14 **答** (1) $2H_2S + SO_2 \longrightarrow 3S + 2H_2O$
　　　(2) $2Al + 3H_2SO_4$
　　　　　　$\longrightarrow Al_2(SO_4)_3 + 3H_2$
　　　(3) $MnO_2 + 4HCl$
　　　　　　$\longrightarrow MnCl_2 + 2H_2O + Cl_2$

解き方 目算法では,登場する回数の最も少ない原子の係数から決めていくとよい。たとえば(1)では,H, O はそれぞれ 2 回に対し,S は 3 回も出ているので,まず,H や O の原子数に着目して係数を決め,最後に S 原子の数を合わせるようにする。

(1) SO_2 の係数を 1 とおくと,O 原子の数から H_2O の係数は 2。H 原子の数から H_2S の係数は 2 となる。最後に,S 原子の数から S の係数は 3 となる。

(2) $Al_2(SO_4)_3$ の係数を 1 とおくと,Al 原子の数から Al の係数は 2,SO_4 の数から H_2SO_4 の係数は 3 となる。最後に,H 原子の数から H_2 の係数は 3 となる。

(3) MnO_2 の係数を 1 とおくと,Mn 原子の数から $MnCl_2$ の係数は 1,O 原子の数から H_2O の係数は 2,H 原子の数から HCl の係数は 4 となる。最後に,Cl 原子の数から Cl_2 の係数は 1 となる。

15 答 (1) $a=4$, $b=11$, $c=2$, $d=8$
     (2) $a=3$, $b=1$, $c=2$, $d=1$

解き方 各原子の数に関する連立方程式を立てて,最も多くの原子を含む物質の係数を1とおけばよい。

(1) Fe ; $a=2c$
    S ; $2a=d$
    O ; $2b=3c+2d$

$a=1$ とおくと, $c=\dfrac{1}{2}$, $d=2$, $b=\dfrac{11}{4}$

全体を4倍して整数にする。
∴ $a=4$, $b=11$, $c=2$, $d=8$

(2) N ; $a=c+d$ ……………①
    O ; $2a+b=3c+d$ ……………②
    H ; $2b=c$ ……………③

$c=1$ とおくと, $b=\dfrac{1}{2}$

①より, $a=1+d$ ……………①′
②より, $2a+\dfrac{1}{2}=3+d$ ……………②′

①′−②′ より, $a=\dfrac{3}{2}$, $d=\dfrac{1}{2}$

全体を2倍して整数にする。
∴ $a=3$, $b=1$, $c=2$, $d=1$

16 答 (1) 0.56 L
     (2) 80 %

解き方 (1) アセチレンの分子量は $C_2H_2=26$ より,モル質量は 26 g/mol。発生したアセチレンの物質量は,

$\dfrac{0.65\text{ g}}{26\text{ g/mol}} = 0.025$ mol

その体積(標準状態)は,
$0.025\text{ mol} \times 22.4\text{ L/mol} = 0.56$ L

(2) 反応式の係数比より,CaC_2 1 mol から C_2H_2 1 mol を生じるから,反応した炭化カルシウムの物質量も 0.025 mol である。
式量が $CaC_2=64$ より,そのモル質量は 64 g/mol だから,反応した炭化カルシウムの質量は,
$0.025\text{ mol} \times 64\text{ g/mol} = 1.6$ g
不純物を含んだ質量が 2.0 g なので,炭化カルシウムの純度は,

$\dfrac{1.6}{2.0} \times 100 = 80$ %

17 答 (1) 0.100 mol
     (2) 2.24 L

解き方 $Zn + H_2SO_4 \longrightarrow ZnSO_4 + H_2$ より,Zn と H_2SO_4 は物質量の比 1:1 で反応する。
両物質の物質量は,

Zn ; $\dfrac{6.54}{65.4} = 0.100$ mol

H_2SO_4 ; $1.00 \times \dfrac{300}{1000} = 0.300$ mol

これらの値より,H_2SO_4 が過剰であり,反応は物質量の少ないほう(Zn)の物質量にしたがって進む。

(1) 発生する H_2 の物質量は,Zn の物質量に等しく,0.100 mol である。
(2) 標準状態における気体 1 mol あたりの体積は 22.4 L だから,
$0.100\text{ mol} \times 22.4\text{ L/mol} = 2.24$ L

18 答 2:1

解き方 生成した CO_2 と H_2O の物質量は,それぞれのモル質量が $CO_2=44$ g/mol, $H_2O=18$ g/mol だから,

CO_2 ; $\dfrac{3.96\text{ g}}{44\text{ g/mol}} = 0.090$ mol

H_2O ; $\dfrac{1.98\text{ g}}{18\text{ g/mol}} = 0.11$ mol

プロパンとプロピレンそれぞれの燃焼反応式は次のようになる。

$\begin{cases} C_3H_8 + 5O_2 \longrightarrow 3CO_2 + 4H_2O \\ 2C_3H_6 + 9O_2 \longrightarrow 6CO_2 + 6H_2O \end{cases}$

燃焼後の混合気体中の物質量をそれぞれ $C_3H_8=x$〔mol〕, $C_3H_6=y$〔mol〕として,燃焼反応式の係数比に着目して,

$\begin{cases} 3x+3y=0.090 \\ 4x+3y=0.11 \end{cases}$

∴ $x=0.020$ mol, $y=0.010$ mol

したがって,$x:y=2:1$

〈本冊 p.66〉

19 答　ア＞エ＞ウ＞イ

解き方　ア；0.010 ml/L の塩酸を水で 1000 倍に希釈したときのモル濃度は，

$$\frac{1.0 \times 10^{-2}}{10^3} = 1.0 \times 10^{-5} \text{ mol/L}$$

塩酸は1価の酸で，強酸だから，
$[H^+] = 1.0 \times 10^{-5}$ mol/L
∴　pH = 5

イ；2価の強酸である H_2SO_4 が出す H^+ の物質量は，

$0.0050 \times \dfrac{50}{1000} \times 2$
$= 5.0 \times 10^{-4}$ mol ……ⓐ

NaOH の出す OH^- の物質量は，

$0.0050 \times \dfrac{50}{1000} = 2.5 \times 10^{-4}$ mol ……ⓑ

ⓐ＞ⓑだから，混合溶液は酸性を示す。また，水溶液の体積は 50 + 50 = 100 mL となるので，

$[H^+] = (5.0 - 2.5) \times 10^{-4}$ mol $\div \dfrac{100}{1000}$ L
$= 2.5 \times 10^{-3}$ mol/L
pH $= -\log(2.5 \times 10^{-3})$
$= 3 - \log 2.5$
$= 3 - (1 - 2\log 2)$
$= 2.6$

ウ；H_2SO_4 は2価の強酸だから，
$[H^+] = 1.0 \times 10^{-4} \times 2$
$= 2.0 \times 10^{-4}$ mol/L
∴　pH $= -\log(2 \times 10^{-4})$
$= 4 - \log 2$
$= 3.7$

エ：問題文どおり，pH = 4

20 答　0.89 mol/L

解き方　混合溶液の pH が 2.0 であるから，$[H^+] = 1.0 \times 10^{-2}$ mol/L となる。混合溶液は酸性なので，(H^+ の物質量)＞(OH^- の物質量) の関係にある。
求める水酸化ナトリウム水溶液のモル濃度を x [mol/L]とすると，

$[H^+] = \left(0.10 \times \dfrac{100}{1000} - x \times \dfrac{10}{1000}\right)$ [mol]
$\div \dfrac{110}{1000}$ L $= 1.0 \times 10^{-2}$ mol/L

$\dfrac{1.0 - x}{11} = 1.0 \times 10^{-2}$

∴　$x = 0.89$ mol/L

21 答　11 %

解き方　NH_3 は1価の塩基，H_2SO_4 は2価の酸，NaOH は1価の塩基である。
含まれる NH_3 の物質量を x [mol]とすると，

1.0 mol/L $\times \dfrac{200}{1000}$ L $\times 2$
$= x$ [mol] $+ 1.0$ mol/L $\times \dfrac{80.0}{1000}$ L $\times 1$

∴　$x = 0.32$ mol

NH_3 のモル質量は 17 g/mol より，アンモニア水の質量パーセントは，

$\dfrac{0.32 \text{ mol} \times 17 \text{ g/mol}}{50.0 \text{ g}} \times 100 \doteqdot 11\%$

22 答　75 %

解き方　石灰石に加えた希塩酸は，①式のように CO_2 を発生させるためであり，中和滴定とは無関係である。

$CaCO_3 + 2HCl$
　　$\longrightarrow CaCl_2 + H_2O + CO_2\uparrow$　…①

次に，CO_2 を $Ba(OH)_2$ に通じると，②式のように，炭酸バリウム $BaCO_3$ の沈殿を生じて，CO_2 は吸収される。

$Ba(OH)_2 + CO_2$
　　$\longrightarrow BaCO_3\downarrow + H_2O$　…②

$Ba(OH)_2$ は2価の塩基，希硫酸と CO_2 は2価の酸としてはたらいているから，吸収された CO_2 を x [mol]とすると，

$2x$ [mol] $+ 0.050$ mol/L $\times \dfrac{10}{1000}$ L $\times 2$
$= 0.10$ mol/L $\times \dfrac{50}{1000}$ L $\times 2$

∴　$x = 4.5 \times 10^{-3}$ mol

①式より，反応した $CaCO_3$ (式量 = 100)と

発生した CO_2 の物質量は等しいから，

$$\frac{4.5\times 10^{-3}\,\text{mol}\times 100\,\text{g/mol}}{0.60\,\text{g}}\times 100$$
$$= 75\%$$

23 **答** NaOH；**2.4 g**
　　　　Na_2CO_3；**1.6 g**

解き方 水溶液 20 mL 中に含まれる NaOH，Na_2CO_3 を x[mol]，y[mol]とする。
A 液に $BaCl_2$ を過剰に加えると，次式のように反応して，$BaCO_3$ の沈殿が生成し，Na_2CO_3 は除去される。

$Na_2CO_3 + BaCl_2$
　　　　$\longrightarrow BaCO_3\downarrow + 2NaCl$

したがって，水溶液中に残った NaOH のみが HCl と中和する。

∴ $x = 1.0\,\text{mol/L}\times\dfrac{12.0}{1000}\,\text{L}$
　　　$= 1.2\times 10^{-2}\,\text{mol}$

一方，B 液に加えたメチルオレンジは第 2 中和点で変色するから，NaOH とともに，Na_2CO_3 は，

$Na_2CO_3 \longrightarrow NaHCO_3 \longrightarrow H_2CO_3$

のように，2 価の塩基として反応する。よって，

$x + 2y = 1.0\,\text{mol/L}\times\dfrac{18.0}{1000}\,\text{L}$

∴ $y = 3.0\times 10^{-3}\,\text{mol}$

つくった水溶液は 100 mL だから，上式の x と y を 5 倍した量が，もとの結晶中に含まれていた物質量である。モル質量は，
NaOH = 40 g/mol，Na_2CO_3 = 106 g/mol より，
NaOH；$1.2\times 10^{-2}\,\text{mol}\times 5\times 40\,\text{g/mol}$
　　　　$= 2.4\,\text{g}$
Na_2CO_3；$3.0\times 10^{-3}\,\text{mol}\times 5\times 106\,\text{g/mol}$
　　　　$\fallingdotseq 1.6\,\text{g}$

〈本冊 p.76〉

24 **答** (1) 酸化剤
　　　(2) 還元剤
　　　(3) 酸化剤と還元剤
　　　(4) 還元剤
　　　(5) 酸化剤

解き方 それぞれ，酸化数の変化を調べる。過酸化水素中の O 原子の酸化数は -1 であることに注意。

(1) $2H_2\underline{S} + \underline{S}O_2 \longrightarrow 2H_2O + 3\underline{S}$
　　　　　(+4)──(還元)──→ (0)

SO_2 自身が還元されているから酸化剤である。

(2) $I_2 + \underline{S}O_2 + 2H_2O \longrightarrow 2HI + H_2\underline{S}O_4$
　　　　(+4)──(酸化)──→ (+6)

SO_2 自身が酸化されているから還元剤である。

(3) $2H_2\underline{O}_2 \longrightarrow 2H_2\underline{O} + \underline{O}_2$
　　(−1，−1)──(還元)──→ (−2) (0)
　　　　　　──(酸化)──→

分解反応だが，同種の分子内で酸化されているものと，還元されているものがある。このような反応を**自己酸化還元反応**という。

(4) 過酸化水素は，通常は酸化剤として作用するが，$KMnO_4$ のような，過酸化水素よりも強力な酸化剤に対しては，還元剤としてはたらく。

$2KMnO_4 + 3H_2SO_4 + 5H_2O_2$
　　$\longrightarrow K_2SO_4 + 2MnSO_4 + 8H_2O + 5O_2$

よって，H_2O_2 の変化に注目すると，

$5H_2\underline{O}_2 \longrightarrow 5\underline{O}_2$
(−1)──(酸化)──→ (0)

H_2O_2 自身は酸化されているので，還元剤である。

(5) $2KI + H_2\underline{O}_2 + H_2SO_4 \longrightarrow 2H_2\underline{O}$
　　　　　(−1)──(還元)──→ (−2)
　　　　　　　　　　　$+ I_2 + K_2SO_4$

H_2O_2 自身は還元されているので，酸化剤である。

25 **答** ア

解き方 酸化剤 1 mol が受け取る電子の物質量を，**酸化剤の価数**という。酸化剤のモル濃度はすべて等しいので，酸化剤の価数を比べればよい。

ア：$Cr_2O_7^{2-} + 14H^+ + 6e^-$
　　　　$\longrightarrow 2Cr^{3+} + 7H_2O$ ……6 価

イ；$MnO_4^- + 8H^+ + 5e^- \longrightarrow Mn^{2+} + 4H_2O$ ……5価
ウ；$Br_2 + 2e^- \longrightarrow 2Br^-$ ……2価
以上より必要な体積が最小なのは，酸化剤の価数が最大のア。

26 **答** (1) 溶液が無色から青紫色に変化したときが終点である。
(2) 1.80×10^{-2} mol/L

解き方 (1) 終点に達するまでは，ヨウ素 I_2 がアスコルビン酸によって還元されてヨウ化物イオン I^- に変化するので，呈色しない。終点に達すると，I_2 が反応せずに残るので，ヨウ素デンプン反応により，青紫色に呈色する。

(2) 問題に与えられたイオン反応式より，アスコルビン酸 1 mol は電子 2 mol を放出するので 2 価の還元剤，ヨウ素 1 mol は電子 2 mol を受け取るので 2 価の酸化剤である。

アスコルビン酸の濃度を x〔mol/L〕とすると，滴定の終点では，授受した電子の物質量は等しいから，次式が成り立つ。

$$x \text{〔mol/L〕} \times \frac{10.0}{1000} \text{L} \times 2$$
$$= 0.0100 \text{ mol/L} \times \frac{18.0}{1000} \text{L} \times 2$$
$$\therefore\ x = 1.80 \times 10^{-2} \text{ mol/L}$$

〔別解〕問題に与えられたイオン反応式の電子の係数がともに 2 であるから，両式を足し合わせて化学反応式をつくると次式のようになる。

$C_6H_8O_6 + I_2 \longrightarrow C_6H_6O_6 + 2HI$

よって，アスコルビン酸とヨウ素は物質量の比 1：1 で反応することがわかる。

$$x \text{〔mol/L〕} \times \frac{10.0}{1000} \text{L}$$
$$= 0.0100 \text{ mol/L} \times \frac{18.0}{1000} \text{L}$$

27 **答** (1) **0.67 g**
(2) 塩酸酸性では過マンガン酸カリウムと塩酸が反応するから。

解き方 (1) 混合物中の $Na_2SO_4 \cdot 10H_2O$ は，酸化還元反応には関係しない。

$MnO_4^- + 8H^+ + 5e^- \longrightarrow Mn^{2+} + 4H_2O$ …①
$Fe^{2+} \longrightarrow Fe^{3+} + e^-$ …②

①，②より，$KMnO_4$ は 5 価の酸化剤であり，$FeSO_4$ は 1 価の還元剤である。
反応した Fe^{2+} の物質量を x〔mol〕とすると，滴定の終点では授受した e^- の物質量は等しいから，次式が成り立つ。

$$x \times 1 = 0.020 \times \frac{24}{1000} \times 5$$
$$\therefore\ x = 2.4 \times 10^{-3} \text{ mol}$$

反応した Fe^{2+} の物質量と $FeSO_4 \cdot 7H_2O$（式量＝278）の物質量は同じである。よって，$FeSO_4 \cdot 7H_2O$ の質量は，

2.4×10^{-3} mol $\times 278$ g/mol $\fallingdotseq 0.67$ g

(2) $2KMnO_4 + 16HCl$
$\longrightarrow 2KCl + 2MnCl_2 + 8H_2O + 5Cl_2$

という副反応が起こり，目的としている $FeSO_4$ と $KMnO_4$ の反応の定量関係がくずされてしまうので，不都合が生じる。

化学

❸ 物質の構造

〈本冊 p.87〉

28 答 (1) **63**
(2) 1.3×10^{-8} cm

解き方 (1) 単位格子の質量は、質量＝体積×密度より、

$(3.6 \times 10^{-8})^3$ cm$^3 \times 9.0$ g/cm^3
$\fallingdotseq 4.2 \times 10^{-22}$ g

この中に原子 4 個が含まれている。
原子 1 個の質量にアボガドロ定数をかけると、原子 1 mol の質量(モル質量)が求まる。

$\dfrac{4.2 \times 10^{-22} \text{ g}}{4} \times 6.0 \times 10^{23}$ /mol
$= 63$ g/mol

これから単位をとると原子量となる。

(2) 単位格子中に原子が 4 個存在することから、この金属の単位格子は**面心立方格子**。単位格子の一辺の長さを l、原子半径を r とおくと、**面の対角線上で原子が接触しているから、面の対角線の長さは $\sqrt{2}\, l$ で、この長さが $4r$ にあたる**（→ **TYPE 39**）。よって、

$4r = \sqrt{2}\, l$

$r = \dfrac{1.4 \times 3.6 \times 10^{-8}}{4} \fallingdotseq 1.3 \times 10^{-8}$ cm

29 答 (1) **6.4 g/cm^3**
(2) 1.3×10^{-8} cm

解き方 (1) 体心立方格子では、次の式に示すように、単位格子中に原子が 2 個存在する。

$\dfrac{1}{8} \times 8 + 1 = 2$ 個

この式は、体積比が $\dfrac{1}{8}$（原子 1 個を 1 とする）である、頂点の原子が 8 個、体積比が 1 である、内部の原子が 1 個あり、体積比の合計が 2 となることを表している。
アボガドロ数個の原子の質量がモル質量である。これより、結晶の密度を d [g/cm^3] とすると、

$\dfrac{(3.0 \times 10^{-8})^3 \text{ cm}^3 \times d \text{ [g/cm}^3\text{]}}{2} \times 6.0 \times 10^{23}$ /mol $= 52$ g/mol

∴ $d \fallingdotseq 6.4$ g/cm^3

(2) 単位格子の一辺の長さを l、原子半径を r とおくと、**体心立方格子では、原子は立方体の対角線上で密着していて、そこの対角線の長さが $\sqrt{3}\, l$ で、これが $4r$ にあたる**（→ **TYPE 39**）。よって、

$4r = \sqrt{3}\, l$

$r = \dfrac{1.7 \times 3.0 \times 10^{-8}}{4} = 1.275 \times 10^{-8}$
$\fallingdotseq 1.3 \times 10^{-8}$ cm

30 答 **2.3 倍**

解き方 NaCl の結晶は面心立方格子で、Na$^+$ イオン間の最短距離は 4.0×10^{-8} cm だから（下図左）、単位格子の一辺の長さは、

$4.0 \times 10^{-8} \times \sqrt{2} \fallingdotseq 5.6 \times 10^{-8}$

この立方体中に 4 個の Na$^+$ を含む（各頂点の原子 $\dfrac{1}{8}$ が 8 個と、各面の原子 $\dfrac{1}{2}$ が 6 個より、$\dfrac{1}{8} \times 8 + \dfrac{1}{2} \times 6 = 4$ 個）。

同様に Cl$^-$ も結晶格子内に 4 個含まれる。
また、Na 金属の結晶は体心立方格子で、原子間の最短距離が 3.7×10^{-8} cm だから、単位格子の一辺の長さを x [cm] とすると、

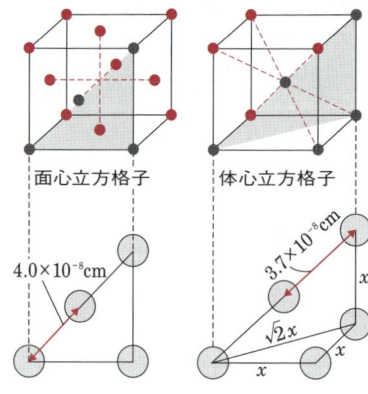

面心立方格子　　体心立方格子

$\sqrt{(\sqrt{2}x)^2 + x^2} = 3.7 \times 10^{-8} \times 2$

$\therefore\ x = \dfrac{7.4}{\sqrt{3}} \times 10^{-8} = \dfrac{7.4\sqrt{3}}{3} \times 10^{-8}$

$\qquad \fallingdotseq 4.3 \times 10^{-8}\,\text{cm}$

この立方体中に，Na原子を2個含んでいる（各頂点の原子$\dfrac{1}{8}$が8個と，中心に原子1個で，$\dfrac{1}{8} \times 8 + 1 = 2$個）。

したがって，密度比は，次のとおり。

$\dfrac{\dfrac{58.5}{6.0 \times 10^{23}}\,\text{g} \times 4}{(5.6 \times 10^{-8})^3\,\text{cm}^3} : \dfrac{\dfrac{23}{6.0 \times 10^{23}}\,\text{g} \times 2}{(4.3 \times 10^{-8})^3\,\text{cm}^3}$

$= \dfrac{58.5 \times 4}{5.6^3} : \dfrac{23 \times 2}{4.3^3}$

$\fallingdotseq 2.3 : 1$

31 答 (1) Na$^+$；4個
　　　　　Cl$^-$；4個
　　　(2) **2.17 g/cm^3**

解き方 (1) 面心立方格子の配列をとる。

Na$^+$；$\dfrac{1}{8}$(頂点)$\times 8 + \dfrac{1}{2}$(面心)$\times 6$
　　　　$= 4$個

Cl$^-$；$\dfrac{1}{4}$(辺の中心)$\times 12 + 1$(中心)$= 4$個

(2) 結晶の密度をd〔g/cm^3〕として，アボガドロ数個のNaCl粒子の質量を求める式を立てればよい。

$\dfrac{(5.64 \times 10^{-8})^3\,\text{cm}^3 \times d\,\text{〔g/cm}^3\text{〕}}{4}$
$\quad \times 6.02 \times 10^{23}\,/\text{mol} = 58.5\,\text{g/mol}$

$\therefore\ d = 2.166\cdots \fallingdotseq 2.17\,\text{g/cm}^3$

4 物質の状態

〈本冊 p.104〉

32 答 (1) **30 L**
　　　(2) **44**

解き方 (1) 容器の体積をV〔L〕とすると，気体の状態方程式より，

$6.0 \times 10^4\,\text{Pa} \times V\text{〔L〕}$
$= \dfrac{24\,\text{g}}{32\,\text{g/mol}} \times 8.3 \times 10^3\,\text{Pa·L/(K·mol)}$
$\quad \times 290\,\text{K}$

$\therefore\ V \fallingdotseq 30.1\,\text{L}$

(2) (1)の結果を利用して，

$9.0 \times 10^4\,\text{Pa} \times 30.1\,\text{L}$
$= \dfrac{48\,\text{g}}{M\text{〔g/mol〕}} \times 8.3 \times 10^3\,\text{Pa·L/(K·mol)}$
$\quad \times 300\,\text{K}$

$\therefore\ M \fallingdotseq 44.1\,\text{g/mol}$

33 答 **59**

解き方 97℃で気化したアセトンの質量は，
240.1 − 237.6 = 2.5 g

これが97℃，1.01×10^5 Paで占める体積が1.29 Lである。

$PV = \dfrac{w}{M}RT$ を変形して，それぞれの値を代入すると，

$M = \dfrac{wRT}{PV}$

$= \dfrac{2.5 \times 8.31 \times 10^3 \times 370}{1.01 \times 10^5 \times 1.29}$

$\fallingdotseq 59\,\text{g/mol}$

34 答 (1) 酸素；$\mathbf{6.0 \times 10^4}$ **Pa**
　　　　　窒素；$\mathbf{9.0 \times 10^4}$ **Pa**
　　　　　二酸化炭素；$\mathbf{2.0 \times 10^4}$ **Pa**
　　　(2) $\mathbf{1.7 \times 10^5}$ **Pa**
　　　(3) **31**

解き方 (1) 各気体をそれぞれ5.0 Lの容器につめたときの圧力が分圧になる。

ボイルの法則 $PV=P'V'$ より，

O_2 ; $\dfrac{2.0\times 10^5\,\text{Pa}\times 1.5\,\text{L}}{5.0\,\text{L}} = 6.0\times 10^4\,\text{Pa}$

N_2 ; $\dfrac{1.5\times 10^5\,\text{Pa}\times 3.0\,\text{L}}{5.0\,\text{L}} = 9.0\times 10^4\,\text{Pa}$

CO_2 ; $\dfrac{5.0\times 10^4\,\text{Pa}\times 2.0\,\text{L}}{5.0\,\text{L}} = 2.0\times 10^4\,\text{Pa}$

(2) 混合気体の全圧は，
$6.0\times 10^4 + 9.0\times 10^4 + 2.0\times 10^4$
$= 1.7\times 10^5\,\text{Pa}$

(3) 平均分子量は，混合気体 1 mol の質量を求め，その単位である〔g/mol〕をとった数値となる。

混合気体では，分圧の比＝物質量の比となるから，物質量の比のかわりに分圧の比を用いて計算してよい。

モル質量は，$O_2=32\,\text{g/mol}$，$N_2=28\,\text{g/mol}$，$CO_2=44\,\text{g/mol}$ だから，

$32\,\text{g/mol}\times \dfrac{6}{17} + 28\,\text{g/mol}\times \dfrac{9}{17}$
$\qquad + 44\,\text{g/mol}\times \dfrac{2}{17}$
$\fallingdotseq 31\,\text{g/mol}$

〈本冊 p.105〉

35 答 (1) $7.0\times 10^2\,\text{mmHg}$
(2) $9.1\times 10^{-3}\,\text{mol}$
(3) **6.2%**

解き方 (1) 水柱の高さ 40.8 cm を，水銀柱の高さ x〔cm〕に換算すると，
$x\,\text{[cm]}\times 13.6\,\text{g/cm}^3$
$= 40.8\,\text{cm}\times 1.0\,\text{g/cm}^3$
∴ $x=3.0\,\text{cm} \Rightarrow 30\,\text{mm}$

これは，圧力 30 mmHg を意味する。
よって，捕集した酸素だけの示す圧力は，
$757-30-27 = 700\,\text{mmHg}$

(2) 捕集管内の酸素の体積は，
$41.0\,\text{cm}^2 \times 6.0 = 246\,\text{cm}^3$

760 mmHg＝$1.0\times 10^5\,\text{Pa}$ より，
700 mmHg を Pa 単位に直すと，
$\dfrac{700}{760}\times 1.0\times 10^5 = \dfrac{70\times 10^5}{76}\,\text{Pa}$

これらを気体の状態方程式 $PV=nRT$ へ代入すると，
$\dfrac{70\times 10^5}{76}\,\text{Pa}\times \dfrac{246}{1000}\,\text{L}$
$= n\text{[mol]}\times 8.3\times 10^3\,\text{Pa}\cdot\text{L/(K}\cdot\text{mol)}$
$\qquad \times 300\,\text{K}$
∴ $n\fallingdotseq 9.1\times 10^{-3}\,\text{mol}$

(3) $2H_2O_2 \longrightarrow 2H_2O + O_2$ より，反応した H_2O_2 の物質量は発生した O_2 の物質量の 2 倍で，モル質量は $H_2O_2=34\,\text{g/mol}$ だから，
$9.1\times 10^{-3}\,\text{mol}\times 2\times 34\,\text{g/mol} \fallingdotseq 0.62\,\text{g}$

よって，この過酸化水素水の質量パーセントは，
$\dfrac{0.62}{10.0}\times 100 = 6.2\,\%$

36 答 (1) $6.5\times 10^4\,\text{Pa}$
(2) $5.3\times 10^4\,\text{Pa}$

解き方 温度が高い間は，ベンゼンは完全に蒸発しており，$p_{ベンゼン}$ と t はボイル・シャルルの法則にしたがって直線的に変化する。しかし，温度が下がってベンゼンの液体と蒸気が共存するようになると，$p_{ベンゼン}$ と t は直線的に変化せず，蒸気圧曲線に沿って圧力が急激に減少するようになる。したがって，A 点は，ベンゼンの凝縮がはじまる点を表している。

(1) 40℃では，ベンゼンはすべて気体として存在している。$PV=nRT$ より，
$p\text{[Pa]}\times 2.0\,\text{L} = (0.010+0.040)\,\text{mol}$
$\qquad \times 8.3\times 10^3\,\text{Pa}\cdot\text{L/(K}\cdot\text{mol)}\times 313\,\text{K}$
∴ $p\fallingdotseq 6.5\times 10^4\,\text{Pa}$

(2) 10℃では，ベンゼンの一部が凝縮しているから，ベンゼンの分圧は，10℃の飽和蒸気圧 $6.0\times 10^3\,\text{Pa}$ と等しい。

窒素は，つねに気体として存在するから，
$p_{N_2}\text{[Pa]}\times 2.0\,\text{L} = 0.040\,\text{mol}$
$\qquad \times 8.3\times 10^3\,\text{Pa}\cdot\text{L/(K}\cdot\text{mol)}\times 283\,\text{K}$
∴ $p_{N_2}\fallingdotseq 4.7\times 10^4\,\text{Pa}$
∴ 全圧＝$4.7\times 10^4 + 6.0\times 10^3$
$\qquad = 5.3\times 10^4\,\text{Pa}$

37 答 (1) 1.29×10^5 Pa
　　　(2) 3.20%
　　　(3) 1.66×10^5 Pa

解き方 (1) 反応前の H_2, O_2 それぞれの物質量は，モル質量が $H_2 = 2.00$ g/mol, $O_2 = 32.0$ g/mol より，

$H_2 ; \dfrac{1.00 \text{ g}}{2.00 \text{ g/mol}} = 0.500$ mol

$O_2 ; \dfrac{24.0 \text{ g}}{32.0 \text{ g/mol}} = 0.750$ mol

反応前後の物質量の変化をまとめると，以下のようになる。

	$2H_2$	$+$	O_2	$\longrightarrow$	$2H_2O$
反応前	0.500		0.750		0
	↓		↓		↓
反応後	0		0.500		0.500

（単位；mol）

H_2 が完全に反応して H_2O が 0.500 mol 生成し，O_2 が 0.500 mol 残る。
27℃ で液体の水が存在するかどうかは，水がすべて気体であるとして求めた圧力 p と，27℃ の飽和水蒸気圧とを比較する。

$p[\text{Pa}] \times 10 \text{ L} = 0.500 \text{ mol}$
$\qquad \times 8.31 \times 10^3 \text{ Pa} \cdot \text{L/(K} \cdot \text{mol)} \times 300 \text{ K}$
$\therefore \quad p \fallingdotseq 1.25 \times 10^5$ Pa

この圧力は，27℃ の飽和水蒸気圧 4.00×10^3 Pa よりも大きいので，水蒸気の一部は凝縮して，水滴を生じる。よって，真の水蒸気の分圧 p_{H_2O} は 4.00×10^3 Pa を示す。一方，O_2 はすべて気体として存在するから，$PV = nRT$ から求めた値である 1.25×10^5 Pa を示す。
したがって，全圧は，

$1.25 \times 10^5 + 4.00 \times 10^3 = 1.29 \times 10^5$ Pa

(2) 水蒸気として存在する H_2O を n[mol] とすると，

4.00×10^3 Pa $\times 10.0$ L
$\quad = n$[mol] $\times 8.31 \times 10^3$ Pa $\cdot$ L/(K $\cdot$ mol)
$\quad \times 300$ K
$\therefore \quad n \fallingdotseq 0.0160$ mol

反応で生じた水の物質量は 0.500 mol なので，水蒸気として存在する水は，

$\dfrac{0.0160}{0.500} \times 100 = 3.20\%$

(3) 0.500 mol の H_2O が 127℃ ですべて気体であるとすると，その圧力 p'[Pa] は，
p'[Pa] $\times 10.0$ L
$\quad = 0.500$ mol $\times 8.31 \times 10^3$ Pa $\cdot$ L/(K $\cdot$ mol)
$\quad \times 400$ K
$\therefore \quad p' \fallingdotseq 1.66 \times 10^5$ Pa

この圧力は，127℃ の飽和水蒸気圧である 2.50×10^5 Pa 以下だから，H_2O はすべて気体として存在し，真の水蒸気の分圧は $PV = nRT$ より求めた値である 1.66×10^5 Pa になる。

〈本冊 p.119〉

38 答 (1) 不飽和溶液
　　　(2) 56℃
　　　(3) 130 g
　　　(4) 82.4 g

解き方 (1) 水 200 g に KNO_3 を 200 g 溶かすことは，水 100 g に KNO_3 を 100 g 溶かすことと同じになる。溶解度曲線より，80℃ では水 100 g に KNO_3 が 170 g まで溶けることがわかるので，この水溶液は不飽和溶液である。

(2) 溶解度 100 を表す横軸と溶解度曲線との交点を読みとると，縦軸の値は約 56℃ になる。

(3) 20℃ における KNO_3 の溶解度が約 35 だから，グラフ（水 100 g についての変化量）のうえでは，結晶の析出量が，

$100 - 35 = 65$ g

となる。この場合，水の量は 2 倍の 200 g であるから，結晶の析出量も 2 倍の 130 g となる。

(4) 蒸発させる水の質量を x[g] とすると，

$\dfrac{\text{溶質}}{\text{溶媒}} = \dfrac{200}{200 - x} = \dfrac{170}{100}$

$\therefore \quad x \fallingdotseq 82.4$ g

39 答 (1) ① アンモニア
② 硝酸カリウム
③ 塩化ナトリウム
(2) 硝酸カリウム
(3) 43 g

解き方 (1) アンモニア(気体)は，温度が高くなるほど溶解度は小さくなるので①。また塩化ナトリウムは，温度による溶解度の変化が小さいので③。
(2) 溶解度の差が大きいものほど，再結晶させやすい。
(3) 物質②の60℃での溶解度は，グラフより110と読めるから，水の質量 x〔g〕は，

$$\frac{溶質}{溶媒} = \frac{55}{x} = \frac{110}{100}$$

∴ $x = 50$ g

物質②の10℃での溶解度は25だから，析出する結晶の質量を y〔g〕とすると，

$$\frac{溶質}{溶媒} = \frac{55-y}{50} = \frac{25}{100}$$

∴ $y = 42.5$ g

40 答 (1) **124 g**
(2) **43.6 g**

解き方 (1) $CuSO_4 \cdot 5H_2O$ の結晶 100 g 中の $CuSO_4$ の質量は，式量がそれぞれ $CuSO_4 = 160$, $CuSO_4 \cdot 5H_2O = 250$ より，

$$100 \times \frac{160}{250} = 64 \text{ g}$$

結晶を溶かす水の質量を x〔g〕とすると，

$$\frac{溶質}{溶液} = \frac{64}{100+x} = \frac{40}{140}$$

∴ $x = 124$ g

(2) (1)の飽和水溶液の質量は，$124 + 100 = 224$ g だから，30℃(溶解度25)に冷却したときの $CuSO_4 \cdot 5H_2O$ の析出量を x〔g〕とすると，結晶析出後の残溶液が，30℃の飽和溶液であるから，

$$\frac{溶質}{溶液} = \frac{64 - x \times \frac{160}{250}}{224 - x} = \frac{25}{125}$$

∴ $x ≒ 43.6$ g

41 答 **1.3 L**

解き方 水 1 L に対して，1.0×10^5 Pa の CO_2 は 0℃では 3.3 g 溶けているが，37℃では 1.1 g しか溶けない。この差 2.2 g が気体として発生することになる。

発生する CO_2 の体積は，外部の条件(37℃, 1.0×10^5 Pa)で決まる。

$1.0 \times 10^5 \text{ Pa} \times V$〔L〕
$= \frac{2.2}{44}$ mol $\times 8.3 \times 10^3$ Pa·L/(K·mol)
$\times 310$ K

∴ $V = 1.28 \cdots ≒ 1.3$ L

〈本冊 p.120〉

42 答 (1) **39 g**
(2) **5.7 g**

解き方 (1) $Na_2SO_4 \cdot 10H_2O$ 100 g 中に含まれる溶質(無水物)の質量は，$Na_2SO_4 = 142$, $Na_2SO_4 \cdot 10H_2O = 322$ より，

$$100 \times \frac{142}{322} ≒ 44.1 \text{ g}$$

20℃の溶解度はグラフより20であり，かつ析出する結晶は十水和物であるので，その質量を x〔g〕とおくと，結晶が析出した後の残溶液が20℃における飽和水溶液だから，

$$\frac{溶質}{溶液} = \frac{44.1 - \frac{142}{322}x}{200 - x} = \frac{20}{120}$$

∴ $x ≒ 39$ g

(2) 溶液 A 100 g 中には，

$$44.1 \times \frac{1}{2} ≒ 22 \text{ g}$$

の溶質が含まれる。80℃の溶解度はグラフより43であり，かつ析出する結晶は無水物であるので，その質量を y〔g〕とすると，結晶が析出した後の残溶液が80℃における飽和水溶液だから，

$$\frac{溶質}{溶液} = \frac{22 - y}{100 - 40 - y} = \frac{43}{143}$$

∴ $y ≒ 5.7$ g

練習問題(43〜45)の解答 — 31

43 答 (1) 4:7
(2) 1:2

解き方 (1) 気体の溶解度(質量)は，その気体の分圧に比例する(ヘンリーの法則)。まず，O_2 と N_2 の分圧を求める。

O_2 の分圧；$1.5 \times 10^6 \times \dfrac{1}{5} = 3.0 \times 10^5$ Pa

N_2 の分圧；$1.5 \times 10^6 \times \dfrac{4}{5} = 1.2 \times 10^6$ Pa

$O_2 = 32$ g/mol，$N_2 = 28$ g/mol より，
O_2 の質量：N_2 の質量

$= \dfrac{48}{22400} \times \dfrac{3.0 \times 10^5}{1.0 \times 10^5} \times 32$

$: \dfrac{24}{22400} \times \dfrac{1.2 \times 10^6}{1.0 \times 10^5} \times 28$

$= 4:7$

(2) 一定量の溶媒に溶ける気体の体積は，その分圧下で測れば，圧力に無関係に一定だから，

O_2；48 mL（$p_{O_2} = 3.0 \times 10^5$ Pa で）
N_2；24 mL（$p_{N_2} = 1.2 \times 10^6$ Pa で）

体積を比較するときは，同じ圧力のもとでの体積でならなければならないから，1.0×10^5 Pa の下での O_2，N_2 の体積を，それぞれ x [mL]，y [mL] とすると，ボイルの法則より，

$3.0 \times 10^5 \times 48 = 1.0 \times 10^5 \times x$

∴ $x = 144$ mL

$1.2 \times 10^6 \times 24 = 1.0 \times 10^5 \times y$

∴ $y = 288$ mL

よって，O_2 の体積：N_2 の体積 $= 1:2$

44 答 (1) 2.5×10^5 Pa
(2) 体積；0.57 L
圧力；1.7×10^5 Pa

解き方 (1) 最初に封入した CO_2 の物質量を n [mol] とすると，

1.0×10^5 Pa $\times 3.0$ L
$= n$ [mol] $\times 8.3 \times 10^3$ Pa·L/(K·mol) $\times 273$ K

∴ $n ≒ 0.132$ mol

ヘンリーの法則より，気体の溶解度(物質量)は，その気体の分圧に比例する。加える CO_2 の圧力を x [Pa] として，

$\dfrac{1.20 \text{ L}}{22.4 \text{ L/mol}} \times \dfrac{x}{1.0 \times 10^5} = 0.132$ mol

∴ $x ≒ 2.46 \times 10^5$ Pa

(2) 17℃で CO_2 の圧力が 2.0×10^5 Pa のとき，水に溶けた CO_2 の物質量は，

$\dfrac{0.952 \text{ L}}{22.4 \text{ L/mol}} \times \dfrac{2.0 \times 10^5}{1.0 \times 10^5} = 0.085$ mol

気相に残っている CO_2 は，
$0.132 - 0.085 = 0.047$ mol

である。気体の体積を V [L] とおくと，
2.0×10^5 Pa $\times V$ [L]
$= 0.047$ mol
$\times 8.3 \times 10^3$ Pa·L/(K·mol) $\times 290$ K

∴ $V ≒ 0.566$ L

次に，10℃で CO_2 の圧力が P [Pa] のときに，水に溶けた CO_2 の物質量は，

$\dfrac{1.20 \text{ L}}{22.4 \text{ L/mol}} \times \dfrac{P}{1.0 \times 10^5}$

$≒ 5.36 \times 10^{-7} P$ [mol]

気相に残っている CO_2 の物質量を n' [mol] とおくと，

P [Pa] $\times 0.566$ L
$= n'$ [mol]
$\times 8.3 \times 10^3$ Pa·L/(K·mol) $\times 283$ K

∴ $n' ≒ 2.41 \times 10^{-7} P$ [mol]

物質収支の条件より，
$5.36 \times 10^{-7} P + 2.41 \times 10^{-7} P$
$= 0.132$ mol

∴ $P ≒ 1.70 \times 10^5$ Pa

〈本冊 p.132〉

45 答 沸点；ア
凝固点；オ

解き方 一定量の同一溶媒だから，沸点上昇度・凝固点降下度は，溶質の物質量の大小を比較すればよい。ただし，アとイの電解質はすべて完全に電離するとして，水溶液中のイオンを含む溶質粒子の総物質量で比較する。

NaCl ⟶ Na$^+$ + Cl$^-$ ……(2倍)

$BaCl_2 \longrightarrow Ba^{2+} + 2Cl^-$ ……(3倍)

ア：$\dfrac{1\,g}{58.5\,g/mol} \times 2 = \dfrac{1}{29.25}$ mol

イ：$\dfrac{1\,g}{244\,g/mol} \times 3 \fallingdotseq \dfrac{1}{81.3}$ mol

ウ：$\dfrac{1}{60}$ mol

エ：$\dfrac{1}{46}$ mol

オ：$\dfrac{1}{180}$ mol

沸点が最高になるのは，沸点上昇度が最大になるア。一方，凝固点が最高になるのは，凝固点降下度が最小になるオ。

〔注〕エのエタノールは揮発性物質だから沸点上昇は起こらない。沸点上昇が起こるのは，溶質が不揮発性物質である場合に限られていることに留意する。なお，凝固点降下は，溶質が揮発性物質であっても起こるので，きっちり理解しておく。

46 **答** (1) X；**純水**
　　　　Y；**スクロース水溶液**
　　　　Z；**グルコース水溶液**
　　(2) **0.026 K**

解き方 (1) グルコース水溶液の質量モル濃度は，

$\dfrac{18.0\,g}{180\,g/mol} \div \dfrac{500}{1000}\,kg = 0.20$ mol/kg

グラフXが純水の蒸気圧曲線で，温度x〔℃〕が水の沸点である。グラフY，Zのうち，蒸気圧降下の大きいZのほうが質量モル濃度が大きい。

(2) 0.078 K が 0.15 mol/kg のスクロース水溶液の沸点上昇度を示し，$(z-x)$〔K〕が 0.20 mol/kg のグルコース水溶液の沸点上昇度を示す。沸点上昇度は質量モル濃度に比例する。

$0.078 : 0.15 = z-x : 0.20$

∴ $z-x = 0.104$ K

よって，y 点と z 点の温度差は，

$y-z = 0.104 - 0.078$
　　　$= 0.026$ K

47 **答** (1) **118**
　　(2) **酢酸2分子が水素結合して，二量体として存在している。**

解き方 (1) 求める分子量を M とすると，ベンゼン溶液の質量モル濃度 m は，

$m = \left(\dfrac{0.600}{M} \times \dfrac{1000}{100}\right)$〔mol/kg〕

これを $\Delta t = km$ の式に代入して，

$0.26 = 5.12 \times \left(\dfrac{0.600}{M} \times \dfrac{1000}{100}\right)$

∴ $M \fallingdotseq 118$

(2) (1)で求めた酢酸の分子量は，真の酢酸の分子量(=60)の約2倍である。これは，ベンゼンのような無極性溶媒中では，酢酸2分子のカルボキシ基どうしで，下図のように水素結合して，**二量体として存在している**ことを示している。

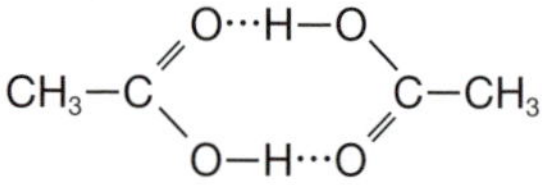

$$CH_3-C\overset{O\cdots H-O}{\underset{O-H\cdots O}{}}C-CH_3$$

〔注〕酢酸は気体状態においても，上図のように二量体として存在しているといわれている。

48 **答** (1) **347**
　　(2) **0.069 K**

解き方 (1) ファントホッフの公式には，質量モル濃度ではなく，モル濃度が必要だから，密度を用いて，水溶液の体積 v〔mL〕を求める。

v〔mL〕$\times 1.0\,g/mL = (100 + 1.30)\,g$

∴ $v = 101.3$ mL

この糖類の分子量を M とすると，

$\Pi V = \dfrac{w}{M}RT$ より，

$9.2 \times 10^4\,Pa \times \dfrac{101.3}{1000}\,L$

$= \dfrac{1.30}{M}$〔mol〕

$\times 8.3 \times 10^3\,Pa\cdot L/(K\cdot mol) \times 300\,K$

∴ $M \fallingdotseq 347$

(2) この水溶液の質量モル濃度 m は，

$$m = \frac{1.30 \text{ g}}{347 \text{ g/mol}} \div \frac{100}{1000} \text{ kg}$$
$$\fallingdotseq 0.0375 \text{ mol/kg}$$

これを，$\Delta t = km$ の式に代入して，
$\Delta t = 1.85 \text{ K·kg/mol}$
　　　$\times 0.0375 \text{ mol/kg} \fallingdotseq 0.069 \text{ K}$

〈本冊 p.133〉

49 答 (1) $-0.037℃$
　　　 (2) 5.0×10^4 Pa

解き方 (1) この水溶液の質量モル濃度は，
$$m = \left(\frac{0.36}{180} \times \frac{1000}{100}\right) \text{mol/kg}$$

これを，$\Delta t = km$ に代入すると，
$\Delta t = 1.85 \text{ K·kg/mol}$
　　　$\times \left(\frac{0.36}{180} \times \frac{1000}{100}\right) \text{mol/kg}$
　　　$= 0.037 \text{ K}$

この水溶液の凝固点は，
$0 - 0.037 = -0.037℃$

(2) 条件より，この水溶液の体積は 100 mL となる。$\Pi V = nRT$ より，
$$\Pi (\text{Pa}) \times \frac{100}{1000} \text{ L}$$
$$= \frac{0.36}{180} \text{ mol}$$
$$\times 8.3 \times 10^3 \text{ Pa·L/(K·mol)} \times 300 \text{ K}$$
$\therefore \Pi = 4.98 \times 10^4 \fallingdotseq 5.0 \times 10^4$ Pa

50 答 (1) **b**
　　　 (2) **120**

解き方 (1) 溶液の凝固点は，冷却曲線の後半の直線部分を左に延長して，前半の冷却曲線との交点 **b** となる。**a** と間違えないように。

(2) 尿素溶液の凝固点降下度より，ベンゼンのモル凝固点降下 k_f を求める。$\Delta t = km$ より，
$(5.50 - 4.25) \text{ K} = k_f (\text{K·kg/mol})$
　　　　$\times \left(\frac{3.0}{60} \times \frac{1000}{200}\right) \text{mol/kg}$

$\therefore k_f = 5.0$ K·kg/mol

非電解質の物質 X の分子量を M であるとして $\Delta t = km$ に代入する。
$(5.50 - 3.50) \text{ K} = 5.0 \text{ K·kg/mol}$
　　　　$\times \left\{\left(\frac{3.0}{60} + \frac{3.6}{M}\right) \times \frac{1000}{200}\right\} \text{(mol/kg)}$

$\therefore M = 120$

51 答 **0.27 g**

解き方 $\text{NaCl} \longrightarrow \text{Na}^+ + \text{Cl}^-$ より，NaCl の溶質粒子は電離前の 2 倍となる。加えるグルコース（分子量 180）を x〔g〕とすると，
$$7.6 \times 10^5 \text{ Pa} \times \frac{100}{1000} \text{ L}$$
$$= \left(\frac{x}{180} + \frac{0.82}{58.5} \times 2\right) \text{(mol)}$$
$$\times 8.3 \times 10^3 \text{ Pa·L/(K·mol)} \times 310 \text{ K}$$
$\therefore x \fallingdotseq 0.27$ g

52 答 8.2×10^4

解き方 液面差が 5.0 cm になったとき，水溶液側は最初より 2.5 cm だけ液面が高くなっている。よって，水溶液の体積は $(10 + 2.5)$ cm³ となり，**水溶液は最初よりもうすくなっていることになる**。したがって，求める溶液の浸透圧は，このうすまった濃度の溶液に対するものである。

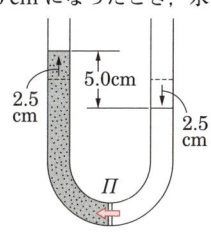

5.0 cm の水溶液柱の高さを，水銀柱の高さ x〔cm〕に換算すると，
$5.0 \text{ cm} \times 1.0 \text{ g/cm}^3 = x \text{(cm)} \times 13.6 \text{ g/cm}^3$

$\therefore x = \frac{5.0}{13.6}$ cm

さらに，1.0×10^5 Pa = 76 cmHg により，浸透圧 Π を求めると，
$$\Pi : 1.0 \times 10^5 = \frac{5.0}{13.6} : 76$$

$\therefore \Pi = \frac{5.0 \times 10^5}{13.6 \times 76}$ Pa

物質 X の分子量を M とおき，$\Pi V = \dfrac{w}{M} RT$ の公式に数値を代入すると，

$$\dfrac{5.0 \times 10^5}{13.6 \times 76} \text{Pa} \times \dfrac{12.5}{1000} \text{L}$$
$$= \dfrac{0.20 \text{ g}}{M \text{ (g/mol)}}$$
$$\times 8.3 \times 10^3 \text{ Pa·L/(K·mol)}$$
$$\times 300 \text{ K}$$

$$\therefore \quad M \fallingdotseq 8.2 \times 10^4$$

❺ 物質の変化（その2）

〈本冊 p.147〉

53 **答** Zn + 2HClaq
     = ZnCl$_2$aq + H$_2$ + 154 kJ

解き方 与えられた反応熱を，それぞれ熱化学方程式で表すと，次のようになる。

$\begin{cases} \text{Zn} + \text{Cl}_2 = \text{ZnCl}_2 + 415 \text{ kJ} & \cdots ① \\ \text{ZnCl}_2 + \text{aq} = \text{ZnCl}_2\text{aq} + 73 \text{ kJ} & \cdots ② \\ \dfrac{1}{2} \text{H}_2 + \dfrac{1}{2} \text{Cl}_2 = \text{HCl(気)} + 92 \text{ kJ} & \cdots ③ \\ \text{HCl(気)} + \text{aq} = \text{HClaq} + 75 \text{ kJ} & \cdots ④ \end{cases}$

求める熱化学方程式は，次のとおり。

　　Zn + 2HClaq
　　　= ZnCl$_2$aq + H$_2$ + Q (kJ) ···⑤

⑤式の左辺の Zn は，①式の左辺にある。
　　⇨ ①式 × 1
⑤式の左辺の 2HClaq は，④式の右辺にある。移項するときに符号が変わる。
　　⇨ ④式 × (−2)
⑤式の右辺の ZnCl$_2$aq は，②式の右辺にある。
　　⇨ ②式 × 1
⑤式の右辺の H$_2$ は，③式の左辺にある。移項するときに符号が変わる。
　　⇨ ③式 × (−2)
よって，① − ④ × 2 + ② − ③ × 2 より，
　　$Q = 415 − 75 \times 2 + 73 − 92 \times 2$
　　　$= 154$ kJ

54 **答** 燃焼熱：2220 kJ/mol
　　　 必要な体積：2.5×10^2 L

解き方 与えられた反応熱を，それぞれ熱化学方程式で表すと，次のようになる。

$\begin{cases} \text{C} + \text{O}_2 = \text{CO}_2 + 394 \text{ kJ} & \cdots\cdots ① \\ \text{H}_2 + \dfrac{1}{2} \text{O}_2 = \text{H}_2\text{O(液)} + 286 \text{ kJ} & \cdots ② \\ 3\text{C} + 4\text{H}_2 = \text{C}_3\text{H}_8 + 106 \text{ kJ} & \cdots\cdots ③ \end{cases}$

プロパンの燃焼熱についてまとめると，
　　C$_3$H$_8$ + 5O$_2$
　　　= 3CO$_2$ + 4H$_2$O(液) + Q (kJ) ···④

④式の右辺の3CO_2 は，①式の右辺にある。
 ⇨ ①式×3

④式の右辺の4H_2O は，②式の右辺にある。
 ⇨ ②式×4

④式の左辺のC_3H_8 は，③式の右辺にある。
移項するときに符号が変わる。
 ⇨ ③式×(−1)

よって，①×3＋②×4−③より，
$Q = 394×3 + 286×4 − 106$
$= 2220$ kJ

水 200 L の温度を$(50−20)$K 上昇させるのに必要な熱量は，$Q = c·m·t$ より，
4.2 J/(g·K)$× (200 × 1.0 × 10^3)$ g
$× 30$ K $× 10^{-3} = 25200$ kJ

したがって，必要なプロパンは，
$\dfrac{25200 \text{ kJ}}{2220 \text{ kJ/mol}} × 22.4$ L/mol ≒ 254 L

55 答 1.3 K

解き方 固体の KOH は，まず水に溶解する。さらに OH^- を電離してはじめて硫酸と中和反応を行う。

(発熱量) = (KOHの溶解熱) + (中和熱)

だから，まず，KOH 5.6 g の溶解熱を求めると，KOH = 56 g/mol だから，
54.5 kJ/mol $× \dfrac{5.6 \text{ g}}{56 \text{ g/mol}} = 5.45$ kJ

一方，硫酸の出す H^+ と KOHaq の出す OH^- の物質量は，それぞれ，
H^+ : 0.10 mol/L $× 2.0$ L $× 2 = 0.40$ mol
OH^- : $\dfrac{5.6 \text{ g}}{56 \text{ g/mol}} = 0.10$ mol

したがって，OH^- の物質量のほうが少ないので，0.10 mol 分の中和熱が発生する。
56.5 kJ/mol $× 0.10$ mol $= 5.65$ kJ

発熱量の合計は，
$5.45 + 5.65 = 11.1$ kJ

上昇した温度を t [K] とすると，
$Q = c·m·t$ より，
$11.1 × 10^3$ J $= 4.2$ J/(g·K)
$× (2000 × 1.0 + 5.6)$ g $× t$ [K]
∴ $t ≒ 1.32$ K

56 答 388 kJ/mol

解き方 $N_2 + 3H_2 = 2NH_3 + 92$ kJ をエネルギー図を用いて表すと次のようになる(反応の途中にばらばらの原子状態を仮定する)。

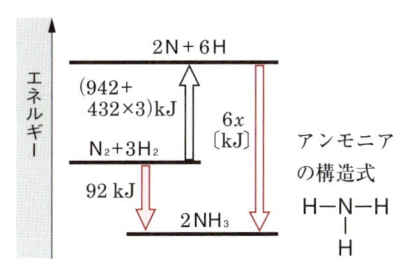

アンモニアの構造式
H−N−H
 |
 H

(NH_3 2 mol 中には，N−H 結合(x [kJ/mol] とする)が 6 mol 含まれる。)

エネルギー図より，
$6x = 942 + 432 × 3 + 92$
∴ $x ≒ 388$ kJ/mol

57 答 C_2H_4 : 1188 kJ/mol
   C_2H_6 : 1387 kJ/mol

解き方 エチレン，エタンの燃焼時の熱化学方程式は，次のようになる。

$C_2H_4 + 3O_2$
$= 2CO_2 + 2H_2O$(気)$ + Q_1$ [kJ]

$C_2H_6 + \dfrac{7}{2}O_2$
$= 2CO_2 + 3H_2O$(気)$ + Q_2$ [kJ]

C_2H_4 の燃焼熱 Q_1 を求めると，
O=C=O 2 mol 中には，C=O 4 mol
H−O−H 2 mol 中には，O−H 4 mol

1 mol 中には， {C−H 4 mol, C=C 1 mol

O_2 3 mol 中には，O=O 3 mol を含む。
∴ $Q_1 = (799×4 + 459×4)$
$- (411×4 + 718 + 494×3)$
$= 1188$ kJ

C_2H_6 の燃焼熱 Q_2 は，
O=C=O 2 mol 中には，C=O 4 mol
H−O−H 3 mol 中には，O−H 6 mol

H–C(H)(H)–C(H)(H)–H 1 mol 中には，$\begin{cases} \text{C–H} \ 6\ \text{mol} \\ \text{C–C} \ 1\ \text{mol} \end{cases}$

$O_2 \ \dfrac{7}{2}$ mol 中には，$O=O \ \dfrac{7}{2}$ mol を含む。

∴ $Q_2 = (799 \times 4 + 459 \times 6)$
     $- (411 \times 6 + 368 + 494 \times 3.5)$
   $= 1387$ kJ

〈本冊 p.166〉

58 答 (1) **0.22 L**
　　　(2) **0.80 g**

解き方 (1) 流れた電気量は，
$0.50\ \text{A} \times (64 \times 60 + 20)\ \text{s} = 1930\ \text{C}$
$F = 9.65 \times 10^4$ C/mol より，電子の物質量は，
$\dfrac{1930\ \text{C}}{9.65 \times 10^4\ \text{C/mol}} = 0.020$ mol

陽極では，$2Cl^- \longrightarrow Cl_2 + 2e^-$ より，電子 0.020 mol から Cl_2 0.010 mol が発生する。よって，求める体積は，
$0.020\ \text{mol} \times \dfrac{1}{2} \times 22.4\ \text{L/mol} \fallingdotseq 0.22\ \text{L}$

(2) 陰極での反応は，
$2H_2O + 2e^- \longrightarrow H_2 + 2OH^-$ より，
電子 0.020 mol から OH^- 0.020 mol が生成する。
また，陽極室の Na^+ が陽イオン交換膜を透過して陰極室へ移動してくる。
陰極室において，生成した NaOH の物質量も 0.020 mol であり，その質量は，NaOH = 40 g/mol より，
$0.020\ \text{mol} \times 40\ \text{g/mol} = 0.80\ \text{g}$

59 答 (1) **4.32 g**
　　　(2) **3.50 A**
　　　(3) **0.73 L**
　　　(4) **3.27 g**

解き方 (1) 電解槽 B では，水の電気分解が起こる。

$\begin{cases} \text{陰極；} 2H_2O + 2e^- \longrightarrow H_2 + 2OH^- \\ \text{陽極；} 4OH^- \longrightarrow 2H_2O + O_2 + 4e^- \end{cases}$

このとき，体積比は，$H_2 : O_2 = 2 : 1$ だから，H_2 の体積は，
$672 \times \dfrac{2}{3} = 448$ mL

電子 2 mol が反応すると H_2 1 mol が発生する。B 槽を流れた電子の物質量は，
$\dfrac{448\ \text{mL}}{22400\ \text{mL/mol}} \times 2 = 0.0400$ mol

電解槽 A，B は直列に接続されているので，流れた電気量は等しい。これと，A の陰極で，$Ag^+ + e^- \longrightarrow Ag$ の反応が起こることから，析出する Ag の質量は，
$0.0400\ \text{mol} \times 108\ \text{g/mol} = 4.32\ \text{g}$

(2) 回路 I に流れた電気量から，電流の強さ x 〔A〕が求められる。
$F = 9.65 \times 10^4$ C/mol より，
$0.040\ \text{mol} \times 9.65 \times 10^4$ C/mol
$= x$〔A〕$\times (60 \times 60)$ s
∴ $x \fallingdotseq 1.07$ A

回路 I と回路 II は並列の関係にあるので，回路 II を流れた電流は，
$4.57 - 1.07 = 3.50$ A

(3) 電解槽 C の陽極での反応は次のとおり。
$2H_2O \longrightarrow O_2 + 4H^+ + 4e^-$
回路 II に流れた電子の物質量は，
$\dfrac{3.50\ \text{A} \times 3600\ \text{s}}{9.65 \times 10^4\ \text{C/mol}} \fallingdotseq 0.131$ mol

反応式より，4 mol の電子から O_2 1 mol が発生するから，
$0.131\ \text{mol} \times \dfrac{1}{4} \times 22.4\ \text{L/mol} \fallingdotseq 0.73\ \text{L}$

(4) 電解槽 C の陰極では，Ni の析出が終了したあとに H_2 の発生が起こる。
$Ni^{2+} + 2e^- \longrightarrow Ni$
$2H^+ + 2e^- \longrightarrow H_2$
H_2 の発生に使われた電子の物質量は，
$\dfrac{224\ \text{mL}}{22400\ \text{mL/mol}} \times 2 = 0.020$ mol

Ni の析出に使われた電子の物質量は，
$0.131 - 0.020 = 0.111$ mol

よって，析出した Ni の質量は，

$$0.111 \text{ mol} \times \frac{1}{2} \times 59 \text{ g/mol} ≒ 3.27 \text{ g}$$

60 **答** ニッケル；0.59 g
　　　陽極泥；0.13 g

解き方 陰極に析出した金属は Cu だけで，$Cu^{2+} + 2e^- \longrightarrow Cu$ より，反応した電子の物質量が求められる。

$$\frac{1.92 \text{ g}}{64 \text{ g/mol}} \times 2 = 0.060 \text{ mol}$$

陽極では，Cu と Ni の溶解に，この電子が使われることになる。
一方，水溶液中の Cu^{2+} が 0.010 mol 減少したことから，析出した Cu 0.030 mol に対して，溶解した Cu は 0.020 mol となる。
$Cu \longrightarrow Cu^{2+} + 2e^-$ より，この反応に使われた電子の物質量は 0.040 mol となる。
よって，$Ni \longrightarrow Ni^{2+} + 2e^-$ の反応に使われた電子の物質量は，

$$0.060 - 0.040 = 0.020 \text{ mol}$$

溶解した Ni の物質量は，

$$0.020 \text{ mol} \times \frac{1}{2} \times 59 \text{ g/mol} = 0.59 \text{ g}$$

溶解した Cu の質量は，

$$0.040 \text{ mol} \times \frac{1}{2} \times 64 \text{ g/mol} = 1.28 \text{ g}$$

陽極全体の質量減少が 2.00 g なので，

$$2.00 - 1.28 - 0.59 = 0.13 \text{ g}$$

これが，陽極泥として沈殿した Ag の質量である。

〈本冊 p.167〉

61 **答** (1) 0.560 L
　　　(2) Ⅰ；9.65×10^3 C
　　　　　Ⅱ；9.65×10^3 C
　　　　　Ⅲ；7.72×10^3 C
　　　(3) 2.54 g 減少
　　　(4) 10.0 mL

解き方 (1) 電解槽Ⅰでの反応は次のようになる。

$$\begin{cases} ア；2H^+ + 2e^- \longrightarrow H_2 \\ イ；2H_2O \longrightarrow 4H^+ + O_2 + 4e^- \end{cases}$$

よって，水の電気分解が起こっている。
発生する O_2 の体積は H_2 の体積の $\frac{1}{2}$ となるから，

$$1.12 \times \frac{1}{2} = 0.560 \text{ L}$$

(2) 電解槽ⅠとⅡは直列接続で，電解槽Ⅲだけが Ⅰ，Ⅱ と並列接続になっている。電解槽Ⅰ，Ⅱに流れた電気量は等しく，電極アの反応式から，発生した H_2 の物質量の 2 倍が流れた電子の物質量に等しい。

$$\frac{1.12 \text{ L}}{22.4 \text{ L/mol}} \times 2 = 0.100 \text{ mol}$$

これより，電解槽Ⅰ，Ⅱに流れた電気量を求めると，

$$0.100 \text{ mol} \times 9.65 \times 10^4 \text{ C/mol} = 9650 \text{ C}$$

全電気量は，電流計を流れた電気量だから，

$$4.825 \text{ A} \times 3600 \text{ s} = 17370 \text{ C}$$

よって，電解槽Ⅲを流れた電気量は，

$$17370 - 9650 = 7720 \text{ C}$$

(3) 電極カでは，銅板を使っているので，次式のように銅が溶解する。

$$Cu \longrightarrow Cu^{2+} + 2e^-$$

反応式から，電子 2 mol ごとに 1 mol の Cu が溶解するので，

$$\frac{7720 \text{ C}}{96500 \text{ C/mol}} \times \frac{1}{2} \times 63.5 \text{ g/mol}$$
$$= 2.54 \text{ g (減少)}$$

(4) 電解槽Ⅱの陰極では，Na^+ は放電せず，かわりに水が放電して H_2 を発生する。

$$2H_2O + 2e^- \longrightarrow H_2 \uparrow + 2OH^-$$

(2)より，電解槽Ⅱには，電子 0.100 mol が流れており，同量の 0.100 mol の OH^- が生成して陰極液は塩基性となる。
この電解液 500 mL のうち，50.0 mL だけを中和するのに 1.00 mol/L の塩酸 x〔mL〕を要したとすると，

$0.100 \times \dfrac{50}{500}$ mol $= 1.00 \times \dfrac{x}{1000}$ [mol]

∴ $x = 10.0$ mL

62 答 (1) **0.096 g**

(2) Cu；**0.32 g**

H_2；$\mathbf{2.0 \times 10^{-3}}$ **g**

解き方 (1) 流れた電子の物質量は，

$\dfrac{1.2 \text{ A} \times (16 \times 60 + 5) \text{ s}}{9.65 \times 10^4 \text{ C/mol}} = 0.012$ mol

陽極では，次式のように O_2 が発生する。

$2H_2O \longrightarrow 4H^+ + O_2 + 4e^-$

反応式より，4 mol の電子で，O_2 1 mol を生じることがわかる。電流効率は 100% なので，

$0.012 \text{ mol} \times \dfrac{1}{4} \times 32 \text{ g/mol} = 0.096$ g

(2) 陰極では，最初に次式のように Cu が析出する。

$Cu^{2+} + 2e^- \longrightarrow Cu$

反応式より，2 mol の電子で 1 mol の Cu が析出することがわかる。電流効率は 100% なので，水溶液中に Cu^{2+} が十分にあれば，

$0.012 \times \dfrac{1}{2} = 0.0060$ mol

の Cu が析出するはずである。しかし，水溶液中に存在する Cu^{2+} の物質量は，

$0.010 \text{ mol/L} \times \dfrac{500}{1000} \text{ L} = 0.0050$ mol

だから，析出する Cu の質量は，

$0.0050 \text{ mol} \times 64 \text{ g/mol} = 0.32$ g

Cu を析出させるのに使われた電子の物質量は，$0.0050 \text{ mol} \times 2 = 0.010$ mol で，残り $0.012 - 0.010 = 0.002$ mol の電子は次式の変化に使われ，H_2 が発生する。

$2H^+ + 2e^- \longrightarrow H_2$

したがって，発生する H_2 の質量は，

$2.0 \times 10^{-3} \text{ mol} \times \dfrac{1}{2} \times 2.0$ g/mol

$= 2.0 \times 10^{-3}$ g

63 答 (1) $\mathbf{3.45 \times 10^7}$ **C**

(2) **3.21 kg**

解き方 (1) 陽極では，次の反応が起こる。

$C + O^{2-} \longrightarrow CO + 2e^-$ …………①

$C + 2O^{2-} \longrightarrow CO_2 + 4e^-$ …………②

よって，反応した電子の物質量は，CO の物質量の 2 倍と，CO_2 の物質量の 4 倍の和になる。**物質量の比＝体積の比**より，混合気体 2500 L のうち，$\dfrac{2}{5}$ の 1000 L が CO，$\dfrac{3}{5}$ の 1500 L が CO_2 だから，反応した電子の物質量は，

$\dfrac{1000 \text{ L}}{22.4 \text{ L/mol}} \times 2 + \dfrac{1500 \text{ L}}{22.4 \text{ L/mol}} \times 4$

$\fallingdotseq 357$ mol

したがって，流れた電気量は，

$357 \text{ mol} \times 9.65 \times 10^4$ C/mol

$\fallingdotseq 3.45 \times 10^7$ C

(2) $Al^{3+} + 3e^- \longrightarrow Al$ より，3 mol の電子から，Al 1 mol が析出するので，

$357 \text{ mol} \times \dfrac{1}{3} \times 27$ g/mol

$= 3213 \text{ g} \fallingdotseq 3.21$ kg

⑥ 反応速度と化学平衡

〈本冊 p.183〉

64 答　H_2O_2；3.0×10^{-2} mol/(L·min)
　　　O_2；7.5×10^{-3} mol/min

解き方　5分後，10分後の$[H_2O_2]$は，
0.35 mol/L，0.20 mol/L だから，H_2O_2の平均分解速度は，

$$\bar{v} = -\frac{(0.20-0.35)\text{ mol/L}}{(10-5)\text{ min}}$$
$$= 3.0 \times 10^{-2} \text{ mol/(L·min)}$$

反応式は，$2H_2O_2 \longrightarrow 2H_2O + O_2$ で，係数比より，O_2の発生速度は，H_2O_2の分解速度のつねに$\frac{1}{2}$である。

さらに，溶液を 0.50 L 用いているから，

$$\left(3.0 \times 10^{-2} \times \frac{1}{2}\right) \text{ mol/(L·min)} \times 0.50 \text{ L}$$
$$= 7.5 \times 10^{-3} \text{ mol/min}$$

65 答　(1) 64
　　　(2) 3.9×10^{-7} L/(mol·s)
　　　(3) A；3.5×10^{-6} mol/(L·s)
　　　　C；7.0×10^{-6} mol/(L·s)

解き方　(1) 平衡状態では，A，Bがそれぞれ $1.0-0.20=0.80$ mol ずつ反応したとき，Cはその2倍の 1.60 mol が生成する。
よって，反応式は次のようになる。
　A + B ⇌ 2C
よって，求める平衡定数は，

$$K = \frac{[C]^2}{[A][B]} = \frac{1.60^2}{0.20^2} = 64$$

(2) 表より，$[B]$が一定のとき，$[A]$が2倍で，vは2倍となる。
よって，vは$[A]$に比例することがわかるので，$v=k[A]$と表せる。
また，$[A]$が2倍および$[B]$が$\frac{1}{2}$倍で，vは一定となる。
よって，vは$[B]$にも比例するので，
　$v=k[B]$　$v=k[A][B]$と表せる。

$v=k[A][B]$に表の値を代入すると，
　　$7.80 \times 10^{-7} = k \times 1.0 \times 2.0$
　　∴　$k = 3.9 \times 10^{-7}$ L/(mol·s)

(3) $v=k[A][B]$より，
　　$v = 3.90 \times 10^{-7} \times 3.0 \times 3.0$
　　$\fallingdotseq 3.51 \times 10^{-6}$ mol/(L·s)

Cの増加速度は，Aの減少速度の2倍であるから，7.02×10^{-6} mol/(L·s)となる。

66 答　平衡定数；3.0
　　　存在するSO_3；7.7 mol

解き方　この反応の平衡定数は，

$$K = \frac{[SO_3][NO]}{[SO_2][NO_2]} = \frac{\left(\frac{6.0}{10}\right)\left(\frac{4.0}{10}\right)}{\left(\frac{8.0}{10}\right)\left(\frac{1.0}{10}\right)}$$
$$= 3.0$$

NO_2をさらに 3.0 mol 加えたことにより，平衡は右へ移動する。平衡移動によりSO_2，NO_2がそれぞれ x[mol]ずつ減少したとすると，SO_3，NO が x[mol]ずつ増加するので，次の関係が成り立つ。

　　　　SO_2 + NO_2 ⇌ SO_3 + NO
新平衡　$8.0-x$　$4.0-x$　$6.0+x$　$4.0+x$

温度一定なので，平衡定数の値は一定。

$$K = \frac{(6.0+x)(4.0+x)}{(8.0-x)(4.0-x)}$$
$$= 3.0$$

これより求めた二次方程式
$x^2 - 23x + 36 = 0$ を解いて，
　　$x \fallingdotseq 21.3$ mol(不適)，1.7 mol
　　(∵　$0 < x < 4$)

よって，平衡時に存在するSO_3の物質量は，
　　$6.0 + 1.7 = 7.7$ mol

67 答 解離度；0.63
   平均分子量；56.5

解き方 N_2O_4 0.50 mol のうち，x〔mol〕だけ解離したとすると，

$$N_2O_4 \rightleftharpoons 2NO_2$$
平衡時　$0.50-x$　　$2x$
∴　合計 $= 0.50+x$

混合気体についても　$PV=nRT$ は成立するので，

$2.3\times 10^5\,\text{Pa}\times 10\,\text{L}$
$= (0.50+x)\,\text{mol}$
$\times 8.3\times 10^3\,\text{Pa·L/(K·mol)}\times 340\,\text{K}$
∴　$x \fallingdotseq 0.315\,\text{mol}$

解離度；$\dfrac{0.315}{0.50} = 0.63$

混合気体の**平均分子量**は，各気体の分子量にモル分率をかけると求められる。それぞれの分子量が，$N_2O_4=92$，$NO_2=46$ より，

$\overline{M} = 92\times \dfrac{0.50-0.315}{0.50+0.315} + 46\times \dfrac{2\times 0.315}{0.50+0.315}$
$\fallingdotseq 20.9 + 35.6$
$= 56.5$

〈本冊 p.194〉

68 答
(1) **3.0**
(2) **2.0×10^{-5} mol/L**
(3) **0.20**

解き方 (1) 酢酸の電離平衡の式より，

$$CH_3COOH \rightleftharpoons CH_3COO^- + H^+$$
平衡時　$c(1-\alpha)$　　$c\alpha$　　$c\alpha$
　　　　　　　　　（単位；mol/L）

グラフより，$c=0.050$ mol/L のときの電離度は $\alpha = 2.0\times 10^{-2}$ だから，

$[H^+] = c\alpha = 0.050\times 2.0\times 10^{-2}$
$= 1.0\times 10^{-3}$ mol/L
∴　$\text{pH} = -\log(1.0\times 10^{-3})$
$= 3.0-0$
$= 3.0$

(2) $K_a = \dfrac{[CH_3COO^-][H^+]}{[CH_3COOH]}$

$= \dfrac{c\alpha\times c\alpha}{c(1-\alpha)} = \dfrac{c\alpha^2}{1-\alpha}$

$\alpha = 0.020 \ll 1$ より，$1-\alpha \fallingdotseq 1$ としてよい。

$K_a \fallingdotseq c\alpha^2 = 0.050\times (0.020)^2$
$= 2.0\times 10^{-5}$ mol/L

(3) $K_a = \dfrac{c\alpha^2}{1-\alpha}$ に，$c=4.0\times 10^{-4}$ mol/L と，

$K_a = 2.0\times 10^{-5}$ mol/L を代入すると，
$20\alpha^2 + \alpha - 1 = 0$
$(5\alpha-1)(4\alpha+1) = 0$
$\alpha = 0.20,\ -0.25\,(\text{不適})$

〔注〕弱酸の濃度がうすくなると，電離度 α が大きくなるので，$1-\alpha \fallingdotseq 1$ として求めた近似式 $K_a = c\alpha^2$ は使えないことに注意しよう。

69 答
(1) $K_b = \dfrac{[NH_4^+][OH^-]}{[NH_3]}$
(2) $K_b = c\alpha^2$
(3) **11.1**

解き方 (1) アンモニアの電離平衡

$$NH_3 + H_2O \rightleftharpoons NH_4^+ + OH^-$$

に対して，化学平衡の法則を適用する。

$K = \dfrac{[NH_4^+][OH^-]}{[NH_3][H_2O]}$

アンモニア水では，$[H_2O]$ は一定と考えてよいので，K に含めた $K[H_2O]$ を改めて電離定数 K_b とおくと，解答の式となる。

(2) 　　　$NH_3 + H_2O \rightleftharpoons NH_4^+ + OH^-$
平衡時　$c(1-\alpha)$　一定　　$c\alpha$　　$c\alpha$
　　　　　　　　　　　　　　（単位；mol/L）

$K_b = \dfrac{c\alpha\cdot c\alpha}{c(1-\alpha)} = \dfrac{c\alpha^2}{1-\alpha}$

題意より，$1-\alpha \fallingdotseq 1$ と近似してよい。
$K_b = c\alpha^2$〔mol/L〕

(3) $[OH^-] = \sqrt{cK_b}$
$= \sqrt{0.10\times 1.8\times 10^{-5}}$
$= 3\sqrt{2}\times 10^{-\frac{7}{2}}$ mol/L

$\text{pOH} = -\log[OH^-]$
$= -\log(3\times 2^{\frac{1}{2}}\times 10^{-\frac{7}{2}})$
$= \dfrac{7}{2} - \log 3 - \dfrac{1}{2}\log 2$
$= 3.5 - 0.48 - 0.15$
$= 2.87$

pH + pOH = 14 より，
pH = 14 − 2.87
　 = 11.13

70 答　4.4

解き方　弱酸と弱酸の塩の混合溶液なので緩衝液の pH を求める問題である。緩衝液中でも酢酸の電離平衡が成り立つから，

$$K_a = \frac{[CH_3COO^-][H^+]}{[CH_3COOH]}$$

同体積の水溶液を混合すると，液量が2倍になるぶん，濃度はそれぞれ $\frac{1}{2}$ 倍になる。

$[CH_3COOH]$
　　$= 0.10 \times \frac{1}{2} = 0.050$ mol/L

$[CH_3COO^-]$
　　$= 0.070 \times \frac{1}{2} = 0.035$ mol/L

$[H^+] = K_a \times \frac{[CH_3COOH]}{[CH_3COO^-]}$

　　　$= 2.8 \times 10^{-5} \times \frac{0.050}{0.035}$

　　　$= 4.0 \times 10^{-5}$ mol/L

∴　pH $= -\log(4.0 \times 10^{-5})$
　　　$= 5 - 2\log 2$
　　　$= 4.4$

71 答　5.0

解き方　NH_4Cl の電離によって生じた NH_4^+ の一部は，水と次のように反応し，平衡状態となる。

$NH_4^+ + H_2O \rightleftharpoons NH_3 + H_3O^+$

加水分解定数 K_h は，

$K_h = \frac{[NH_3][H^+]}{[NH_4^+]} \times \frac{[OH^-]}{[OH^-]}$

　　$= \frac{K_w}{K_b}$

　　$= \frac{1.0 \times 10^{-14}}{1.8 \times 10^{-5}}$

　　$= \frac{1}{1.8} \times 10^{-9}$ mol/L

$[NH_4Cl] = [NH_4^+] = 0.20$ mol/L のうち，x [mol/L] だけが加水分解したとすると，

$[NH_4^+] = 0.20 - x$ [mol/L]，
$[NH_3] = x$ [mol/L], $[H^+] = x$ [mol/L] より，

$K_h = \frac{[NH_3][H^+]}{[NH_4^+]}$

　　$= \frac{x^2}{0.20 - x}$

　　$= \frac{1}{1.8} \times 10^{-9}$

x はきわめて小さいので，$0.20 - x \fallingdotseq 0.20$ と近似できる。

$\frac{x^2}{0.20} = \frac{10^{-9}}{1.8}$

$x^2 = \frac{1}{9} \times 10^{-9}$

∴　$x = [H^+] = \frac{1}{3} \times 10^{-\frac{9}{2}}$ mol/L

pH $= -\log(3^{-1} \times 10^{-\frac{9}{2}})$
　　$= \frac{9}{2} + \log 3 = 4.98$

72 答　1.8×10^{-3} mL

解き方　$AgNO_3$ 水溶液と NaCl 水溶液を混合した直後の $[Ag^+]$ と $[Cl^-]$ を求め，$[Ag^+]$ と $[Cl^-]$ の積が塩化銀の溶解度積を上回れば，AgCl の沈殿が生成する。この溶解度積は非常に小さいので，NaCl をごく少量加えただけで沈殿が生成しはじめる。

加える NaCl 水溶液を x [mL] とすると，混合直後において，

$[Ag^+] = 1.0 \times 10^{-3}$ mol/L $\times \frac{10}{1000}$ L

　　　　$\div \left(\frac{10+x}{1000}\right)$ [L]

　　　$= \frac{1.0 \times 10^{-2}}{10+x}$

$x \ll 10$ とみなしてよいので，

$[Ag^+] \fallingdotseq 1.0 \times 10^{-3}$ mol/L

$[Cl^-] = 1.0 \times 10^{-3}$ mol/L $\times \frac{x}{1000}$ [L]

　　　　$\div \left(\frac{10+x}{1000}\right)$ [L]

$$= \frac{1.0 \times 10^{-3} x}{10 + x}$$
$$\fallingdotseq 1.0 \times 10^{-4} x \text{ (mol/L)}$$

塩化銀の沈殿が生成しはじめるとき，$[Ag^+][Cl^-] = K_{sp} = 1.8 \times 10^{-10}$ $(mol/L)^2$ だから，

$[Ag^+][Cl^-] = 1.0 \times 10^{-3} \times 1.0 \times 10^{-4} x$
$1.0 \times 10^{-7} x = 1.8 \times 10^{-10}$
∴ $x = 1.8 \times 10^{-3}$ mL

7 無機物質と有機化合物

〈本冊 p.201〉

73 答 **13%**

解き方 反応した酸素を x〔mL〕とすると，化学反応式の係数より，生成したオゾンは $\frac{2}{3} x$〔mL〕である。

$$3O_2 \longrightarrow 2O_3$$
$$x \text{〔mL〕} \quad \frac{2}{3} x \text{〔mL〕}$$

ここで，最初に O_2 が 100 mL あったとすると，はじめの体積のうち，18% の酸素がオゾンに変わったので，

反応した O_2 ; $100 \times 0.18 = 18$ mL

生成した O_3 ; $\frac{2}{3} \times 18 = 12$ mL

放電により，気体の最終体積は，

$100 - 18 + 12 = 94$ mL

よって，生成した混合気体に含まれるオゾンの体積百分率は，

$$\frac{12}{94} \times 100 \fallingdotseq 12.8\%$$

74 答 (1) $AgNO_3 + NaCl \longrightarrow AgCl \downarrow + NaNO_3$

(2) **1.10 g**

解き方 (1) KNO_3 と $NaCl$ は反応しない。$AgNO_3$ と $NaCl$ が反応し，$AgCl$ の白色沈殿を生成する。

(2) 反応式より，$AgNO_3$ 1 mol から $AgCl$ 1 mol が沈殿するから，反応に関係した $AgNO_3$ と $AgCl$ の物質量は等しい。

混合粉末中の $AgNO_3$ の質量を x〔g〕とすると，$AgNO_3 = 170$ g/mol，$AgCl = 143.5$ g/mol より，

$$\frac{x}{170 \text{ g/mol}} = \frac{2.87 \text{ g}}{143.5 \text{ g/mol}}$$

∴ $x = 3.40$ g

したがって，KNO_3 の質量は，

$4.50 - 3.40 = 1.10$ g

75 答
(1) $CaCO_3 + 2HCl \longrightarrow CaCl_2 + H_2O + CO_2$
(2) **92%**

解き方 (1) 弱酸の塩に強酸を加えると弱酸が発生する反応の1つである。大理石(主成分 $CaCO_3$)と希塩酸は1:2の物質量の割合で反応して、二酸化炭素を発生し、水を生じる。この反応は容易に起こるので、実験室での二酸化炭素の製法として利用されている。

(2) (1)の反応式より、$CaCO_3$ 1 mol から CO_2 1 mol を生じる。発生した CO_2 の物質量は、$\dfrac{0.410}{22.4}$ mol であり、これは反応した $CaCO_3$ の物質量とも等しく、その質量は、$CaCO_3$ のモル質量が 100 g/mol だから、

$$\dfrac{0.410}{22.4} \text{ mol} \times 100 \text{ g/mol} \fallingdotseq 1.83 \text{ g}$$

不純物を含む大理石の質量は 2.0 g である。したがって、大理石の純度は、

$$\dfrac{1.83}{2.0} \times 100 \fallingdotseq 92\%$$

76 答
(1) **1.9 mol**
(2) **1.3 kg**

解き方 (1) ①+②×4+③×8 を計算すると、
$4FeS_2 + 15O_2 + 8H_2O \longrightarrow 2Fe_2O_3 + 8H_2SO_4$

となり、H_2SO_4 1 mol あたり $\dfrac{15}{8}$ (= 1.875) mol の O_2 が必要になる。

(2) 上の化学反応式の係数より、FeS_2 1 mol が完全に反応すると、H_2SO_4 2 mol が得られる。得られる 98% 硫酸を x [kg] とすると、FeS_2 のモル質量は 120 g/mol、H_2SO_4 のモル質量は 98 g/mol、黄鉄鉱中の FeS_2 の含有率が 78% より、

$$\dfrac{1.0 \times 10^3 \times 0.78 \text{ g}}{120 \text{ g/mol}} \times 2 = \dfrac{x \times 10^3 \times 0.98 \text{ [g]}}{98 \text{ g/mol}}$$

$$\therefore \ x = 1.3 \text{ kg}$$

77 答 **2.4 kg**

解き方 酸化カルシウムから硫酸カルシウムまでの流れにおいて、カルシウムはすべて最終生成物へ移行しているので、反応物と最終生成物の関係から求める。

CaO 1 mol から $CaSO_4$ 1 mol を生じるで、モル質量は、CaO = 56 g/mol、$CaSO_4$ = 136 g/mol より、

$$\dfrac{1000 \text{ g}}{56 \text{ g/mol}} \times 136 \text{ g/mol} \fallingdotseq 2429 \text{ g}$$
$$\fallingdotseq 2.43 \text{ kg}$$

〈本冊 p.210〉

78 答
(1) CH_2O
(2) 示性式;CH_3COOH
名称;酢酸

解き方 (1) 化合物中の C と H の質量は、

C;$22.5 \times \dfrac{12}{44} \fallingdotseq 6.14$ mg

H;$9.18 \times \dfrac{2.0}{18} = 1.02$ mg

また、化合物中の O の質量は、

O;$15.30 - (6.14 + 1.02) = 8.14$ mg

$$C:H:O = \dfrac{6.14}{12} : \dfrac{1.02}{1.0} : \dfrac{8.14}{16}$$
$$\fallingdotseq 0.51 : 1.02 : 0.51$$
$$= 1 : 2 : 1$$

したがって、組成式は CH_2O となる。

(2) この1価の酸の分子量を M とおくと、水酸化ナトリウムが1価の塩基なので、

(酸の出す H^+ の物質量)
= (塩基の出す OH^- の物質量) より、

$$\dfrac{5.0 \text{ g}}{M \text{ [g/mol]}} \times \dfrac{10}{100}$$
$$= 1.0 \text{ mol/L} \times \dfrac{8.33}{1000} \text{ L} \times 1$$

$$\therefore \ M \fallingdotseq 60 \text{ g/mol}$$

組成式の式量を整数(n)倍したものが分子量に等しい。分子量は 60 なので、

$(CH_2O)_n = 60$ $\therefore \ n = 2$

したがって，分子式は $C_2H_4O_2$ となる。この化合物は1価のカルボン酸だから，分子中に $-COOH$ を1つもつ。よって示性式は CH_3COOH となり，これは酢酸。

79 **答** C_2H_4

解き方 炭化水素の分子式を C_xH_y とすると，

$$C_xH_y + \left(x+\frac{y}{4}\right)O_2 \longrightarrow xCO_2 + \frac{y}{2}H_2O$$

燃焼後の気体には，CO_2 と未反応の O_2 が含まれ，NaOH の水溶液に通すと CO_2 だけが除かれる。よって，CO_2 の体積は，

$$6.72 - 4.48 = 2.24 \text{ L}$$

最後に残ったのは O_2 のみで 4.48 L であり，燃焼に使用された O_2 は，

$$1.12 \times 7 - 4.48 = 3.36 \text{ L}$$

化学反応式の係数比は，気体の体積比に等しいので，次の関係が成り立つ。

$$1 : \left(x+\frac{y}{4}\right) : x = 1.12 : 3.36 : 2.24$$

$$\therefore \quad x = 2$$

$x+\dfrac{y}{4}=3$ より，$y=4$

よって，分子式は C_2H_4 となる。

80 **答** $2:3$

解き方 この反応では，エタンとエチレンのうち，エチレンとのみ H_2 と付加反応を起こすので，**付加した H_2 の物質量は，そのままエチレンの物質量になる**。C_2H_6（分子量=30）が x [mol]，C_2H_4（分子量=28）が y [mol] あったとすると，

$$\begin{cases} 30x + 28y = 7.2 & \cdots\cdots ① \\ \dfrac{3.36}{22.4} = y & \cdots\cdots ② \end{cases}$$

これを解いて，

$$y = 0.15 \text{ mol} \quad x = 0.10 \text{ mol}$$

体積の比は物質量の比に等しいから，

$$x : y = 0.10 : 0.15 = 2 : 3$$

81 **答** 75%

解き方 この反応を化学反応式で表すと，

$$CH_3COOH + C_2H_5OH \longrightarrow CH_3COOC_2H_5 + H_2O$$

氷酢酸 CH_3COOH（分子量=60）6.0 g は，

$$\frac{6.0}{60} = 0.10 \text{ mol}$$

エタノール C_2H_5OH（分子量=46）6.0 g は，

$$\frac{6.0}{46} \fallingdotseq 0.13 \text{ mol}$$

であるので，収率100%のときには，酢酸エチル $CH_3COOC_2H_5$（分子量=88）は，0.10 mol 生成し，その質量は，

$$88 \text{ g/mol} \times 0.10 \text{ mol} = 8.8 \text{ g}$$

よって，この反応の収率は，

$$\frac{6.6}{8.8} \times 100 = 75\%$$

8 高分子化合物

〈本冊 p.223〉

82 答 33%

解き方 セルロースと濃硝酸と濃硫酸の混合物（混酸）との反応は，反応しなかった OH 基の数を x〔個〕とすると，

$$[C_6H_7O_2(OH)_3]_n + n(3-x)HNO_3$$
$$\longrightarrow [C_6H_7O_2(OH)_x(ONO_2)_{3-x}]_n + n(3-x)H_2O$$

分子量は $[C_6H_7O_2(OH)_3]_n = 162n$, $[C_6H_7O_2(OH)_x(ONO_2)_{3-x}]_n = (297-45x)n$ より，

$$\frac{9.0}{162n} \times (297-45x)n = 14.0 \text{ g}$$

$$\therefore \quad x = 1$$

したがって，セルロースを構成するグルコース単位にある 3 個の OH 基のうち，2 個の OH 基が反応したことになり，反応しなかった OH 基の割合は，

$$\frac{3-2}{3} \times 100 \fallingdotseq 33\%$$

83 答 52 g

解き方 反応経路は，次のとおり。

$$\mathrm{\{CH_2-CH(OCOCH_3)\}_n} \xrightarrow{\text{NaOHaq}} \mathrm{\{CH_2-CH(OH)\}_n}$$

アセタール化 ↓

$$\mathrm{\{CH_2-CH-CH_2-CH\}}$$
$$\mathrm{O-CH_2-O}\quad\mathrm{OH}$$
$$_{0.3n/2}\quad _{0.7n}$$

反応したポリビニルアルコール中のヒドロキシ基 2 個をアセタール化するのに，ホルムアルデヒド HCHO 1 個が必要である。
必要なホルムアルデヒドの質量は，分子量はポリ酢酸ビニル = $86n$, HCHO = 30 だから，

$$\frac{1000 \text{ g}}{86n \text{〔g/mol〕}} \times \frac{0.3n}{2} \times 30 \text{ g/mol}$$

$$\fallingdotseq 52.3 \text{ g}$$

84 答 0.173 mol/L

解き方 陰イオン交換樹脂に含まれる OH^- と SO_4^{2-} は，$SO_4^{2-} : OH^- = 1 : 2$ の割合で交換される。また，交換された OH^- の物質量は，中和に要した H^+ の物質量に等しいから，SO_4^{2-} の物質量は，

$$0.100 \text{ mol/L} \times \frac{34.6}{1000} \text{ L} \times \frac{1}{2} = \frac{1.73}{1000} \text{ mol}$$

Na_2SO_4 1 mol 中に SO_4^{2-} が 1 mol 含まれるから，Na_2SO_4 水溶液の濃度は，

$$\frac{1.73}{1000} \text{ mol} \div \frac{10.0}{1000} \text{ L} = 0.173 \text{ mol/L}$$

85 答 グルコース；13.0 g
デンプン；7.54 g

解き方 100 mL の水溶液 A に含まれるグルコースを x〔g〕，デンプンを y〔g〕とする。デンプンには還元性はなく，A にフェーリング液を反応させると，グルコースだけが反応する。
モル質量は，$C_6H_{12}O_6 = 180$ g/mol, $Cu_2O = 144$ g/mol である。
グルコース 1 mol がフェーリング液と反応すると，Cu_2O 1 mol が生成するので，

$$x = \frac{10.4}{144} \text{ mol} \times 180 \text{ g/mol}$$

$$= 13.0 \text{ g}$$

デンプン（分子量 = $162n$）の加水分解の反応式は，

$$(C_6H_{10}O_5)_n + nH_2O \longrightarrow nC_6H_{12}O_6$$

y〔g〕のデンプンから生じるグルコースの質量は，

$$\frac{y \text{〔g〕}}{162n \text{〔g/mol〕}} \times n \times 180 \text{ g/mol}$$

$$= \frac{180y}{162} \text{〔g〕}$$

グルコースの物質量は，

$$\frac{180y}{162} \text{〔g〕} \div 180 \text{ g/mol} = \frac{y}{162} \text{〔mol〕}$$

に相当する。加水分解後は，もとのグルコースと加水分解で生じたグルコースが，フェーリング液と反応することになる。

$\dfrac{13.0}{180}$ mol $+ \dfrac{y}{162}$ [mol] $= \dfrac{17.1}{144}$ mol

∴ $y ≒ 7.54$ g

86 答 (1) $C_3H_5(OCOC_{17}H_{35})_3$

(2)
$CH_2-OCO-C_{17}H_{35}$
$|$
$CH-OCO-C_{17}H_{33}$
$|$
$CH_2-OCO-C_{17}H_{35}$

$CH_2-OCO-C_{17}H_{33}$
$|$
$CH-OCO-C_{17}H_{35}$
$|$
$CH_2-OCO-C_{17}H_{35}$

解き方 (1) 油脂 B の分子量を M とおくと，**油脂 1 mol のけん化には KOH 3 mol が必要**だから，次の関係が成り立つ。

$\left(\dfrac{1}{M} \times 3\right)$[mol] $= \left(0.10 \times \dfrac{33.7}{1000}\right)$ mol

∴ $M ≒ 890$

油脂 B を構成する飽和脂肪酸の示性式を $C_nH_{2n+1}COOH$ とすると，

$(C_nH_{2n+1}COO)_3C_3H_5 = 890$ より，

$(14n + 45) \times 3 + 41 = 890$

∴ $n = 17$

∴ 示性式…$(C_{17}H_{35}COO)_3C_3H_5$

(2) 油脂 A 1 分子中に含まれる炭素間の二重結合を n 個とすると，**二重結合 1 個につき，水素原子数が 2 個ずつ減少するから**，A の分子量は，B の分子量から $2n$ を引いたものになる。

また，油脂 A 1 分子中の二重結合 n 個に対して，H_2 分子 n 個が付加するので，

$\left(\dfrac{10}{890-2n} \times n\right)$[mol] $= \dfrac{252.2}{22400}$ mol

∴ $n ≒ 1$

よって，油脂 A は，1 分子の不飽和脂肪酸 $C_{17}H_{33}COOH$ と，2 分子の飽和脂肪酸 $C_{17}H_{35}COOH$ とのグリセリンエステル。また，**油脂の構成脂肪酸が 1 種類でないときは，脂肪酸の結合順序のちがいにより，解答のような構造異性体を生じる。**

B